数控车技能训练与大赛试题精选

主　编　孙奎洲　朱劲松
副主编　刘　伟　曹　健　丁立红　刘　振

中国轻工业出版社

图书在版编目（CIP）数据

数控车技能训练与大赛试题精选/孙奎洲，朱劲松主编.—北京：中国轻工业出版社，2019.9

ISBN 978-7-5184-2497-9

Ⅰ.①数…　Ⅱ.①孙…②朱…　Ⅲ.①数控机床—车床—车削—竞赛题　Ⅳ.①TG519.1-44

中国版本图书馆CIP数据核字（2019）第170827号

责任编辑：张文佳　　责任终审：劳国强
封面设计：锋尚设计　　版式设计：砚祥志远　　责任监印：张　可

出版发行：中国轻工业出版社（北京东长安街6号，邮编：100740）
印　　刷：北京君升印刷有限公司
经　　销：各地新华书店
版　　次：2019年9月第1版第1次印刷
开　　本：787×1092　1/16　印张：20
字　　数：400千字
书　　号：ISBN 978-7-5184-2497-9　　定价：49.80元
邮购电话：010-65241695
发行电话：010-85119835　传真：85113293
网　　址：http：//www.chlip.com.cn
Email：club@chlip.com.cn

190477J2X101ZBW

前言 PREFACE

数控技术在当今机械制造业中占有重要的地位，显示了一个国家基础工业现代化的水平，并已成为传统机械制造工业提升改造和实现自动化、柔性化、集成化生产的重要手段和标志。随着国内数控机床的用量增加，企业急需大批能够熟练掌握现代数控机床操作的应用型人才。为了适应我国职业教育发展及应用型人才培养的需要，根据平时技能操作的实践和总结，我们整理编写了这本《数控车技能训练与大赛试题精选》。

本书从数控车床加工实训的要求出发，注重实践技能训练，结合国家职业技能鉴定对不同数控车工等级的要求，以图表为纲，建立阶梯构架，精选了众多经典、简洁、实用、优秀的技能操作试题，整理编写了10套中级工、30套高级工、33套技师、28套技能大赛试题，每套操作试题都配有评分标准。

数控技术是学校与企业的培训重点，而数控车工又是数控技术需求量最大的专业。本书以典型机械零件数控车技能训练加工过程中所涉及的基本操作内容为主线，从易到难，逐步深入；以就业为导向，面向企业和社会；依据国家职业标准，参照实际岗位要求，编写相关内容。

本书可供本科、高职、中专、技校类学校数控、模具、机制、机电类专业参加国家职业技能鉴定等级考工训练及各种技能大赛使用，也可供从事数控技术应用的工程技术人员参考。

本书由江苏理工学院孙奎洲、张家港中等专业学校朱劲松主编；江苏理工学院刘伟、曹健、丁立红，泰兴中等专业学校刘振副主编。在编写过程中参考了数控实践操作方面的诸多资料、教材，在此对相关作者深表谢意。限于编者水平和经验，书中难免有欠妥之处，敬请读者批评指正。

编　者

2019年6月

目 录 CONTENTS

第一章

数控车技能培训试题

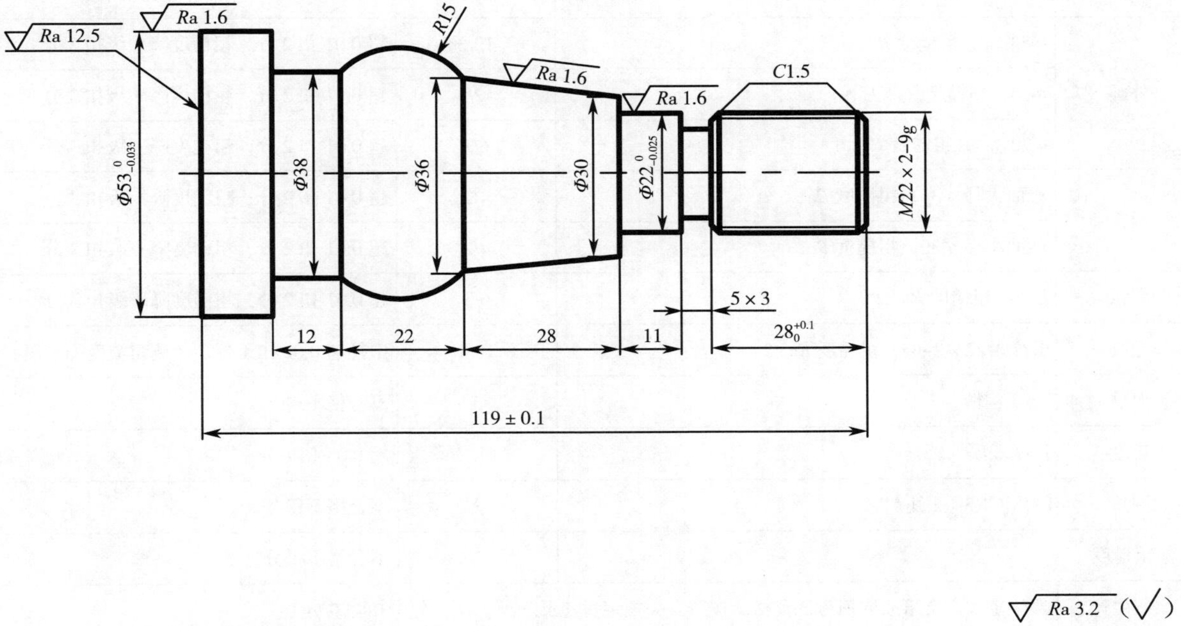

技术要求

1. 锐边倒角$C0.5$；
2. 未注公差尺寸按GB 1804—M；
3. 不允许使用砂布、锉刀等修饰加工面。

中级-01		材料	45	比例	1:1
		数量	1	共1张　第1张	
制图		中级工训练试题			
审核					

1.1.1 中级工训练试题 -01 评分标准

序号	项目	检测内容	配分	评分标准	实测	得分
1	外圆	$\Phi53^{0}_{-0.03}$，粗糙度 $Ra1.6$	12/3	超 0.01 扣 2 分，粗糙度降一级扣 3 分		
2		$\Phi38$，粗糙度 $Ra3.2$	12/3	超 0.01 扣 2 分，粗糙度降一级扣 3 分		
3		$\Phi22^{0}_{-0.025}$，粗糙度 $Ra1.6$	6/2	超 0.01 扣 2 分，粗糙度降一级扣 3 分		
4	圆锥	锥面大径 $\Phi36$，粗糙度 $Ra1.6$	4/2	超 0.01 扣 2 分，粗糙度降一级扣 3 分		
5		锥面小径 $\Phi30$，粗糙度 $Ra1.6$	4/2	超 0.01 扣 2 分，粗糙度降一级扣 3 分		
6	圆弧	$R15$，粗糙度 $Ra3.2$	6/3	超 0.01 扣 2 分，粗糙度降一级扣 3 分		
7	螺纹	螺纹 $M22\times2$–6g，粗糙度 $Ra3.2$	15/4	中径超 0.02 扣 1 分，牙侧粗糙度降一级扣 2 分		
8	刀槽	5 × 3 沟槽	5	不合格不得分		
9	长度	长度 6 项	12	超 0.05 扣 1 分		
10	倒角	倒角 $C1.5$（2 处）	3	不合格不得分		
11	其他粗糙度		2	不合格不得分		
12	文明生产	发生重大安全事故取消考试资格；按照有关规定每违反一项，从总分中扣除 5 分				
13	其他项目	工件必须完整，工件局部无缺陷（如夹伤，划痕等）				
14	程序编制	程序中严重违反工艺规程的取消考试资格；其他问题酌情扣分				
合计						

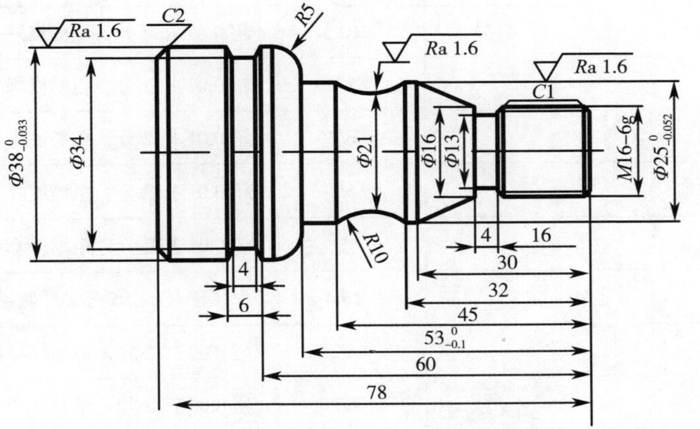

Ra 3.2 (√)

技术要求

1. 锐边倒角*C*0.5;
2. 未注公差尺寸按GB 1804—*M*;
3. 不允许使用砂布、锉刀等修饰加工面。

中级-02			材料	45	比例	1:1
			数量	1	共1张　第1张	
制图			中级工训练试题			
审核						

1.1.2 中级工训练试题 -02 评分标准

序号	项目	检测内容	配分	评分标准	实测	得分
1	外圆	Φ38 ± 0.019，粗糙度 Ra1.6	10/3	超 0.01 扣 2 分，粗糙度降一级扣 3 分		
2		$\Phi25^{0}_{-0.025}$，粗糙度 Ra1.6	8/3	超 0.01 扣 2 分，粗糙度降一级扣 3 分		
3		Φ34，粗糙度 Ra3.2	6/2	超 0.01 扣 2 分，粗糙度降一级扣 3 分		
4		Φ21，粗糙度 Ra1.6	6/2	超 0.01 扣 2 分，粗糙度降一级扣 3 分		
5		Φ16	5	超 0.01 扣 2 分，粗糙度降一级扣 3 分		
6	螺纹	M16–6g，粗糙度 Ra3.2	15/4	中径超 0.1 扣 5 分，牙侧粗糙度降一级扣 2 分		
7	圆弧	R10，粗糙度 Ra1.6	6/2	超 0.03 扣 2 分，粗糙度降一级扣 3 分		
8		R5，粗糙度 Ra3.2	6/2	超 0.03 扣 2 分，粗糙度降一级扣 3 分		
9	刀槽	4 × Φ34	4	超差不得分		
10	长度	长度 9 项	9	超差不得分		
11	倒角	螺纹倒角 C1，C2，C1	5	不合格不得分		
12	其他粗糙度		1 × 2	降一级不得分		
13	文明生产	发生重大安全事故取消考试资格；按照有关规定每违反一项，从总分中扣除 5 分				
14	其他项目	工件必须完整，工件局部无缺陷（如夹伤，划痕等）				
15	程序编制	程序中严重违反工艺规程的取消考试资格；其他问题酌情扣分				
合计						

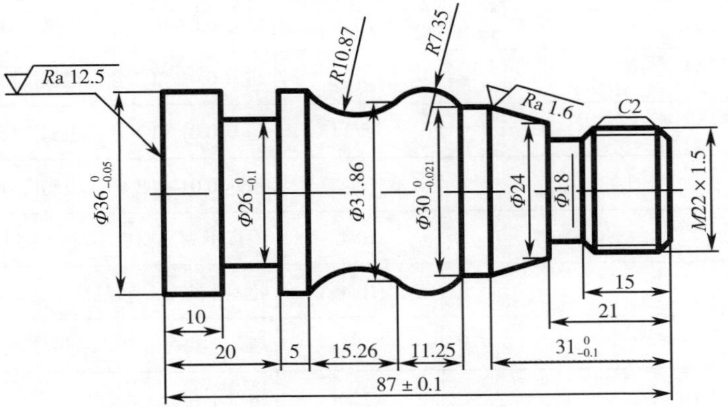

Ra 3.2 (√)

技术要求

1.锐边倒角*C*0.5；

2.未注公差尺寸按GB 1804–*M*;

3.不允许使用砂布、锉刀等修饰加工面。

中级–03		材料	45	比例	1:1	
		数量	1	共1张	第1张	
制图			中级工训练试题			
审核						

1.1.3 中级工训练试题 –03 评分标准

序号	项目	检测内容	配分	评分标准	实测	得分
1	外圆	$\Phi36^{0}_{-0.05}$，粗糙度 $Ra3.2$	10/4	超差 0.01 扣 2 分，粗糙度降一级扣 2 分		
2		$\Phi30^{0}_{-0.021}$，粗糙度 $Ra3.2$	5/2	超差 0.01 扣 2 分，粗糙度降一级扣 2 分		
3		$\Phi26^{0}_{-0.1}$，粗糙度 $Ra3.2$	5/2	超差 0.01 扣 2 分，粗糙度降一级扣 2 分		
4	圆锥	圆锥，粗糙度 $Ra1.6$	10/4	超差 0.01 扣 2 分，粗糙度降一级扣 2 分		
5	螺纹	$M22\times1.5$，粗糙度 $Ra3.2$	10/4	检查不满足要求不得分，粗糙度降一级扣 2 分		
6	圆弧	$R7.35$，粗糙度 $Ra3.2$	10/4	超差不得分，粗糙度降一级扣 2 分		
7		$R10.87$，粗糙度 $Ra3.2$	10/4	超差不得分，粗糙度降一级扣 2 分		
8	长度	87 ± 0.1，$31^{0}_{-0.1}$，20，15，10	12	超差不得分		
9	倒角	$C2$	2	超差不得分		
10	刀槽	$6\times\Phi18$	2	超差不得分		
11	文明生产	发生重大安全事故取消考试资格；按照有关规定每违反一项，从总分中扣除 5 分				
12	其他项目	工件必须完整，工件局部无缺陷（如夹伤，划痕等）				
13	程序编制	程序中严重违反工艺规程的取消考试资格；其他问题酌情扣分				
合计						

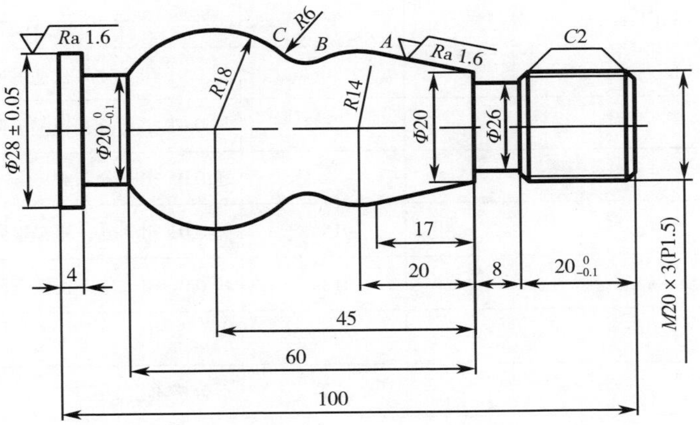

A: × 13.824, Z−45.042
B: × 12.650, Z−54.286
C: × 13.543, Z−60.985

$\sqrt{Ra\ 3.2}$ ($\sqrt{}$)

技术要求

1.锐边倒角C0.5；
2.未注公差尺寸按GB 1804−M;
3.不允许使用砂布、锉刀等修饰加工面。

中级−04			材料	45	比例	1:1
			数量	1	共1张	第1张
制图			中级工训练试题			
审核						

1.1.4 中级工训练试题 –04 评分标准

序号	项目	检测内容	配分	评分标准	实测	得分
1	外圆	$\Phi 28 \pm 0.05$，粗糙度 $Ra1.6$	10/3	超 0.01 扣 2 分，粗糙度降一级扣 3 分		
2		$\Phi 20^{0}_{-0.1}$，粗糙度 $Ra3.2$	10/3	超 0.01 扣 2 分，粗糙度降一级扣 3 分		
3		$\Phi 20$	4	超 0.05 扣 1 分		
4	螺纹	$M20 \times 3$，粗糙度 $Ra3.2$	15/6	超 0.01 扣 2 分，粗糙度降一级扣 3 分		
5	圆弧	$R18$，$R6$，$R14$，粗糙度 $Ra3.2$	18/6	超 0.01 扣 2 分，粗糙度降一级扣 3 分		
6	圆锥	锥度，粗糙度 $Ra1.6$	5/2	超差不得分		
7	刀槽	$8 \times \Phi 16$	2	不合格不得分		
8	倒角	螺纹倒角 $C2$，倒角 $C1$	4	不合格不得分		
9	长度	长度 7 项	7	超差不得分		
10	其他粗糙度		5	降一级不得分		
11	文明生产	发生重大安全事故取消考试资格；按照有关规定每违反一项，从总分中扣除 5 分				
12	其他项目	工件必须完整，工件局部无缺陷（如夹伤，划痕等）				
13	程序编制	程序中严重违反工艺规程的取消考试资格；其他问题酌情扣分				
合计						

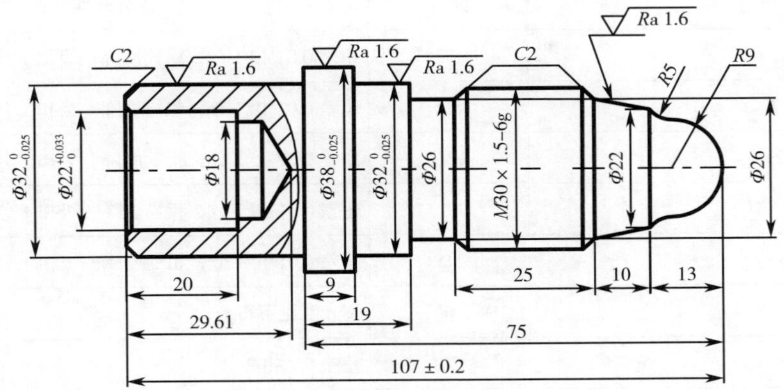

技术要求

1.锐边倒角*C*1;

2.未注公差尺寸按GB 1804−*M*;

3.不允许使用砂布、锉刀等修饰加工面。

$\sqrt{Ra\ 3.2}$ ($\sqrt{}$)

中级−05		材料	45	比例	1:1
		数量	1	共1张	第1张
制图		中级工训练试题			
审核					

1.1.5 中级工训练试题 -05 评分标准

序号	项目	检测内容	配分	评分标准	实测	得分
1	外圆	$\Phi 38^{0}_{-0.1}$，粗糙度 Ra3.2	8/2	超差 0.01 扣 1 分，粗糙度降一级扣 1 分		
2		$\Phi 20^{0}_{-0.025}$，粗糙度 Ra3.2	8/2	超差 0.01 扣 1 分，粗糙度降一级扣 1 分		
3		$\Phi 20^{+0.033}_{0}$，粗糙度 Ra3.2	12/2	超差 0.01 扣 1 分，粗糙度降一级扣 1 分		
4		Φ20，粗糙度 Ra3.2	4/2	超差 0.01 扣 1 分，粗糙度降一级扣 1 分		
5	锥体	Φ26，粗糙度 Ra1.6	5/5	超差 0.01 扣 1 分，粗糙度降一级扣 1 分		
6	成型面	R9，表面质量	6	不光滑则不得分		
7	长度	107 ± 0.2，20，25，75	20	超差 0.1 扣 2 分		
8	螺纹	$M30 \times 1.5$（止通规检查）	16/4	止通规检查不满足要求不得分，粗糙度降一级扣 2 分		
9	倒角	C2	4	没有则扣 2 分		
10	文明生产	发生重大安全事故取消考试资格；按照有关安全操作规程每违反一项，从总分中扣除 5 分				
11	其他项目	工件必须完整，工件局部无缺陷（如夹伤，划痕等）				
12	程序编制	程序中严重违反工艺规程的取消考试资格；其他问题酌情扣分				
合计						

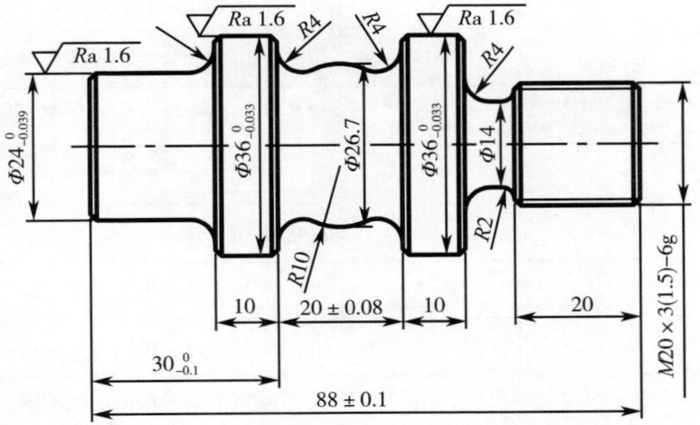

$\sqrt{Ra\ 3.2}$ ($\sqrt{}$)

技术要求

1.锐边倒角*C*1；

2.未注公差尺寸按GB 1804–*M*;

3.不允许使用砂布、锉刀等修饰加工面。

中级–06		材料	45	比例	1:1
		数量	1	共1张	第1张
制图			中级工训练试题		
审核					

1.1.6 中级工训练试题 -06 评分标准

序号	项目	检测内容	配分	评分标准	实测	得分
1	外圆	$\Phi 34^{0}_{-0.039}$，粗糙度 $Ra1.6$	8/3	超差 0.01 扣 1 分，粗糙度降一级扣 1 分		
2		$\Phi 34^{0}_{-0.039}$，粗糙度 $Ra1.6$	8/3	超差 0.01 扣 1 分，粗糙度降一级扣 1 分		
3		$\Phi 24^{0}_{-0.039}$，粗糙度 $Ra1.6$	8/3	超差 0.01 扣 1 分，粗糙度降一级扣 1 分		
4		$\Phi 26.7$	5	超 0.02 扣 1 分		
5		$\Phi 14$	4	超 0.05 扣 1 分		
6	成型面	圆弧 $R4$（4 处），粗糙度 $Ra3.2$	3 × 3/4	超 0.05 扣 1 分，粗糙度降一级扣 1 分		
7		圆弧 $R2$，粗糙度 $Ra3.2$	4/1	超 0.05 扣 1 分，粗糙度降一级扣 1 分		
8		圆弧 $R10$，粗糙度 $Ra3.2$	4/1	超 0.05 扣 1 分，粗糙度降一级扣 1 分		
9	螺纹	$M20 \times 3$	12/4	中径超 0.1 扣 5 分，牙侧粗糙度降一级扣 3 分		
10	倒角	倒角 $C1$（7 处）	1 × 7	不合格不得分		
11	长度	$30^{0}_{-0.1}$，20 ± 0.08，88 ± 0.1	3 × 2	超 0.05 扣 1 分		
12		10，10，20	3 × 1	超差不得分		
13	其他	其他粗糙度	3 × 1	降一级不得分		
14	文明生产	发生重大安全责任事故取消考试资格；按照有关安全操作规程每违反一项，从总分中扣除 5 分				
15	合计					

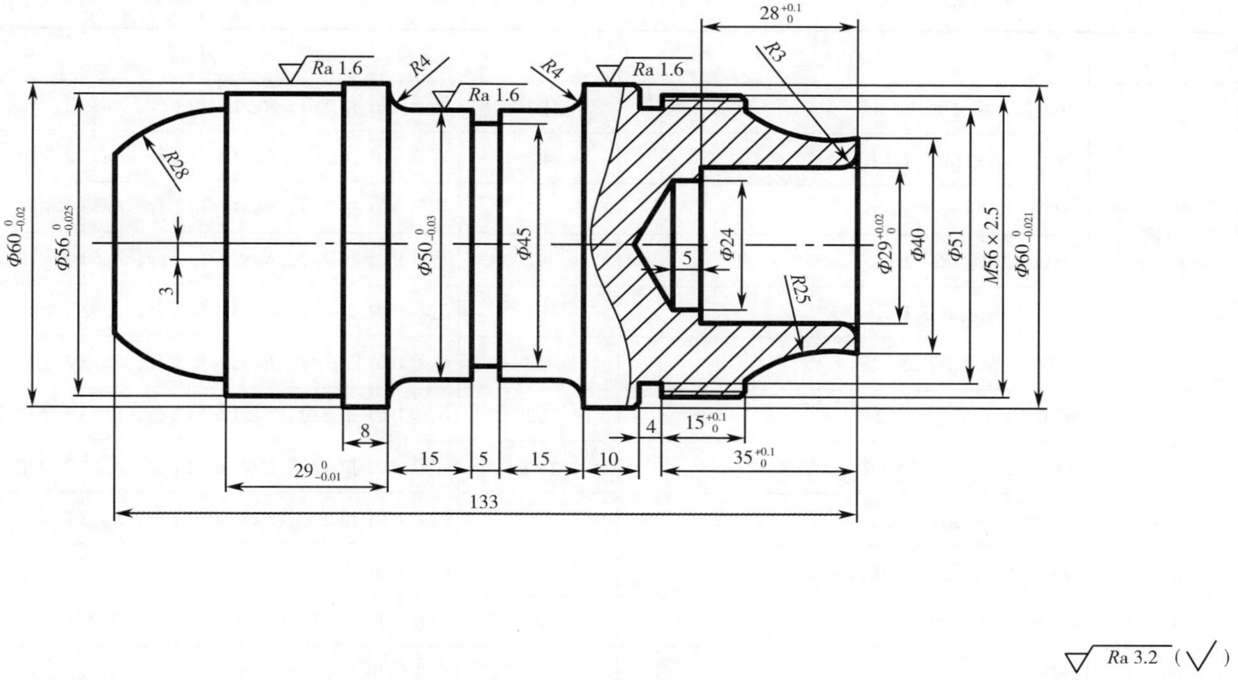

技术要求

1.未注倒角*C*1；

2.未注公差尺寸按GB 1804–*M*;

3.不允许使用砂布、锉刀等修饰加工面。

中级–07			材料	45	比例	1:1
			数量	1	共1张	第1张
制图			中级工训练试题			
审核						

1.1.7 中级工训练试题 -07 评分标准

序号	项目	检测内容	配分	评分标准	实测	得分
1	外圆	$\Phi60^{0}_{-0.02}$，粗糙度 *R*a1.6	4/2	超差 0.01 扣 2 分，*R*a>1.6 扣 1 分，*R*a>3.2 全扣		
2		$\Phi56^{0}_{-0.025}$，粗糙度 *R*a1.6	4/2	超差 0.01 扣 2 分，*R*a>1.6 扣 1 分，*R*a>3.2 全扣		
3		$\Phi24^{0}_{-0.039}$，粗糙度 *R*a1.6	4/2	超差 0.01 扣 2 分，*R*a>1.6 扣 1 分，*R*a>3.2 全扣		
4		$\Phi51$，粗糙度 *R*a3.2	4/2	超差 0.01 扣 2 分，*R*a>1.6 扣 1 分，*R*a>3.2 全扣		
5		$\Phi45$，粗糙度 *R*a3.2	4/2	超差 0.01 扣 2 分，*R*a>1.6 扣 1 分，*R*a>3.2 全扣		
6		$\Phi40$，粗糙度 *R*a3.2	4/2	超差 0.01 扣 2 分，*R*a>1.6 扣 1 分，*R*a>3.2 全扣		
7	内孔	$\Phi29^{+0.02}_{0}$，粗糙度 *R*a3.2	4/2	超差 0.01 扣 2 分，*R*a>1.6 扣 1 分，*R*a>3.2 全扣		
8	圆弧	*R*3，*R*28，*R*25，*R*4（2 处），*R*a3.2	18/8	超差 0.01 扣 2 分，*R*a>1.6 扣 1 分，*R*a>3.2 全扣		
9	槽	5 × $\Phi45$，粗糙度 *R*a1.6	6/2	超差 0.01 扣 2 分，*R*a>1.6 扣 1 分，*R*a>3.2 全扣		
10	螺纹	*M*56 × 2.5 中径，粗糙度 *R*a3.2	6/2	超差 0.01 扣 3 分，乱牙不得分		
11	刀槽	4 × $\Phi51$，粗糙度 *R*a3.2	2/2	超差不得分，*R*a>1.6 扣 1 分，*R*a>3.2 全扣		
12	倒角	2 处	2	少 1 处扣 2 分		
13	长度	未注公差（10 处）	10	*R*a>3.2 扣 1 分，*R*a>6.3 全扣		
14	文明生产	发生重大安全责任事故取消考试资格；按照有关安全操作规程每违反一项，从总分中扣除 5 分				
15	合计					

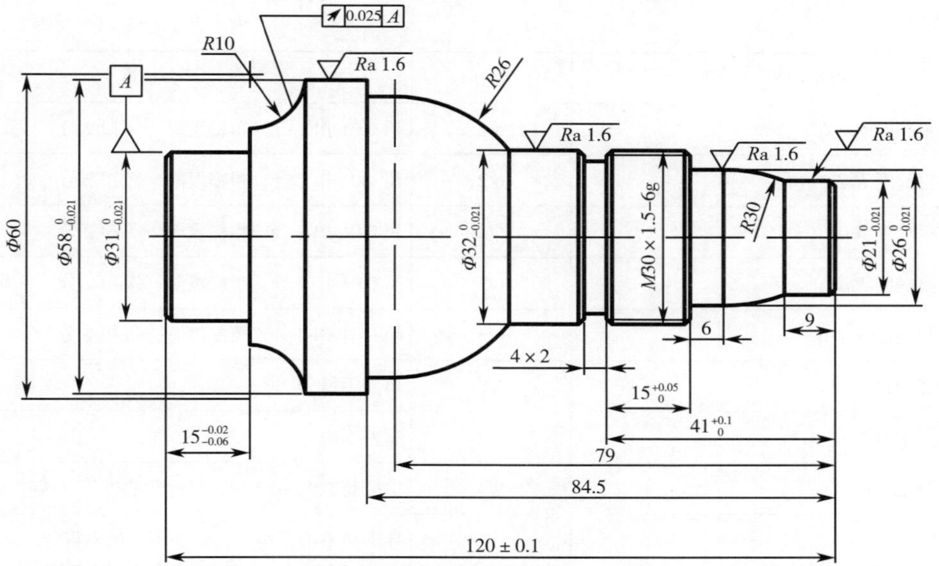

技术要求

1.未注倒角$C1$；
2.未注公差尺寸按GB 1804–M;
3.不允许使用砂布、锉刀等修饰加工面。

中级–08		材料	45	比例	1:1
		数量	1	共1张	第1张
制图		中级工训练试题			
审核					

1.1.8 中级工训练试题 -08 评分标准

序号	项目	检测内容	配分	评分标准	实测	得分
1	外圆	$\Phi 58^{0}_{-0.021}$，粗糙度 Ra1.6	6/2	超 0.01 扣 2 分，粗糙度降一级扣 2 分		
2		$\Phi 31^{0}_{-0.021}$，粗糙度 Ra3.2	6/2	超 0.01 扣 2 分，粗糙度降一级扣 2 分		
3		$\Phi 32^{0}_{-0.021}$，粗糙度 Ra1.6	6/2	超 0.01 扣 2 分，粗糙度降一级扣 2 分		
4		$\Phi 21^{0}_{-0.021}$，粗糙度 Ra1.6	6/2	超 0.01 扣 2 分，粗糙度降一级扣 2 分		
5		$\Phi 26^{0}_{-0.021}$，粗糙度 Ra1.6	6/2	超 0.01 扣 2 分，粗糙度降一级扣 2 分		
6	圆弧	R26，粗糙度 Ra3.2	6/2	超差不得分		
7		R10，粗糙度 Ra3.2	6/2	超差不得分		
8	螺纹	$M30\times1.5/Ra3.2$	9/3	中径超 0.01 扣 2 分，牙侧粗糙度降一级扣 4 分		
9		螺纹牙形角 60°	3	牙形角不准不得分，螺距不正确不得分		
10	长度	120 ± 0.1；$15^{-0.02}_{-0.06}$	6	超差 0.04 扣 1 分		
11		未注公差（4 处）	6	按 IT14 评定，超差不得分		
12	倒角	倒角 C2（2 处），$2\times30°$	6	不合格不得分		
13		未注倒角 C0.5（7 处）	7	不合格不得分		
14	刀槽	4×2	4	超差不得分		
15	文明生产	发生重大安全责任事故取消考试资格；按照有关安全操作规程每违反一项，从总分中扣除 5 分				
16	合计					

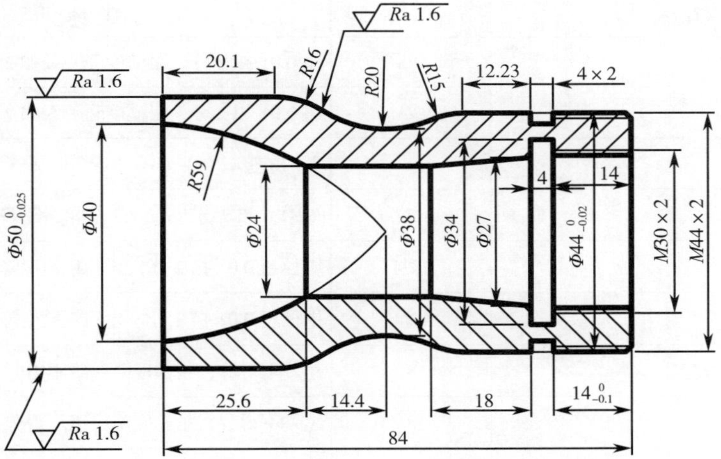

Ra 3.2 (√)

技术要求

1.未注倒角*C*1;

2.未注公差尺寸按GB 1804-*M*;

3.不允许使用砂布、锉刀等修饰加工面。

中级-09			材料	45	比例	1:1
			数量	1	共1张	第1张
制图			中级工训练试题			
审核						

1.1.9 中级工训练试题 –09 评分标准

序号	项目	检测内容	配分	评分标准	实测	得分
1	外圆	$\Phi50^{0}_{-0.025}$，粗糙度 *R*a1.6	9/3	超 0.01 扣 2 分，粗糙度降一级扣 2 分		
2		$\Phi44^{0}_{-0.02}$，粗糙度 *R*a3.2	9/3	超 0.01 扣 2 分，粗糙度降一级扣 2 分		
3	成型面	*R*20，*R*a16	7	*R*a>1.6 扣 2 分，*R*a>3.2 全扣，超差不得分		
4		*R*15	7	*R*a>1.6 扣 2 分，*R*a>3.2 全扣，超差不得分		
5	螺纹	*M*30 × 2	12/4	中径超 0.01 扣 2 分，牙侧粗糙度降一级扣 2 分		
6		*M*44 × 2	12/4	中径超 0.01 扣 2 分，牙侧粗糙度降一级扣 2 分		
7	圆锥，*R*a3.2		8	超差不得分，粗糙度降一级不得分		
8	圆弧 *R*59，*R*a3.2		8	超差不得分，粗糙度降一级不得分		
9	长度	84	6	超差 0.01 扣 1 分		
10		$14^{0}_{-0.1}$	5	超差 0.01 扣 1 分		
11	刀槽	4 × 2	3	不合格不得分		
12	文明生产	发生重大安全责任事故取消考试资格；按照有关安全操作规程每违反一项，从总分中扣除 5 分				
13	其他项目	工件必须完整，工件局部无缺陷（如夹伤、划痕等）				
14	程序编制	程序中严重违反工艺规程的取消考试资格；其他问题酌情扣分				
15	合计					

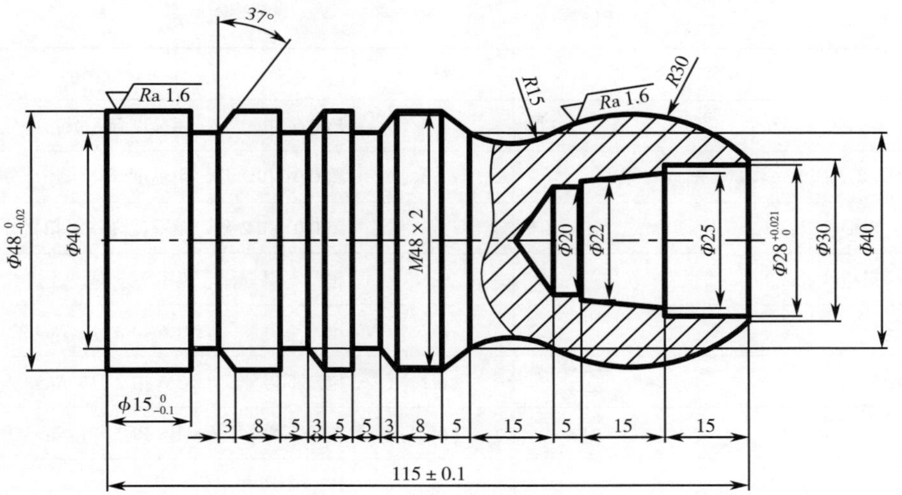

Ra 3.2 (√)

技术要求

1.未注倒角C1；

2.未注公差尺寸按GB 1804–M;

3.不允许使用砂布、锉刀等修饰加工面。

中级–10			材料	45	比例	1:1
			数量	1	共1张	第1张
制图			中级工训练试题			
审核						

1.1.10 中级工训练试题 -10 评分标准

序号	项目	检测内容	配分	评分标准	实测	得分
1	外圆	$\Phi48^{0}_{-0.02}$，粗糙度 $Ra1.6$	9/3	超 0.01 扣 2 分，粗糙度降一级扣 2 分		
2		$\Phi40$，粗糙度 $Ra3.2$	9/3	超 0.01 扣 2 分，粗糙度降一级扣 2 分		
3	内孔	$\Phi28^{+0.021}_{0}$，粗糙度 $Ra3.2$	9/3	超 0.01 扣 2 分，粗糙度降一级扣 2 分		
4	螺纹	$M48\times2$，粗糙度 $Ra3.2$	12/4	超差不得分，牙侧粗糙度降一级扣 1 分		
5	成型面	$R15$，$Ra3.2$	6/2	超差不得分，$Ra>1.6$ 扣 2 分，$Ra>3.2$ 全扣		
6		$R30$，$Ra1.6$	6/2	超差不得分，$Ra>1.6$ 扣 2 分，$Ra>3.2$ 全扣		
7	内圆锥，$Ra3.2$		6/2	超差不得分，$Ra>1.6$ 扣 2 分，$Ra>3.2$ 全扣		
8	长度	115 ± 0.1	4	超差 0.01 扣 1 分		
9		3~5	9	超差 0.01 扣 1 分		
10		2~8	6	超差 0.01 扣 1 分		
11	倒角	未注倒角 $C1$	5	不合格不得分		
12	文明生产	发生重大安全责任事故取消考试资格；按照有关安全操作规程每违反一项，从总分中扣除 5 分				
13	其他项目	工件必须完整，工件局部无缺陷（如夹伤、划痕等）				
14	程序编制	程序中严重违反工艺规程的取消考试资格；其他问题酌情扣分				
15	合计					

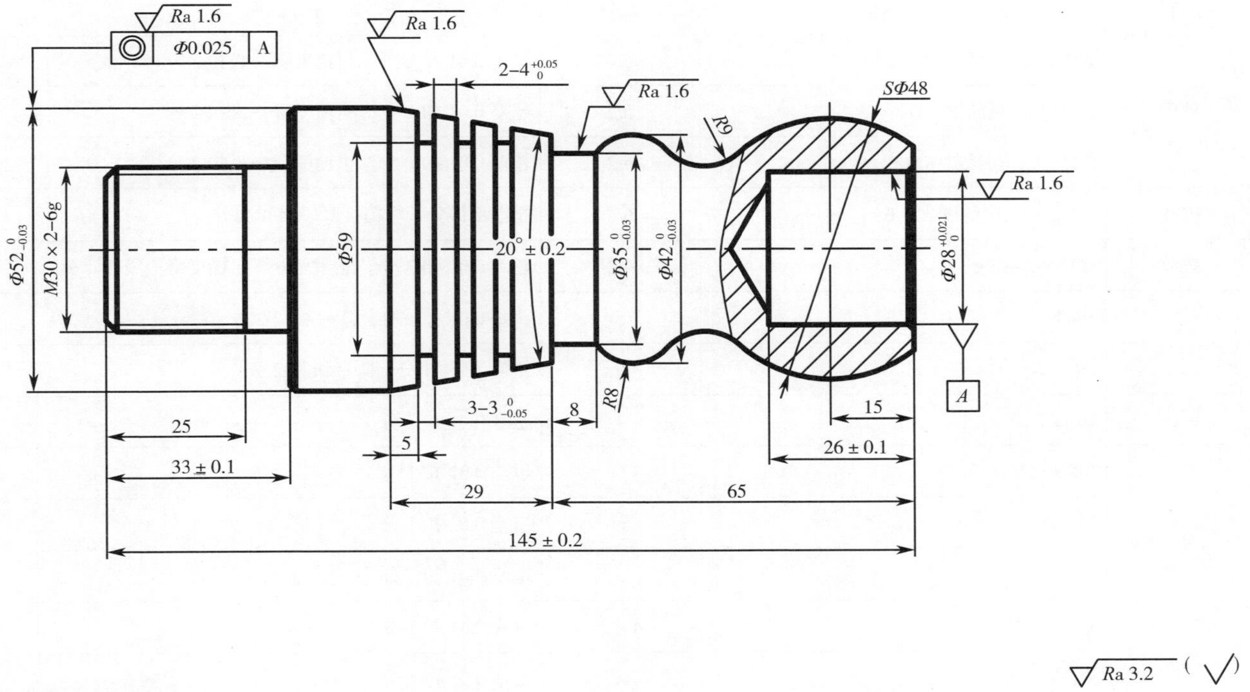

技术要求

1.未注倒角C1;

2.未注公差尺寸按GB 1804−M;

3.不允许使用砂布、锉刀等修饰加工面。

高级−01		材料	45	比例	1:1
		数量	1	共1张	第1张
制图		高级工训练试题			
审核					

1.2.1 高级工训练试题 -01 评分标准

序号	项目	检测内容	配分	评分标准	实测	得分
1	外圆	$\Phi 52^{0}_{-0.03}$，粗糙度 $Ra1.6$	6/2	超差 0.01 扣 2 分，粗糙度降一级扣 2 分		
2		$\Phi 42^{0}_{-0.03}$，粗糙度 $Ra1.6$	6/2	超差 0.01 扣 2 分，粗糙度降一级扣 2 分		
3		$\Phi 35^{0}_{-0.03}$，粗糙度 $Ra1.6$	6/2	超差 0.01 扣 2 分，粗糙度降一级扣 2 分		
4	内孔	$\Phi 28^{+0.021}_{0}$，粗糙度 $Ra1.6$	6/2	超差不得分，粗糙度降一级扣 2 分		
5	螺纹	$M30\times2-6g$	4/2	超差 0.01 扣 3 分，乱牙无分，粗糙度降一级扣 1 分		
6	成型面	$S\Phi 48$	5	超差 0.01 扣 1 分，降一级扣 2 分		
7		$R9$	5	超差 1′ 扣 1 分，降一级扣 2 分		
8	圆锥	$20° \pm 2'$	4	超差 0.01 扣 1 分		
9	长度	145 ± 0.2	6	超差 0.01 扣 1 分		
10		33 ± 0.1	6	超差 0.01 扣 1 分		
11		26 ± 0.1	6	超差 0.01 扣 1 分		
12		$4^{+0.05}_{0}$（2 处）	4×2	超差 0.01 扣 1 分		
13		$3^{0}_{-0.05}$（3 处）	4×3	超差 0.01 扣 1 分		
14	形位公差	◎ | $\varnothing 0.025$ | $A—B$	10	超差 0.01 扣 1 分		
15	文明生产	发生重大安全责任事故取消考试资格；按照有关安全操作规程每违反一项，从总分中扣除 5 分				
16	合计					

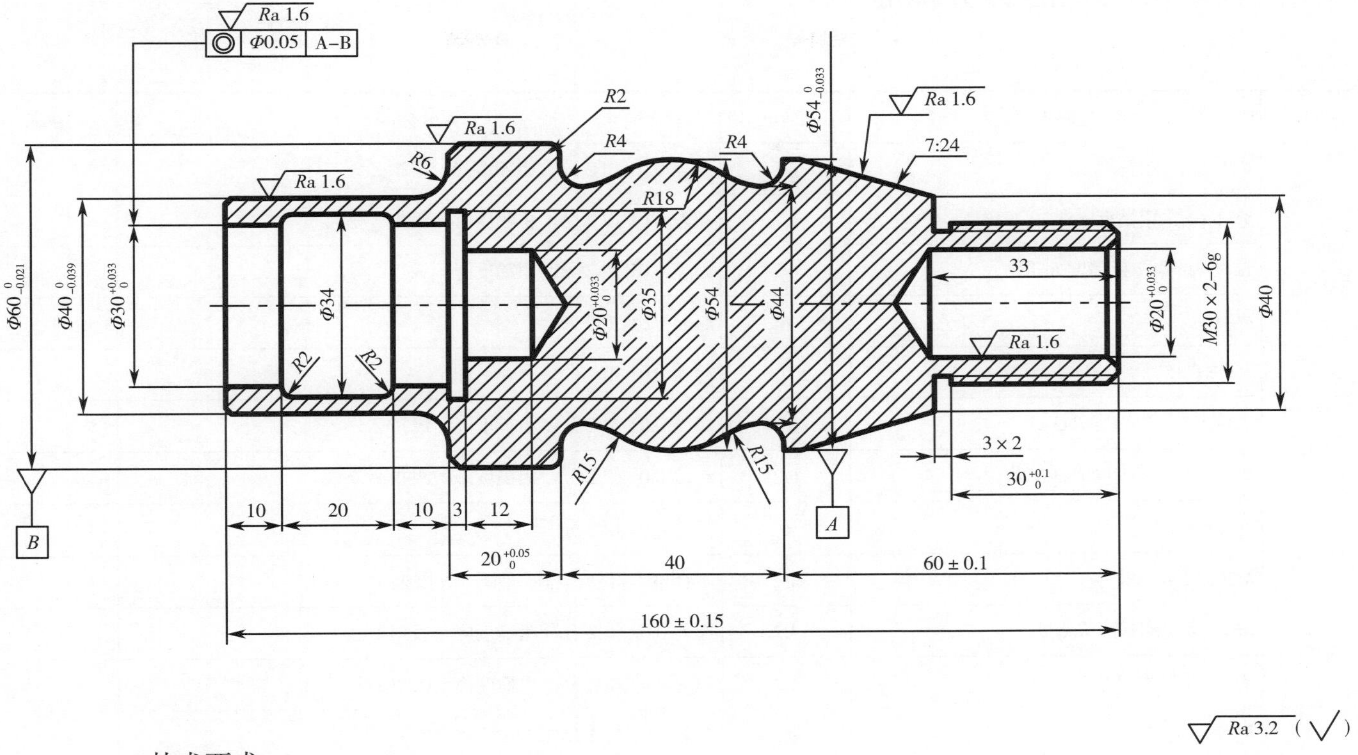

技术要求

1.未注倒角$C1$;

2.未注公差尺寸按GB 1804–M;

3.不允许使用砂布、锉刀等修饰加工面。

<table>
<tr><td colspan="2" rowspan="2">高级–02</td><td>材料</td><td>45</td><td>比例</td><td>1:1</td></tr>
<tr><td>数量</td><td>1</td><td>共1张</td><td>第1张</td></tr>
<tr><td>制图</td><td></td><td colspan="4" rowspan="2">高级工训练试题</td></tr>
<tr><td>审核</td><td></td></tr>
</table>

1.2.2 高级工训练试题 -02 评分标准

序号	项目	检测内容	配分	评分标准	实测	得分
1	外圆	$\Phi60_{-0.021}^{0}$，粗糙度 $Ra1.6$	6/2	超差 0.01 扣 2 分，粗糙度降一级扣 2 分		
2		$\Phi54_{-0.031}^{0}$，粗糙度 $Ra3.2$	6/2	超差 0.01 扣 2 分，粗糙度降一级扣 2 分		
3		锥度 7：24，粗糙度 $Ra1.6$	6/2	超差 0.01 扣 2 分，粗糙度降一级扣 2 分		
4		$\Phi40_{-0.039}^{0}$	6	超差 0.01 扣 2 分		
5	长度	160 ± 0.15	10	超差 0.01 扣 2 分		
6	内孔	$\Phi30_{0}^{+0.031}$，粗糙度 $Ra3.2$	8/4	超差 0.01 扣 2 分，粗糙度降一级扣 2 分		
7		$\Phi20_{0}^{+0.031}$，粗糙度 $Ra3.2$	6/2	超差 0.01 扣 2 分，粗糙度降一级扣 2 分		
8	外螺文	30 ± 0.1	6	超差 0.01 扣 2 分		
9		$M30\times2$–6g	4/2	不合格不得分，粗糙度降一级扣 2 分		
10	圆弧	$R6$，$R4$，粗糙度 $Ra3.2$	4/2	超差 0.02 扣 2 分，粗糙度降一级扣 1 分		
11		$R18$，粗糙度 $Ra3.2$	4/2	超差 0.02 扣 2 分，粗糙度降一级扣 1 分		
12	刀槽	3×2	6	超差 0.01 扣 1 分		
13	形位公差	◎ | $\varnothing$0.015 | A—B	10	超差 0.01 扣 4 分		
14	文明生产	发生重大安全责任事故取消考试资格；按照有关安全操作规程每违反一项，从总分中扣除 5 分				
15	合计					

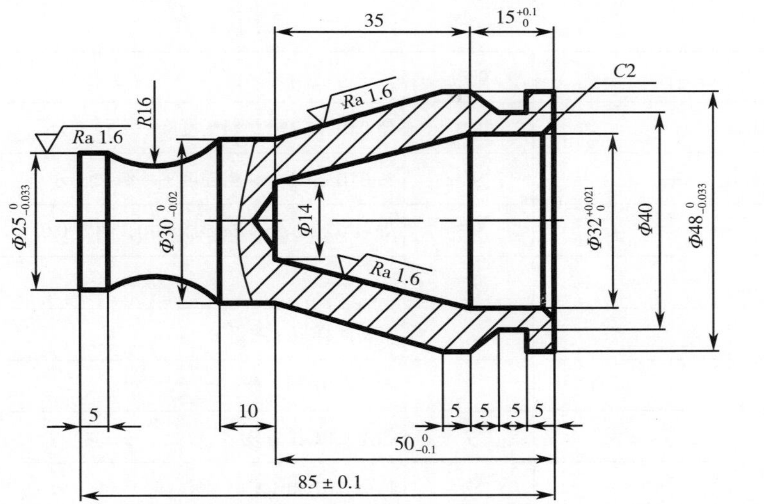

技术要求

1.未注倒角C0.5；
2.未注公差尺寸按GB 1804–M;
3.不允许使用砂布、锉刀等修饰加工面。

高级–03		材料	45	比例	1:1
		数量	1	共1张	第1张
制图		高级工训练试题			
审核					

1.2.3 高级工训练试题 -03 评分标准

序号	项目	检测内容	配分	评分标准	实测	得分
1	外圆	$\Phi 12^{0}_{-0.021}$，粗糙度 $Ra3.2$	9/3	超 0.01 扣 2 分，粗糙度降一级扣 2 分		
2		$\Phi 22^{0}_{-0.025}$，粗糙度 $Ra1.6$	9/3	超 0.01 扣 2 分，粗糙度降一级扣 2 分		
3	成型面	$R6$，$Ra1.6$	9/3	$Ra>1.6$ 扣 2 分，$Ra>3.2$ 全扣，超差 0.01 扣 1 分		
4		$R20$，$Ra1.6$	9/3			
5	椭圆弧		15	与检测样板一致得分		
6	长度	$17.5^{+0.1}_{0}$	8	超差 0.01 扣 1 分		
7		2.5	7	超差 0.01 扣 1 分		
8		40	7	超差 0.01 扣 1 分		
9	刀槽	2.5×10，$Ra3.2$	6/4	不合格不得分		
10	倒角	$C1$	5	不合格不得分		
11	文明生产	发生重大安全责任事故取消考试资格；按照有关安全操作规程每违反一项，从总分中扣除 5 分				
12	合计					

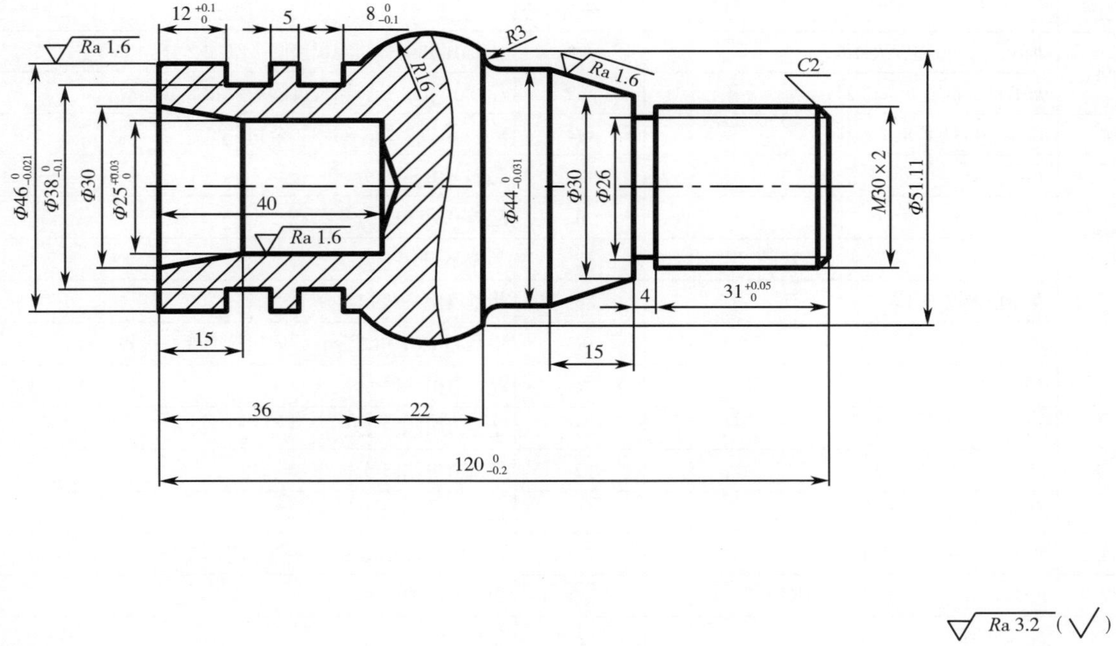

技术要求

1.未注倒角*C*1；

2.未注公差尺寸按GB 1804–*M*;

3.不允许使用砂布、锉刀等修饰加工面。

高级–04			材料	45	比例	1:1
			数量	1	共1张	第1张
制图			高级工训练试题			
审核						

1.2.4 高级工训练试题 -04 评分标准

序号	项目	检测内容	配分	评分标准	实测	得分
1	外圆	$\Phi46^{0}_{-0.021}$，粗糙度 $Ra1.6$	4/2	超 0.01 扣 2 分，粗糙度降一级扣 2 分		
2		$\Phi51.11$，粗糙度 $Ra3.2$	4/2	超 0.01 扣 2 分，粗糙度降一级扣 2 分		
3	圆弧	$SR16$，粗糙度 $Ra3.2$	6/4	Ra>1.6 扣 2 分，Ra>3.2 全扣		
4	圆锥	$\Phi44^{0}_{-0.033}$	4	超差 0.01 扣 1 分		
5		$\Phi30$	4	超差 0.01 扣 1 分		
6		15	2	超差不得分		
7		表面粗糙度 $Ra1.6$	3	粗糙度降一级扣 1 分		
8	螺纹	$M30\times2$	9/3	中径超 0.01 扣 2 分，牙侧粗糙度降一级扣 2 分		
9	内圆锥	$\Phi30$	4	超差 0.01 扣 1 分		
10		$\Phi25^{+0.03}_{0}$	4	超差 0.01 扣 1 分		
11		15	2	超差 0.01 扣 1 分		
12		表面粗糙度 $Ra3.2$	3	粗糙度降一级扣 1 分		
13	内孔	$\Phi25^{+0.03}_{0}$，粗糙度 $Ra1.6$	6/2	超 0.01 扣 2 分，粗糙度降一级扣 2 分		
14	长度	$120^{0}_{-0.2}$，$12^{+0.1}_{0}$，36，22，$31^{+0.05}_{0}$	20	超差 0.01 扣 1 分		
15	退刀槽	$8^{0}_{-0.1}$（2 处）	6	超差不得分		
16		$C2$	3	不合格不得分		
17		$R3$	3	超差不得分		
18	文明生产	发生重大安全责任事故取消考试资格；按照有关安全操作规程每违反一项，从总分中扣除 5 分				
19	合计					

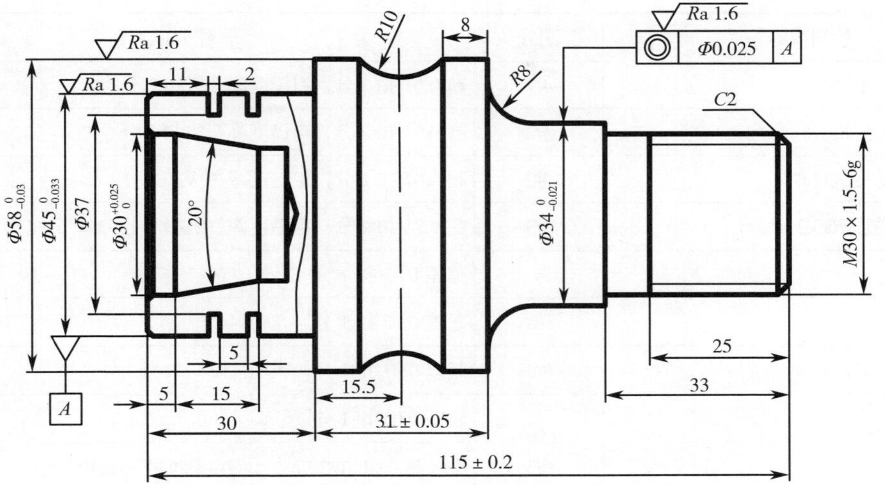

Ra 3.2 (√)

技术要求

1.未注倒角*C*1；

2.未注公差尺寸按GB 1804–*M*;

3.不允许使用砂布、锉刀等修饰加工面。

高级–05			材料	45	比例	1:1
			数量	1	共1张	第1张
制图			高级工训练试题			
审核						

1.2.5 高级工训练试题 –05 评分标准

序号	项目	检测内容	配分	评分标准	实测	得分
1	外圆	$\Phi58^{0}_{-0.03}$，粗糙度 $Ra1.6$	4/2	超 0.01 扣 2 分，粗糙度降一级扣 2 分		
2		$\Phi45^{0}_{-0.03}$，粗糙度 $Ra1.6$	4/2	超 0.01 扣 2 分，粗糙度降一级扣 2 分		
3		$\Phi34^{0}_{-0.021}$，粗糙度 $Ra1.6$	4/2	超 0.01 扣 2 分，粗糙度降一级扣 2 分		
4	锥孔	$\Phi30^{+0.025}_{0}$，粗糙度 $Ra3.2$	8/3	超 0.01 扣 2 分，粗糙度降一级扣 2 分		
5		20	4	超差 0.01 扣 1 分		
6		15	4	超差 0.02 扣 1 分		
7	成型面	$R10$，粗糙度 $Ra3.2$	9/3	超差 0.01 扣 1 分，粗糙度降一级扣 2 分		
8		15.5	6	超差 0.03 扣 1 分		
9	外螺纹	$M30\times1.5$–6g	9/3	中径超 0.01 扣 2 分，牙侧粗糙度降一级扣 2 分		
10		25	5	超差 0.02 扣 1 分		
11	长度	115 ± 0.2，30，33	11	超差 0.01 扣 1 分		
12	槽	37 ，2	8	超差 0.01 扣 1 分		
13	倒角	$C1$（2 处）	2×2	不合格不得分		
14		$R8$	2	超差不得分		
15		$C2$	3	不合格不得分		
16	文明生产	发生重大安全责任事故取消考试资格；按照有关安全操作规程每违反一项，从总分中扣除 5 分				
17	合计					

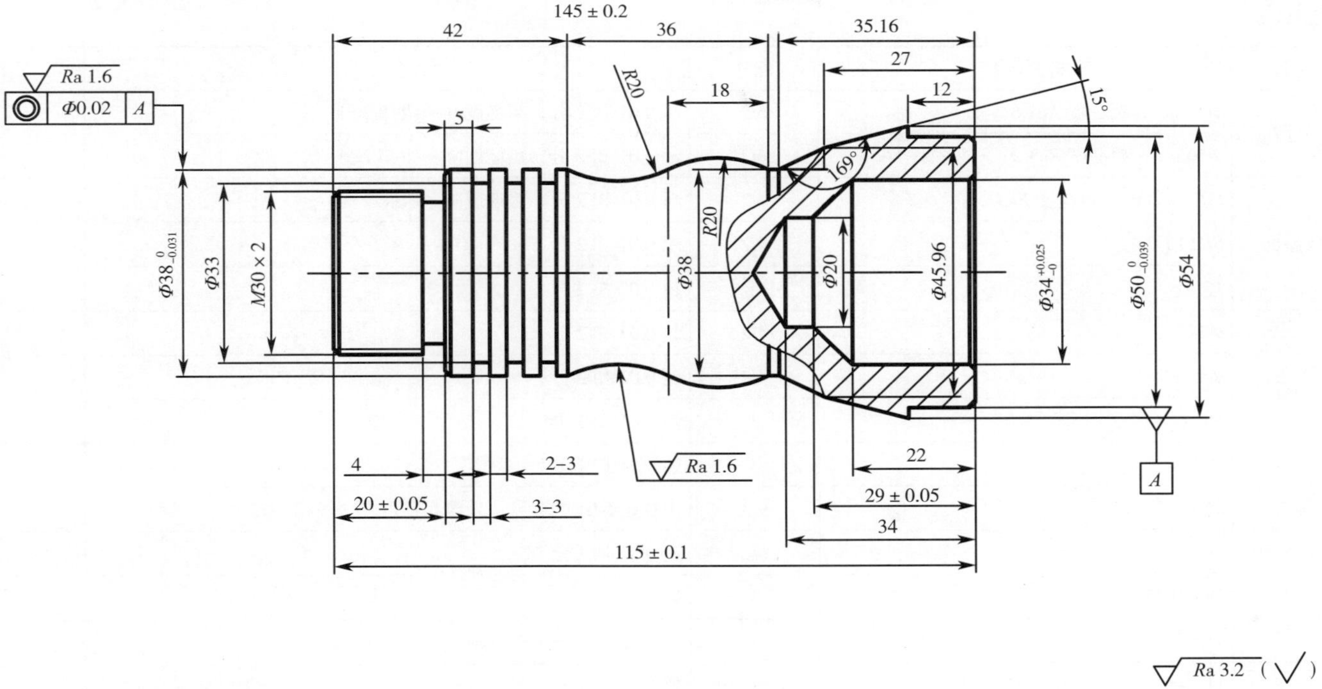

技术要求

1.未注倒角*C*1；
2.未注公差尺寸按GB 1804−*M*;
3.不允许使用砂布、锉刀等修饰加工面。

高级−06		材料	45	比例	1:1
		数量	1	共1张	第1张
制图			高级工训练试题			
审核						

1.2.6 高级工训练试题 –06 评分标准

序号	项目	检测内容	配分	评分标准	实测	得分
1	外圆	$\Phi38^{0}_{-0.031}$，粗糙度 $Ra1.6$	6/2	超 0.01 扣 2 分，粗糙度降一级扣 2 分		
2		$\Phi50^{0}_{-0.039}$，粗糙度 $Ra3.2$	6/2	超 0.01 扣 2 分，粗糙度降一级扣 2 分		
3	成型面	$SR20 \pm 0.02$，粗糙度 $Ra3.2$	4/2	超 0.01 扣 2 分，粗糙度降一级扣 2 分		
4		$SR20 \pm 0.02$	4/2	超 0.01 扣 2 分		
5		18	2	超 0.02 扣 2 分		
6	圆锥	$\Phi54$	4/2	超 0.03 扣 2 分		
7		$\Phi45.96$	4/2	超 0.03 扣 2 分		
8		15°	3	超 0.01 扣 1 分		
9		169°	3	超 0.01 扣 1 分		
10	螺纹	$M30 \times 2$	9/3	中径超 0.01 扣 2 分，牙侧粗糙度降一级扣 2 分		
11	内孔	$\Phi34^{+0.025}_{0}$	, 6/2	超 0.02 扣 1 分		
12		29 ± 0.05	4	超 0.01 扣 1 分		
13		$\Phi20$	4	超 0.01 扣 1 分		
14	长度	115 ± 0.1，20 ± 0.05，12，34	8	超 0.01 扣 1 分		
15	刀槽	4×2	4	不合格不得分		
16		C1（2 处）	2	不合格不得分		
17	形位公差	◎ | ∅0.025 | A	10	超 0.01 扣 1 分		
18	文明生产	发生重大安全责任事故取消考试资格；按照有关安全操作规程每违反一项，从总分中扣除 5 分				
19	合计					

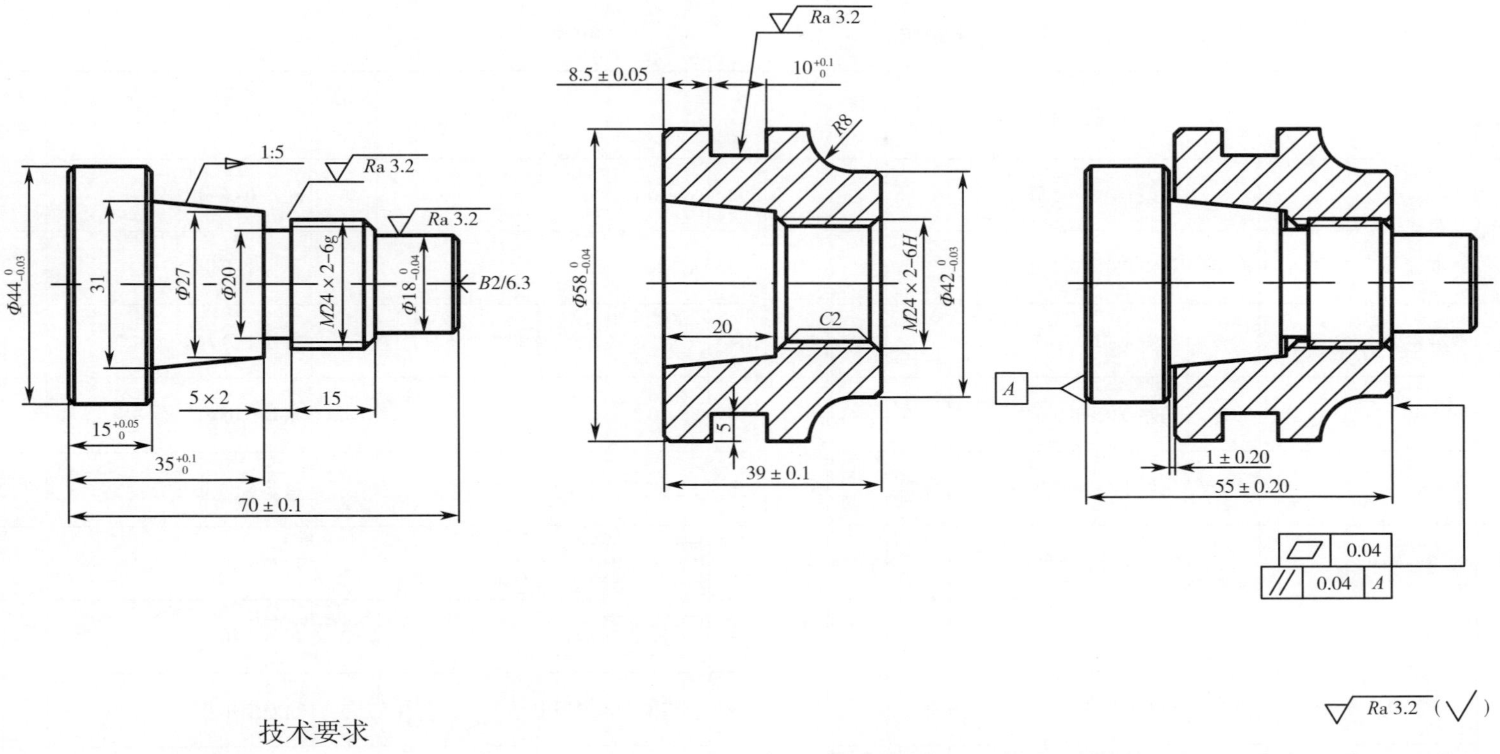

技术要求

1.未注倒角*C*1;

2.未注公差尺寸按GB 1804–*M*;

3.件2锥面与件1配合，涂色法检查件1与件2圆锥面，接触面积≥60%。

高级–07			材料	45	比例	1:1
			数量	1	共1张	第1张
制图			高级工训练试题			
审核						

1.2.7 高级工训练试题 -07 评分标准

项目	序号	技术要求	占分	评分标准	实测	得分
零件1	1	$\Phi44^{0}_{-0.33}$	8	超差 0.01 扣 2 分		
	2	$\Phi18^{0}_{-0.04}$	8	超差 0.01 扣 2 分		
	3	$M24\times2$–6g	5/2	超差全扣		
	4	70 ± 0.1	6	超差 0.02 扣 2 分		
	5	*R*a1.6	4	每处 1 分，不倒扣		
	6	5 × 2，*R*a3.2	2/2	每处 1 分，不倒扣		
	7	未注倒角	3	超差全扣		
零件2	8	$\Phi58^{0}_{-0.04}$	6	超差 0.01 扣 2 分		
	9	$\Phi42^{0}_{-0.03}$	6	超差 0.01 扣 2 分		
	10	8.5 ± 0.05	6	超差 0.01 扣 2 分		
	11	$10^{+0.1}_{0}$，*R*a3.2	7/2	超差全扣		
	12	39 ± 0.1	5	超差 0.02 扣 2 分		
	13	*R*a1.6	4	不合格不得分		
	14	一般尺寸、倒角及锥度	3	每处 1 分，不倒扣		
配合	15	55 ± 0.2	6	超差 0.05 扣 2 分		
	16	1 ± 0.2	6	超差 0.05 扣 2 分		
	17	// 0.04 A	2	超差全扣		
	18	▱ 0.04	2	超差全扣		
	19	圆锥配合松紧适中	5	超差全扣		
	20	发生重大安全事故取消考试资格；按照有关规定从总分中扣除 5 分				
	21	工件必须完整，工件局部无缺陷（如夹伤，划痕等）				
合计						

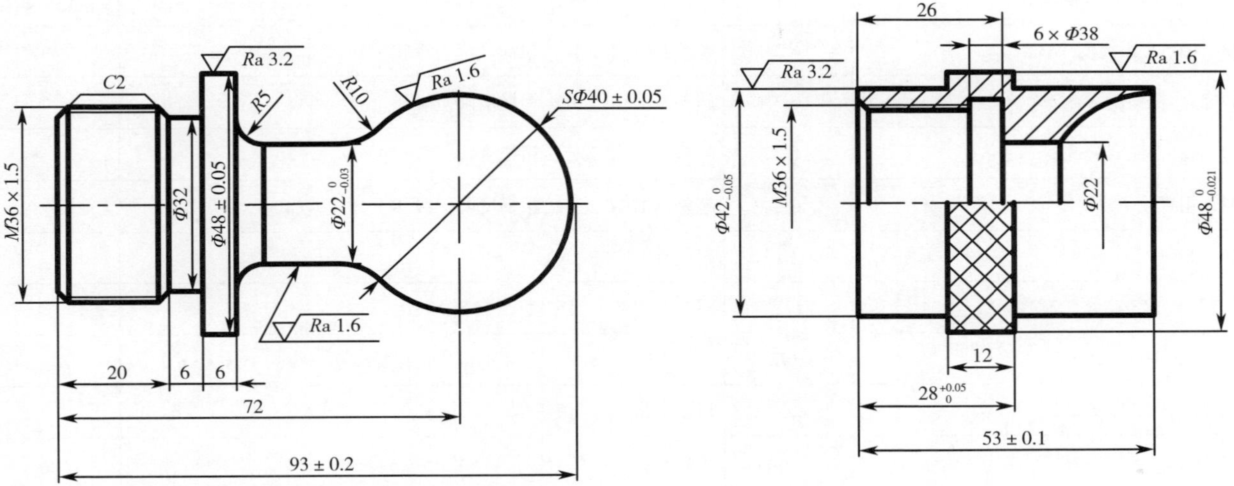

Ra 3.2 (√)

技术要求

1.未注圆角*R*1；
2.未注公差尺寸按GB 1804–*M*;
3.不允许使用砂布、锉刀等修饰加工面；
4.涂色检查互配部分接触面积不得小于60%。

高级–08		材料	45	比例	1:1
		数量	1	共1张	第1张
制图			高级工训练试题		
审核					

1.2.8 高级工训练试题 -08 评分标准

序号	项目	检测内容	配分	评分标准	实测	得分
1	外圆	$\Phi48\pm0.05$，粗糙度 $Ra3.2$	6/2	超差 0.01 扣 2 分，粗糙度降一级扣 1 分		
2		$\Phi42^{0}_{-0.05}$，粗糙度 $Ra3.2$	6/2	超差 0.01 扣 2 分，粗糙度降一级扣 1 分		
3		$\Phi22^{0}_{-0.03}$，粗糙度 $Ra3.2$	6/2	超差 0.01 扣 2 分，粗糙度降一级扣 1 分		
4	内孔	$\Phi22$，粗糙度 $Ra3.2$	6/2	超差 0.01 扣 2 分，粗糙度降一级扣 1 分		
5	内螺纹	$M36\times1.5$ 中径	10	超差 0.01 扣 3 分		
6		退刀槽 $6\times\Phi38$，$Ra3.2$	6/2	超差不得分，粗糙度降一级扣 1 分		
7	外螺纹	$M36\times1.5$ 中径，$Ra1.6$	10/2	超差 0.01 扣 3 分，乱牙不得分，粗糙度降一级扣 1 分		
8		退刀槽 $6\times\Phi32$，$Ra3.2$	2/2	超差不得分，粗糙度降一级扣 1 分		
9	螺纹配合	内外螺纹配合	10	不能配合全扣		
10	球面	$S\Phi40\pm0.05$	6	配合接触面积不得小于 60%，小于 10%扣 5 分		
11		$Ra1.6$	6	$Ra>1.6$ 扣 1 分，$Ra>3.2$ 全扣		
12	倒角	3 处	6	少一处扣 1 分		
13	滚花		6	滚花不清晰不得分		
14	文明生产	发生重大安全责任事故取消考试资格；按照有关安全操作规程每违反一项，从总分中扣除 5 分				
15	合计					

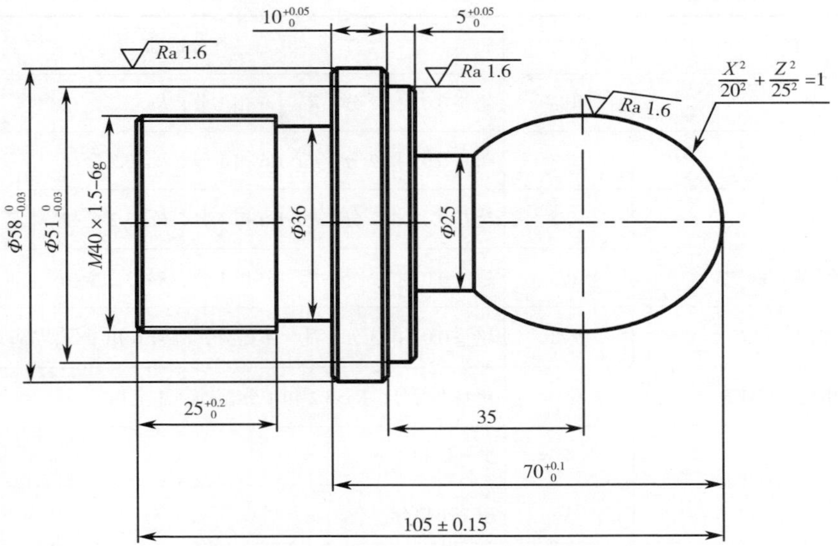

Ra 3.2 (√)

技术要求

1.未注倒角C1;
2.未注公差尺寸按GB 1804-M;
3.不允许使用砂布、锉刀等修饰加工面。

高级-09	材料	45	比例	1:1
	数量	1	共1张	第1张
制图			高级工训练试题	
审核				

1.2.9 高级工训练试题 –09 评分标准

序号	项目	检测内容	配分	评分标准	实测	得分
1	外圆	$\Phi58^{0}_{-0.03}$，粗糙度 *Ra*1.6	10/3	超差 0.01 扣 2 分，*Ra*>1.6 扣 1 分，*Ra*>3.2 全扣		
2		$\Phi51^{0}_{-0.03}$，粗糙度 *Ra*1.6	10/3	超差 0.01 扣 2 分，*Ra*>1.6 扣 1 分，*Ra*>3.2 全扣		
3		$\Phi25$，粗糙度 *Ra*1.6	10/3	超差 0.01 扣 2 分，*Ra*>1.6 扣 1 分，*Ra*>3.2 全扣		
4	椭圆	a=25；b=20，粗糙度 *Ra*1.6	10/3	超差 0.01 扣 2 分，*Ra*>1.6 扣 1 分，*Ra*>3.2 全扣		
5	外螺纹	*M*40 × 1.5 中径，粗糙度 *Ra*1.6	16/8	超差 0.01 扣 3 分，乱牙不得分，*Ra*>1.6 扣 1 分，*Ra*>3.2 全扣		
6		退刀槽 10 × $\Phi32$，粗糙度 *Ra*1.6	6/3	超差不得分，*Ra*>3.2 扣 1 分，*Ra*>6.3 全扣		
7	倒角	4 处	4	少一处扣 3 分		
8	长度	$10^{+0.05}_{0}$，$5^{+0.05}_{0}$，$25^{+0.05}_{0}$	3	超差不得分		
9		未注公差（2 处）	2 × 4	*Ra*>3.2 扣 1 分，*Ra*>6.3 全扣		
10	文明生产	发生重大安全责任事故取消考试资格；按照有关安全操作规程每违反一项，从总分中扣除 5 分				
11	其他项目	工件必须完整，工件局部无缺陷（如夹伤、划痕等）				
12	程序编制	程序中严重违反工艺规程的取消考试资格；其他问题酌情扣分				
13	合计					

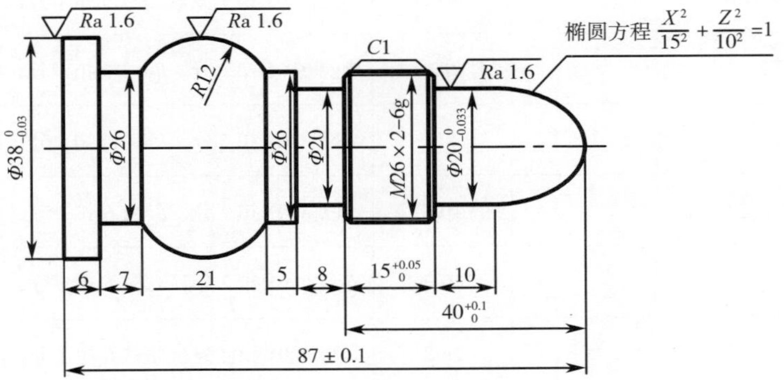

Ra 3.2 (√)

技术要求

1.未注倒角*C*1;
2.未注公差尺寸按GB 1804–*M*;
3.不允许使用砂布、锉刀等修饰加工面。

高级–10		材料	45	比例	1:1
		数量	1	共1张	第1张
制图			高级工训练试题		
审核					

1.2.10　高级工训练试题 -10 评分标准

序号	项目	检测内容	配分	评分标准	实测	得分
1	外圆	$\Phi 38^{0}_{-0.03}$，粗糙度 *Ra*1.6	10/2	超差 0.01 扣 2 分，*Ra*>1.6 扣 1 分，*Ra*>3.2 全扣		
2		$\Phi 26$，粗糙度 *Ra*3.2	8/2	超差 0.01 扣 2 分，*Ra*>1.6 扣 1 分，*Ra*>3.2 全扣		
3		$\Phi 20$，粗糙度 *Ra*3.2	8/2	超差 0.01 扣 2 分，*Ra*>1.6 扣 1 分，*Ra*>3.2 全扣		
4	椭圆	a=15；b=10，粗糙度 *Ra*3.2	10/4	超差 0.01 扣 2 分，*Ra*>1.6 扣 1 分，*Ra*>3.2 全扣		
5	圆弧	*R*12，粗糙度 *Ra*1.6	10/4	超差 0.01 扣 2 分，*Ra*>1.6 扣 1 分，*Ra*>3.2 全扣		
6	螺纹	*M*26×2–6g，粗糙度 *Ra*3.2	16/8	超差 0.01 扣 2 分，*Ra*>1.6 扣 1 分，*Ra*>3.2 全扣		
7		退刀槽，粗糙度 *Ra*3.2	6/3	超差不得分		
8	长度	未注公差（7 处）	7	*Ra*>1.6 扣 1 分，*Ra*>3.2 全扣		
9	文明生产	发生重大安全责任事故取消考试资格；按照有关安全操作规程每违反一项，从总分中扣除 5 分				
10	其他项目	工件必须完整，工件局部无缺陷（如夹伤，划痕等）				
11	程序编制	程序中严重违反工艺规程的取消考试资格；其他问题酌情扣分				
12	合计					

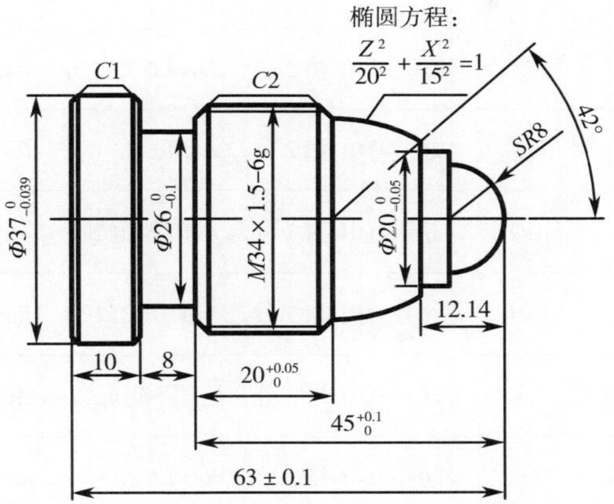

$\sqrt{Ra\ 3.2}$ (√)

技术要求

1.未注倒角$C1$；
2.未注公差尺寸按GB 1804−M;
3.不允许使用砂布、锉刀等修饰加工面。

高级−11		材料	45	比例	1:1
		数量	1	共1张	第1张
制图		高级工训练试题			
审核					

1.2.11 高级工训练试题 -11 评分标准

序号	项目	检测内容	配分	评分标准	实测	得分
1	外圆	$\Phi37^{0}_{-0.15}$，粗糙度 *Ra*3.2	8/2	超差 0.01 扣 2 分，*Ra*>1.6 扣 1 分，*Ra*>3.2 全扣		
2		$\Phi20^{0}_{-0.05}$，粗糙度 *Ra*3.2	8/2	超差 0.01 扣 2 分，*Ra*>1.6 扣 1 分，*Ra*>3.2 全扣		
3	椭圆	*a*=20；*b*=15，粗糙度 *Ra*3.2	10/2	超差 0.01 扣 2 分，*Ra*>1.6 扣 1 分，*Ra*>3.2 全扣		
4	圆弧	*SR*8，粗糙度 *Ra*3.2	10/4	超差 0.01 扣 2 分，*Ra*>1.6 扣 1 分，*Ra*>3.2 全扣		
5	螺纹	*M*34 × 1.5，粗糙度 *Ra*3.2	10/4	超差 0.01 扣 3 分，乱牙不得分，*Ra*>1.6 扣 1 分，*Ra*>3.2 全扣		
6		退刀槽 8 × $\Phi26^{0}_{-0.1}$，*Ra*3.2	16/8	超差 0.01 扣 2 分，*Ra*>1.6 扣 1 分，*Ra*>3.2 全扣		
7	倒角	4 处	9	少一处扣 3 分		
8	长度	未注公差（5 处）	7	*Ra*>3.2 扣 1 分，*Ra*>6.3 全扣		
9	文明生产	发生重大安全责任事故取消考试资格；按照有关安全操作规程每违反一项，从总分中扣除 5 分				
10	其他项目	工件必须完整，工件局部无缺陷（如夹伤，划痕等）				
11	程序编制	程序中严重违反工艺规程的取消考试资格；其他问题酌情扣分				
12	合计					

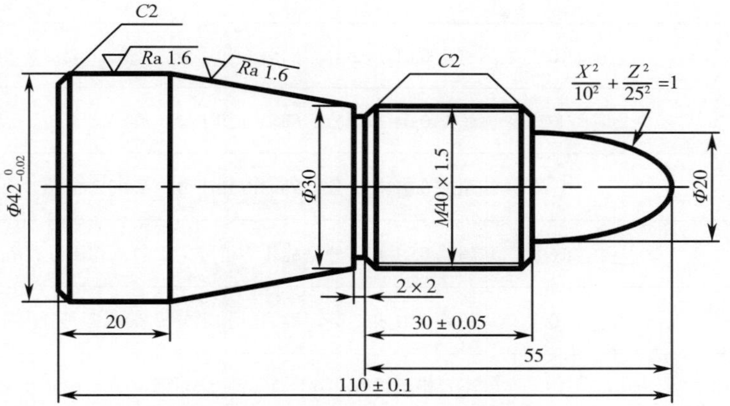

Ra 3.2 (√)

技术要求

1.未注倒角$C0.5$；

2.未注公差尺寸按GB 1804–M;

3.不允许使用砂布、锉刀等修饰加工面。

高级–12		材料	45	比例	1:1
		数量	1	共1张	第1张
制图			高级工训练试题		
审核					

1.2.12 高级工训练试题 -12 评分标准

序号	项目	检测内容	配分	评分标准	实测	得分
1	外圆	$\Phi42^{0}_{-0.02}$，粗糙度 *R*a3.2	10/2	超差 0.01 扣 2 分，*R*a>1.6 扣 1 分，*R*a>3.2 全扣		
2		$\Phi30$，粗糙度 *R*a3.2	8/2	超差 0.01 扣 2 分，*R*a>1.6 扣 1 分，*R*a>3.2 全扣		
3	椭圆	a=10；b=25	10/4	超差 0.01 扣 2 分，*R*a>1.6 扣 1 分，*R*a>3.2 全扣		
4	螺纹	$M30\times1.5$，粗糙度 *R*a3.2	16/8	超差 0.01 扣 3 分，乱牙不得分，*R*a>1.6 扣 1 分，*R*a>3.2 全扣		
5		退刀槽 2×2，*R*a3.2	10/4	超差 0.01 扣 2 分，*R*a>1.6 扣 1 分，*R*a>3.2 全扣		
6	倒角	3 处	9	不合格不得分		
7	长度	未注公差（5 处）	7	*R*a>1.6 扣 1 分，*R*a>3.2 全扣		
8		110 ± 0.1	10	超差 0.01 扣 2 分		
9	文明生产	发生重大安全责任事故取消考试资格；按照有关安全操作规程每违反一项，从总分中扣除 5 分				
10	其他项目	工件必须完整，工件局部无缺陷（如夹伤，划痕等）				
11	程序编制	程序中严重违反工艺规程的取消考试资格；其他问题酌情扣分				
12	合计					

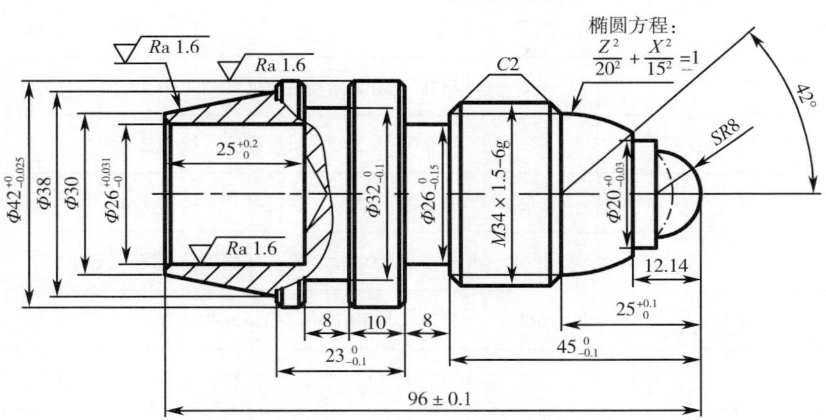

Ra 3.2 (√)

技术要求

1.未注倒角$C1$；
2.未注公差尺寸按GB 1804–M;
3.不允许使用砂布、锉刀等修饰加工面。

高级–13	材料	45	比例	1:1
	数量	1	共1张	第1张
制图			高级工训练试题	
审核				

1.2.13 高级工训练试题 -13 评分标准

序号	项目	检测内容	配分	评分标准	实测	得分
1	外圆	$\Phi26$，粗糙度 $Ra1.6$	6/2	超 0.01 扣 2 分，粗糙度降一级扣 2 分		
2		$\Phi42$，粗糙度 $Ra1.6$	9/3	超 0.01 扣 2 分，粗糙度降一级扣 2 分		
3		$\Phi20$，粗糙度 $Ra1.6$	6/2	超 0.01 扣 2 分，粗糙度降一级扣 2 分		
4	螺纹	$M34\times1.5-6g$ 中径	12/4	中径超 0.01 扣 2 分，牙侧粗糙度降一级扣 2 分		
5	圆弧	$SR8$，$Ra3.2$	6/2	超差 0.01 扣 1 分，$Ra>1.6$ 扣 2 分		
6	椭圆，$Ra3.2$		7/3	与检测样板一致，降级无分		
7	长度	96	7	超 0.01 扣 1 分		
8		10	6	超 0.01 扣 1 分		
9		2 — 8	8	超 0.01 扣 1 分		
10	倒角	$2-C2$	4	不合格不得分		
11		未注倒角 $C1$	5	不合格不得分		
12	退刀槽	$2-8\times\Phi32$	8	不合格不得分		
13	文明生产	发生重大安全责任事故取消考试资格；按照有关安全操作规程每违反一项，从总分中扣除 5 分				
14	合计					

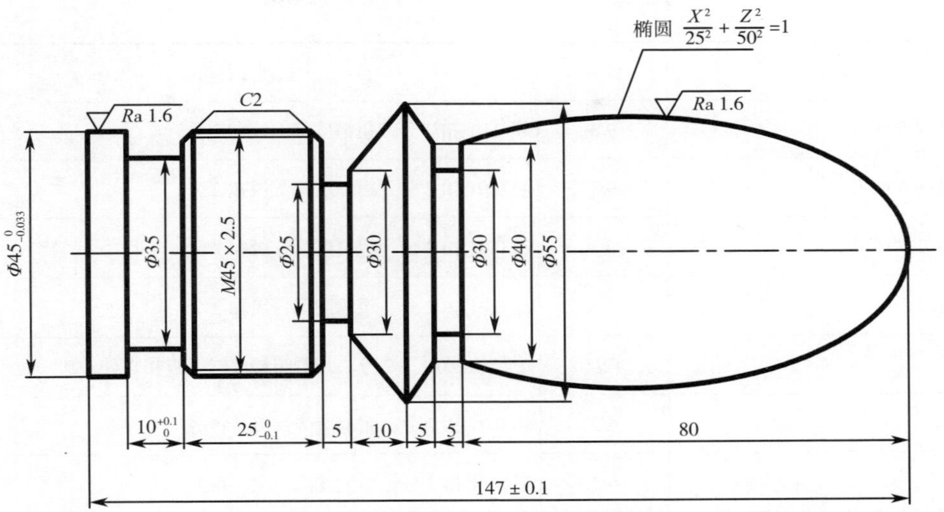

Ra 3.2 (√)

技术要求

1.未注倒角$C1$;
2.未注公差尺寸按GB 1804−M;
3.不允许使用砂布、锉刀等修饰加工面。

高级−14			材料	45	比例	1:1
			数量	1	共1张	第1张
制图			高级工训练试题			
审核						

1.2.14 高级工训练试题 -14 评分标准

序号	项目	检测内容	配分	评分标准	实测	得分
1	外圆	$\Phi35^{0}_{-0.031}$，粗糙度 $Ra1.6$	9/3	超 0.01 扣 2 分，粗糙度降一级扣 2 分		
2		$\Phi45^{0}_{-0.031}$，粗糙度 $Ra1.6$	9/3	超 0.01 扣 2 分，粗糙度降一级扣 2 分		
3		$\Phi25^{0}_{-0.031}$，粗糙度 $Ra1.6$	9/3	超 0.01 扣 2 分，粗糙度降一级扣 2 分		
4		$\Phi30^{0}_{-0.031}$，粗糙度 $Ra1.6$	9/3	超 0.01 扣 2 分，粗糙度降一级扣 2 分		
5	螺纹	$M45\times2.5$	12/4	中径超 0.01 扣 2 分，牙侧粗糙度降一级扣 2 分		
6	圆锥，粗糙度 $Ra3.2$		6/2	超 0.01 扣 2 分，粗糙度降一级不得分		
7	椭圆，粗糙度 $Ra1.6$		6/2	超 0.01 扣 2 分，粗糙度降一级不得分		
8	长度	147±0.05	4	超 0.01 扣 1 分		
9		80±0.02	4	超 0.01 扣 1 分		
10		25±0.01	4	超 0.01 扣 1 分		
11		10	4	超 0.01 扣 1 分		
12	倒角	未注倒角 $C1$	4	一个不符合扣 1 分		
13	文明生产	发生重大安全责任事故取消考试资格；按照有关安全操作规程每违反一项，从总分中扣除 5 分				
14	合计					

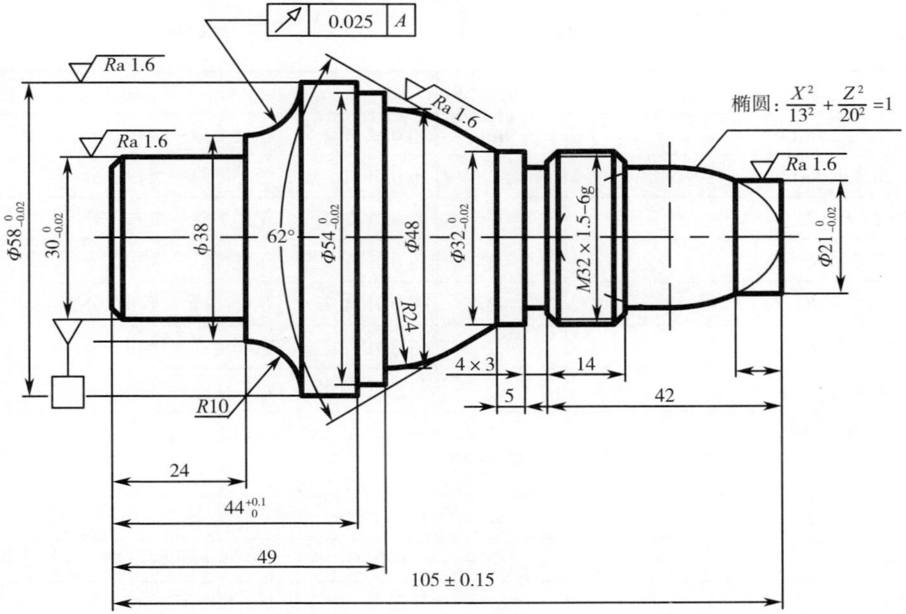

Ra 3.2 (√)

技术要求

1.未注倒角*C*1;

2.未注公差尺寸按GB 1804–*M*;

3.不允许使用砂布、锉刀等修饰加工面。

高级–15		材料	45	比例	1:1
		数量	1	共1张	第1张
制图			高级工训练试题		
审核					

1.2.15 高级工训练试题 -15 评分标准

序号	项目	检测内容	配分	评分标准	实测	得分
1	外圆	$\Phi58^{0}_{-0.02}$，粗糙度 $Ra1.6$	4/2	超 0.01 扣 2 分，粗糙度降一级扣 2 分		
2		$\Phi30^{0}_{-0.02}$，粗糙度 $Ra1.6$	4/2	超 0.01 扣 2 分，粗糙度降一级扣 2 分		
3		$\Phi38$，粗糙度 $Ra3.2$	4/2	超 0.01 扣 2 分，粗糙度降一级扣 2 分		
4		$\Phi32^{0}_{-0.02}$，粗糙度 $Ra3.2$	4/2	超 0.01 扣 2 分，粗糙度降一级扣 2 分		
5		$\Phi21^{0}_{-0.021}$，粗糙度 $Ra1.6$	4/2	超 0.01 扣 2 分，粗糙度降一级扣 2 分		
6		$\Phi54^{0}_{-0.02}$，粗糙度 $Ra3.2$	4/2	超 0.01 扣 2 分，粗糙度降一级扣 2 分		
7		$\Phi48^{0}_{-0.02}$，粗糙度 $Ra1.6$	3/2	超 0.01 扣 2 分，粗糙度降一级扣 2 分		
8	椭圆	a=20；b=13，粗糙度 $Ra3.2$	6/3	Ra>1.6 扣 2 分，Ra>3.2 全扣		
9	圆弧	$R24$，粗糙度 $Ra3.2$	4	超差不得分		
10		$R10$，粗糙度 $Ra3.2$	4	超差不得分		
11	螺纹	$M32 \times 1.5/Ra3.2$	6/2	中径超 0.01 扣 2 分，牙侧粗糙度降一级扣 2 分		
12		螺纹牙形角 60°	6	牙形角不准不得分，螺距不正确不得分		
13	长度	120 ± 0.15	4	超差 0.04 扣 1 分		
14		未注公差（6 处）	5	按 IT14 评定，超差不得分		
15	倒角	倒角 $C2$（2 处），2 × 30°	2 × 2	不合格不得分		
16		未注倒角 $C0.5$（7 处）	7 × 1	不合格不得分		
17	刀槽	4 × 3	2	超差不得分		
18	粗糙度	侧面（6 处）	6 × 1	粗糙度降一级扣 1 分		
19	文明生产	发生重大安全责任事故取消考试资格；按照有关安全操作规程每违反一项，从总分中扣除 5 分				
20	合计					

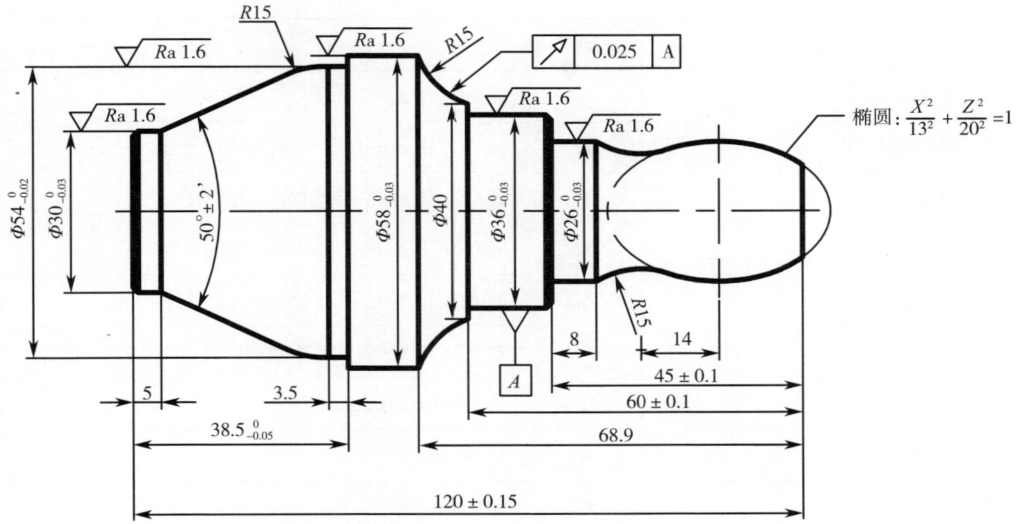

Ra 3.2 （√）

技术要求

1.未注倒角$C1$；

2.未注公差尺寸按GB 1804–M;

3.不允许使用砂布、锉刀等修饰加工面。

高级–16			材料	45	比例	1:1
			数量	1	共1张	第1张
制图			高级工训练试题			
审核						

1.2.16 高级工训练试题 –16 评分标准

序号	项目	检测内容	配分	评分标准	实测	得分
1	外圆	$\Phi54_{-0.02}^{0}$，粗糙度 $Ra1.6$	6/2	超 0.01 扣 2 分，粗糙度降一级扣 2 分		
2		$\Phi30_{-0.03}^{0}$，粗糙度 $Ra1.6$	6/2	超 0.01 扣 2 分，粗糙度降一级扣 2 分		
3		$\Phi58_{-0.03}^{0}$，粗糙度 $Ra1.6$	6/2	超 0.01 扣 2 分，粗糙度降一级扣 2 分		
4		$\Phi36_{-0.03}^{0}$，粗糙度 $Ra1.6$	6/2	超 0.01 扣 2 分，粗糙度降一级扣 2 分		
5		$\Phi26_{-0.03}^{0}$，粗糙度 $Ra1.6$	6/2	超 0.01 扣 2 分，粗糙度降一级扣 2 分		
6		$\Phi40$，粗糙度 $Ra3.2$	3/2	超 0.01 扣 2 分，粗糙度降一级扣 2 分		
7	椭圆	a=20；b=13，粗糙度 $Ra3.2$	10/5	Ra>1.6 扣 2 分，Ra>3.2 全扣		
8	圆弧	$R15$，粗糙度 $Ra3.2$	6/4	超差不得分		
9		$R15$，粗糙度 $Ra3.2$	6/4	超差不得分		
10	长度	38.5；45 ± 0.1；60 ± 0.1；120 ± 0.15	2 × 4	超差 0.04 扣 1 分		
11		未注公差（5 处）	1 × 5	按 IT14 评定，超差不得分		
12	倒角	倒角 C2（2 处）	2 × 2	不合格不得分		
13	形位公差	↗ 0.025 A	3	不合格不得分		
14	文明生产	发生重大安全责任事故取消考试资格；按照有关安全操作规程每违反一项，从总分中扣除 5 分				
15	合计					

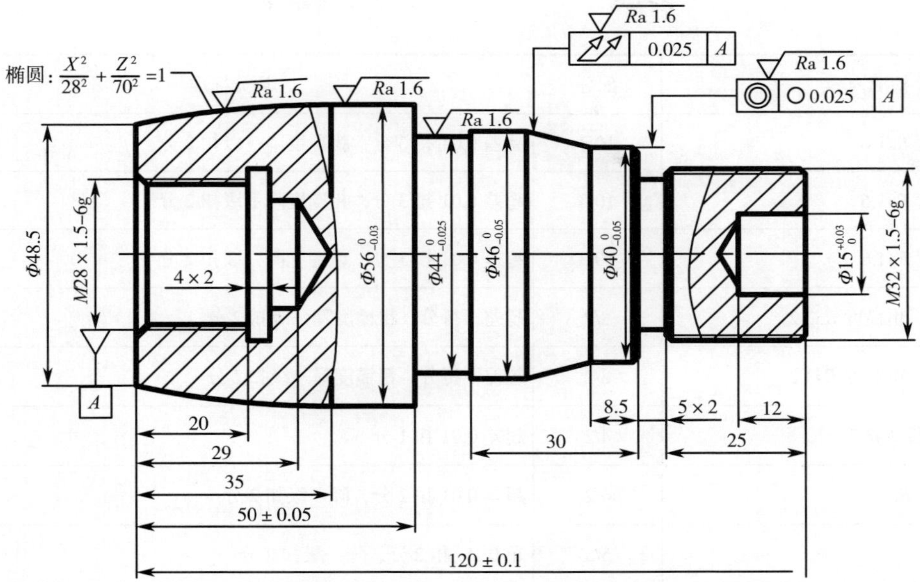

技术要求

1.未注倒角$C1$；

2.未注公差尺寸按GB 1804–M;

3.不允许使用砂布、锉刀等修饰加工面。

高级–17		材料	45	比例	1:1
		数量	1	共1张	第1张
制图		高级工训练试题			
审核					

1.2.17　高级工训练试题 -17 评分标准

序号	项目	检测内容	配分	评分标准	实测	得分
1	外圆	$\Phi 56_{-0.03}^{0}$，粗糙度 *Ra*1.6	10/3	超差 0.01 扣 3 分，粗糙度降一级扣 2 分		
2		$\Phi 40_{-0.05}^{0}$，粗糙度 *Ra*1.6	10/3	超差 0.01 扣 3 分，粗糙度降一级扣 2 分		
3		$\Phi 46_{-0.05}^{0}$，粗糙度 *Ra*1.6	10/3	超差 0.01 扣 3 分，粗糙度降一级扣 2 分		
4	螺纹	*M*28 × 1.5 — 6g，粗糙度 *Ra*3.2	8/2	超差不得分，粗糙度降一级扣 2 分		
5		*M*32 × 1.5 — 6g，粗糙度 *Ra*3.2	8/2	超差不得分，粗糙度降一级扣 2 分		
6	长度	120 ± 0.1，粗糙度 *Ra*3.2	4/2	超差 0.01 扣 1 分		
7	孔	$\Phi 15_{0}^{+0.03}$，粗糙度 *Ra*3.2	6/2	超差 0.01 扣 2 分，降一级扣 2 分		
8	圆锥，粗糙度 *Ra*1.6		5/3	超 0.1° 扣 2 分，降一级扣 2 分		
9	椭圆过度面，粗糙度 *Ra*1.6		6/3	超差 0.01 扣 2 分，降一级扣 2 分		
10	槽宽	$\Phi 44_{-0.025}^{0}$，*Ra*3.2	4/2	超差 0.01 扣 2 分，降级扣 2 分		
11	形位公差	◎ ∅0.025 *A*—*B*	4	超差 0.01 扣 1 分		
12	文明生产	发生重大安全责任事故取消考试资格；按照有关安全操作规程每违反一项，从总分中扣除 5 分				
13	合计					

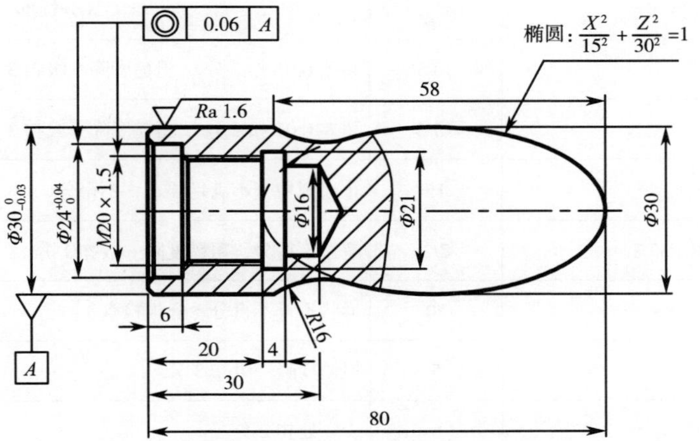

技术要求

1.未注倒角$C1$;

2.未注公差尺寸按GB 1804–M;

3.不允许使用砂布、锉刀等修饰加工面。

高级–18		材料	45	比例	1:1
		数量	1	共1张	第1张
制图		高级工训练试题			
审核					

1.2.18 高级工训练试题 -18 评分标准

序号	项目	检测内容	配分	评分标准	实测	得分
1	外圆	$\Phi30^{0}_{-0.03}$，粗糙度 $Ra1.6$	10/5	超差 0.01 扣 2 分，粗糙度降一级扣 3 分		
2	内孔	$\Phi24^{+0.04}_{0}$，粗糙度 $Ra3.2$	15/5	超差 0.01 扣 2 分，粗糙度降一级扣 3 分		
3	螺纹	$M20\times1.5$（止通规检查）	15	止通规检查不满足要求，不得分		
4		退刀槽 $4\times\Phi21$，粗糙度 $Ra3.2$	2/2	超差不得分，粗糙度降一级扣 1 分		
5	椭圆	形状、尺寸	20	形状不符不得分（样板检查）		
6		$Ra3.2$	5	粗糙度降一级扣 3 分		
7	倒角	3 处	6	少一处扣 2 分		
8	长度	80	5	超差不得分		
9	曲线连接		10	有明显接痕不得分		
10	文明生产	发生重大安全责任事故取消考试资格；按照有关安全操作规程每违反一项，从总分中扣除 5 分				
11	其他项目	工件必须完整，工件局部无缺陷（如夹伤、划痕等）				
12	程序编制	程序中严重违反工艺规程的取消考试资格；其他问题酌情扣分				
13	合计					

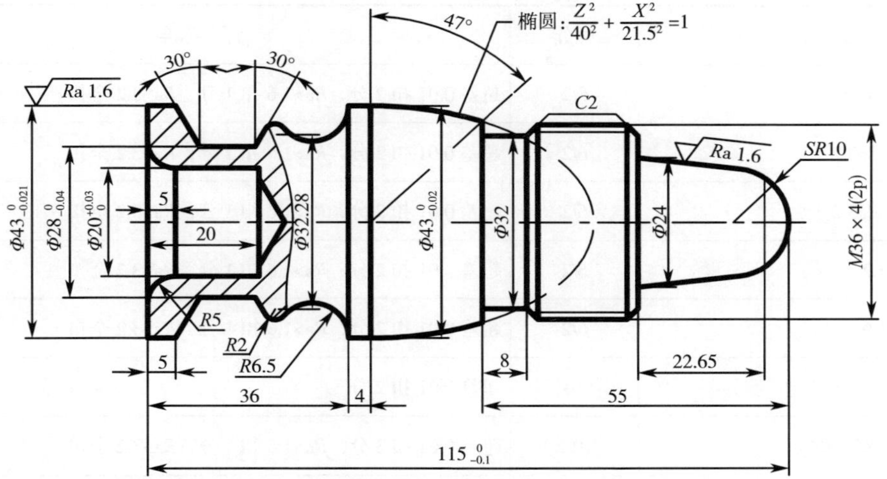

Ra 3.2 (√)

技术要求

1.未注倒角$C1$；

2.未注公差尺寸按GB 1804−M;

3.不允许使用砂布、锉刀等修饰加工面。

高级−19			材料	45	比例	1:1
			数量	1	共1张	第1张
制图			高级工训练试题			
审核						

1.2.19 高级工训练试题 -19 评分标准

序号	项目	检测内容	配分	评分标准	实测	得分
1	外圆	$\Phi43^{0}_{-0.021}$，粗糙度 *R*a1.6	6/2	超差 0.01 扣 2 分，*R*a>1.6 扣 1 分，*R*a>3.2 全扣		
2		$\Phi28^{0}_{-0.04}$，粗糙度 *R*a3.2	6/2	超差 0.01 扣 2 分，*R*a>1.6 扣 1 分，*R*a>3.2 全扣		
3		$\Phi43^{0}_{-0.02}$，粗糙度 *R*a3.2	6/2	超差 0.01 扣 2 分，*R*a>1.6 扣 1 分，*R*a>3.2 全扣		
4		$\Phi32$，粗糙度 *R*a3.2	6/2	超差 0.01 扣 2 分，*R*a>1.6 扣 1 分，*R*a>3.2 全扣		
5		$\Phi24$，粗糙度 *R*a1.6	6/2	超差 0.01 扣 2 分，*R*a>1.6 扣 1 分，*R*a>3.2 全扣		
6	内孔	$\Phi20^{+0.03}_{0}$，深 20	10	超差 0.01 扣 2 分		
7	圆弧	*R*2，*R*6.5，*R*10，*R*5，*R*3.2	10/2	超差 0.01 扣 3 分，*R*a>1.6 扣 1 分，*R*a>3.2 全扣		
8	椭圆	a=40；b=21.5	3	超差 0.01 扣 3 分		
9	螺纹	*M*36 × 4，粗糙度 *R*a3.2	8/2	超差 0.01 扣 3 分，乱牙不得分，*R*a>1.6 扣 1 分，*R*a>3.2 全扣		
10		退刀槽 8 × $\Phi32$，粗糙度 *R*a3.2	2/2	超差不得分，*R*a>3.2 扣 1 分，*R*a>6.3 全扣		
11	倒角	2 处	6	少一处扣 3 分		
12	长度	$115^{0}_{-0.1}$	5	超差不得分		
13		未注公差（5 处）	5 × 2	*R*a>3.2 扣 1 分，*R*a>6.3 全扣		
14	合计					

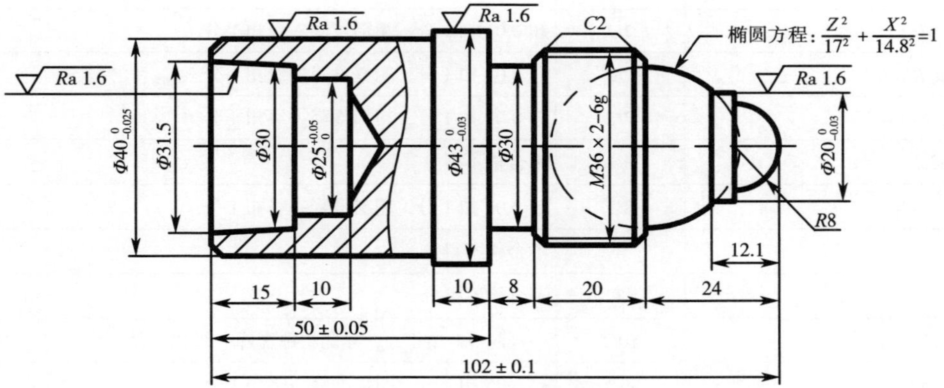

技术要求

1.未注倒角$C1$；
2.未注公差尺寸按GB 1804−M;
3.不允许使用砂布、锉刀等修饰加工面。

<table>
<tr><td colspan="2" rowspan="2">高级−20</td><td>材料</td><td>45</td><td>比例</td><td>1:1</td></tr>
<tr><td>数量</td><td>1</td><td>共1张</td><td>第1张</td></tr>
<tr><td>制图</td><td></td><td colspan="4" rowspan="2">高级工训练试题</td></tr>
<tr><td>审核</td><td></td></tr>
</table>

1.2.20 高级工训练试题 -20 评分标准

序号	项目	检测内容	配分	评分标准	实测	得分
1	外圆	$\Phi 43^{0}_{-0.03}$，粗糙度 Ra1.6	7/2	超 0.01 扣 1 分，粗糙度降一级扣 1 分		
2		$\Phi 40^{0}_{-0.025}$，粗糙度 Ra1.6	7/2	超 0.01 扣 1 分，粗糙度降一级扣 1 分		
3		$\Phi 20^{0}_{-0.03}$，粗糙度 Ra1.6	7/2	超 0.01 扣 1 分，粗糙度降一级扣 1 分		
4		Φ30，粗糙度 Ra3.2	3/1	不合格不得分		
5	内孔	$\Phi 25^{+0.05}_{0}$，粗糙度 Ra3.2	8/2	超 0.01 扣 1 分，粗糙度降一级扣 1 分		
6		Φ30	3	不合格不得分		
7		Φ31.5	3	不合格不得分		
8	螺纹	$M36\times2$–6g / Ra3.2	10/2	中径超 0.1 扣 4 分，牙侧粗糙度降一级扣 1 分		
9	椭圆	$X^2/21^2+Y^2/7^2=1$，Ra3.2	8/2	超 0.05 扣 1 分，粗糙度降一级扣 1 分		
10	圆弧	圆弧 R8，表面粗糙度 Ra3.2	4/2	超 0.10 扣 1 分，粗糙度降一级扣 1 分		
11		圆锥面粗糙度 Ra1.6	8	超 5′ 扣 1 分，粗糙度降一级不得分		
12	长度	102 ± 0.1，50 ± 0.05	2×2	不合格不得分		
13		15，10，8，20，24，12.1	1×6	不合格不得分		
14	倒角	倒角（3 处）	1×3	超 0.02 扣 1 分		
15	其他	其他地方粗糙度 Ra3.2	1×4	超 0.01 扣 1 分		
16	文明生产	发生重大安全责任事故取消考试资格；按照有关安全操作规程每违反一项，从总分中扣除 5 分				
17	其他项目	工件必须完整，工件局部无缺陷（如夹伤、划痕等）				
18	合计					

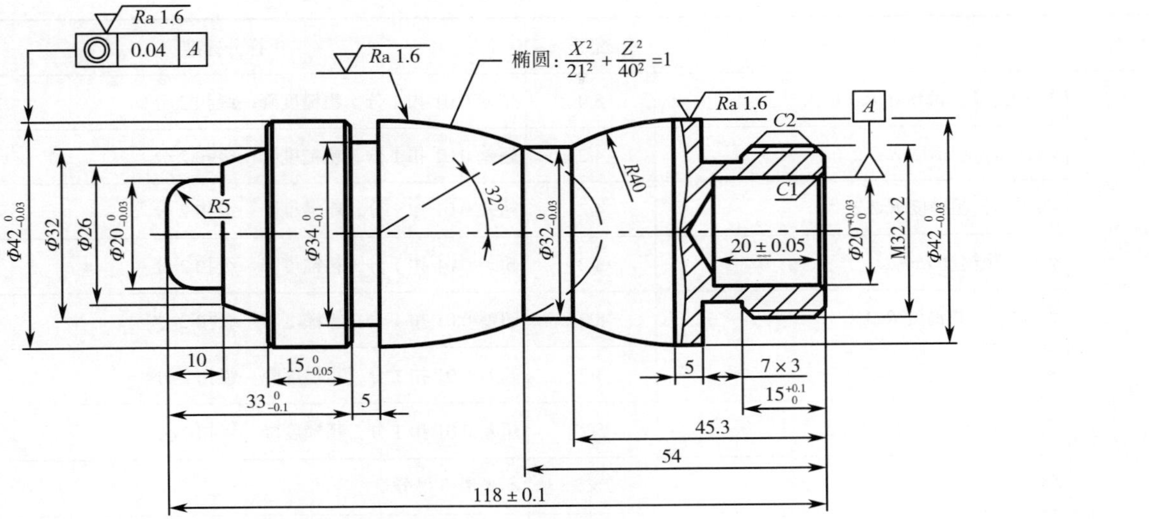

$\sqrt{Ra\ 3.2}$ ($\sqrt{}$)

技术要求

1.未注倒角$C1$;

2.未注公差尺寸按GB 1804–M;

3.不允许使用砂布、锉刀等修饰加工面。

高级–21	材料	45	比例	1:1
	数量	1	共1张	第1张
制图			高级工训练试题	
审核				

1.2.21 高级工训练试题 -21 评分标准

序号	项目	检测内容	配分	评分标准	实测	得分
1	外圆	2-$\Phi 42^{0}_{-0.03}$，粗糙度 $Ra1.6$	8/4	超差 0.01 扣 1 分，粗糙度降一级扣 2 分		
2		$\Phi 32^{0}_{-0.03}$，粗糙度 $Ra3.2$	4/2	超差 0.01 扣 1 分，粗糙度降一级扣 2 分		
3		$\Phi 20^{0}_{-0.03}$，粗糙度 $Ra3.2$	4/2	超差 0.01 扣 1 分，粗糙度降一级扣 2 分		
4		$\Phi 26$，粗糙度 $Ra3.2$	3/2	超差 0.01 扣 1 分，粗糙度降一级扣 2 分		
5		$\Phi 20^{+0.033}_{0}$，粗糙度 $Ra3.2$	8/2	超差 0.01 扣 1 分，粗糙度降一级扣 2 分		
6		$\Phi 34^{0}_{-0.1}$，粗糙度 $Ra3.2$	4/2	超差 0.01 扣 1 分，粗糙度降一级扣 2 分		
7	锥体	$\Phi 26$，$\Phi 32$，粗糙度 $Ra3.2$	5/2	超差 0.01 扣 1 分，粗糙度降一级扣 2 分		
8		$R40$ ，$R5$	2 × 5	不光滑不得分		
9	长度	118 ± 0.1，$33^{0}_{-0.1}$，10，5，54，$15^{0}_{-0.05}$	18	超差 0.1 扣 2 分		
10	螺纹	$M32 \times 2$， $Ra3.2$	10/4	止通规检查不满足要求不得分，粗糙度降一级扣 2 分		
11	倒角	$C2/C1$	3 × 2	不合格不得分		
12	文明生产	发生重大安全责任事故取消考试资格；按照有关安全操作规程每违反一项，从总分中扣除 5 分				
13	其他项目	工件必须完整，工件局部无缺陷（如夹伤、划痕等）				
14	合计					

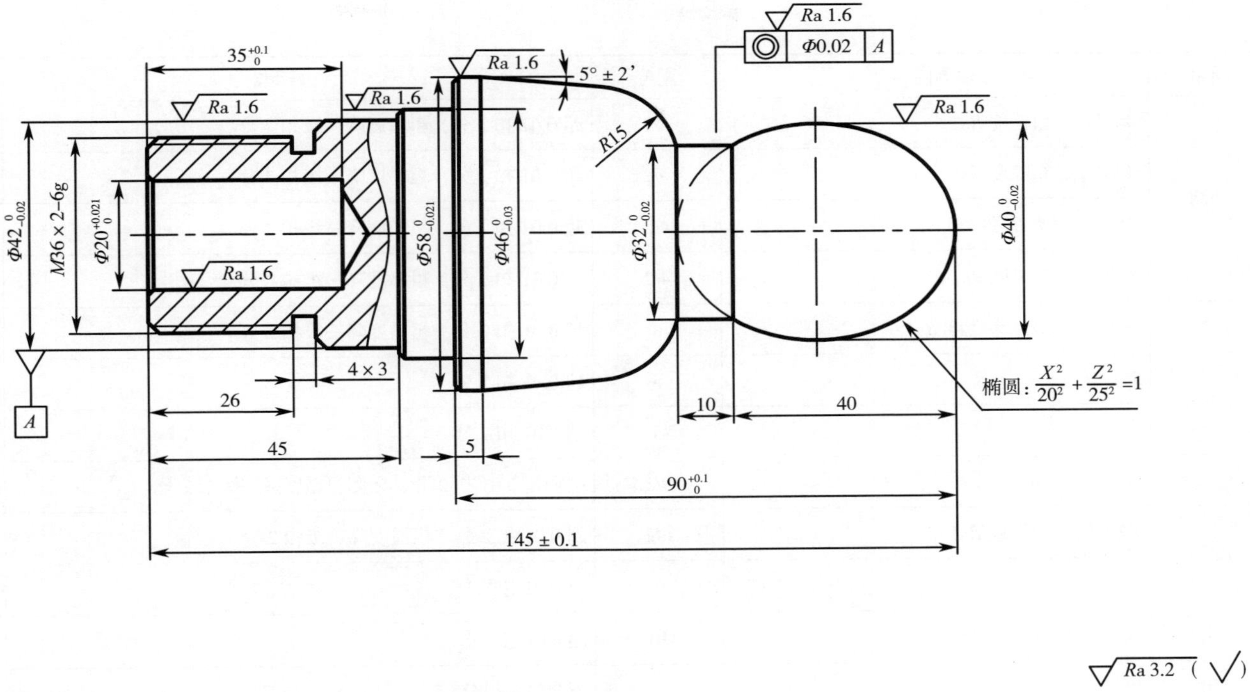

技术要求

1.未注倒角*C*1;
2.未注公差尺寸按GB 1804-*M*;
3.不允许使用砂布、锉刀等修饰加工面。

高级-22			材料	45	比例	1:1
			数量	1	共1张	第1张
制图			高级工训练试题			
审核						

1.2.22 高级工训练试题 -22 评分标准

序号	项目	检测内容	配分	评分标准	实测	得分
1	外圆	$\Phi 42^{0}_{-0.02}$，粗糙度 $Ra1.6$	4/2	超 0.01 扣 2 分，粗糙度降一级扣 2 分		
2		$\Phi 46^{0}_{-0.03}$，粗糙度 $Ra1.6$	4/2	超 0.01 扣 2 分，粗糙度降一级扣 2 分		
3		$\Phi 58^{0}_{-0.021}$，粗糙度 $Ra1.6$	4/2	超 0.01 扣 2 分，粗糙度降一级扣 2 分		
4		$\Phi 32^{0}_{-0.02}$，粗糙度 $Ra1.6$	4/2	超 0.01 扣 2 分，粗糙度降一级扣 2 分		
5	椭圆	a=25；b=20，粗糙度 $Ra1.6$	8	超 0.01 扣 2 分，粗糙度降一级扣 2 分		
6	成型面	5° ± 2′	5	超 0.01 扣 2 分		
7		$R15$	5	超 0.01 扣 2 分		
8	螺纹	$M36 \times 2 - 6g$	9/3	中径超 0.01 扣 2 分，牙侧粗糙度降一级扣 2 分		
9	内孔	$\Phi 20^{+0.021}_{0}$，粗糙度 $Ra1.6$	6/2	超 0.01 扣 2 分，粗糙度降一级扣 2 分		
10		$35^{+0.1}_{0}$	3	超 0.01 扣 2 分		
11	长度	145 ± 0.1，$90^{+0.1}_{0}$，45	16	超 0.01 扣 2 分		
12	刀槽	4 × 3	5	不合格不得分		
13	倒角	$C2$，$C1$	6	不合格不得分		
14	形位公差	◎ | ∅0.02 | A	8	超差 0.01 扣 1 分		
15	文明生产	发生重大安全责任事故取消考试资格；按照有关安全操作规程每违反一项，从总分中扣除 5 分				
16	合计					

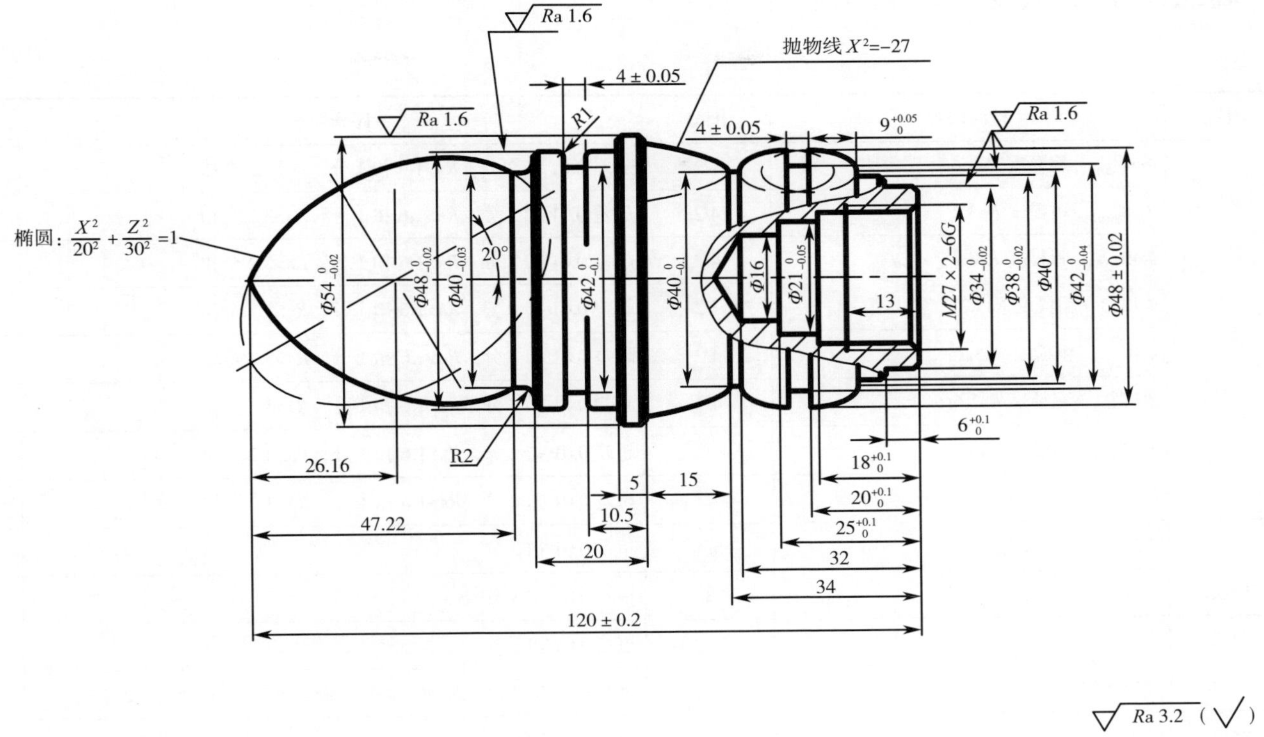

技术要求

1.未注倒角$C1$；

2.未注公差尺寸按GB 1804−M;

3.不允许使用砂布、锉刀等修饰加工面。

高级−23		材料	45	比例	1:1
		数量	1	共1张	第1张
制图			高级工训练试题		
审核					

1.2.23 高级工训练试题 –23 评分标准

序号	项目	检测内容	配分	评分标准	实测	得分
1	外圆	$\Phi54^{0}_{-0.02}$，粗糙度 $Ra1.6$	4/2	超差 0.01 扣 2 分，$Ra>1.6$ 扣 1 分，$Ra>3.2$ 全扣		
2		$\Phi48^{0}_{-0.02}$，粗糙度 $Ra3.2$	4/2	超差 0.01 扣 2 分，$Ra>1.6$ 扣 1 分，$Ra>3.2$ 全扣		
3		$\Phi40^{0}_{-0.03}$，粗糙度 $Ra3.2$	4/2	超差 0.01 扣 2 分，$Ra>1.6$ 扣 1 分，$Ra>3.2$ 全扣		
4		$\Phi42^{0}_{-0.1}$，粗糙度 $Ra3.2$	4/2	超差 0.01 扣 2 分，$Ra>1.6$ 扣 1 分，$Ra>3.2$ 全扣		
5		$\Phi40^{0}_{-0.1}$，粗糙度 $Ra3.2$	4/2	超差 0.01 扣 2 分，$Ra>1.6$ 扣 1 分，$Ra>3.2$ 全扣		
6		$\Phi34^{0}_{-0.02}$，粗糙度 $Ra1.6$	4/2	超差 0.01 扣 2 分，$Ra>1.6$ 扣 1 分，$Ra>3.2$ 全扣		
7		$\Phi42^{0}_{-0.04}$，粗糙度 $Ra3.2$	4/2	超差 0.01 扣 2 分，$Ra>1.6$ 扣 1 分，$Ra>3.2$ 全扣		
8		$\Phi48\pm0.02$，粗糙度 $Ra1.6$	4/2	超差 0.01 扣 2 分，$Ra>1.6$ 扣 1 分，$Ra>3.2$ 全扣		
9	孔	$\Phi21^{0}_{-0.05}$，深 $\Phi25^{0}_{+0.1}$	5/4	超差 0.01 扣 2 分		
10	椭圆	a=30；b=20	3	超差 0.01 扣 3 分		
11	曲线	$X^2=-2Z$	3	超差 0.01 扣 3 分		
12	螺纹	$M27\times2$ 中径，$Ra3.2$	10/2	超差 0.01 扣 3 分，乱牙不得分，$Ra>1.6$ 扣 1 分，$Ra>3.2$ 全扣		
13	倒角	6 处	6	少一处扣 3 分		
14	长度	5；$18^{+0.1}_{0}$；15；$25^{+0.1}_{0}$	1×4	超差不得分		
15		未注公差（5 处）	5×3	$Ra>3.2$ 扣 1 分，$Ra>6.3$ 全扣		
16	文明生产	发生重大安全责任事故取消考试资格；按照有关安全操作规程每违反一项，从总分中扣除 5 分				
17	合计					

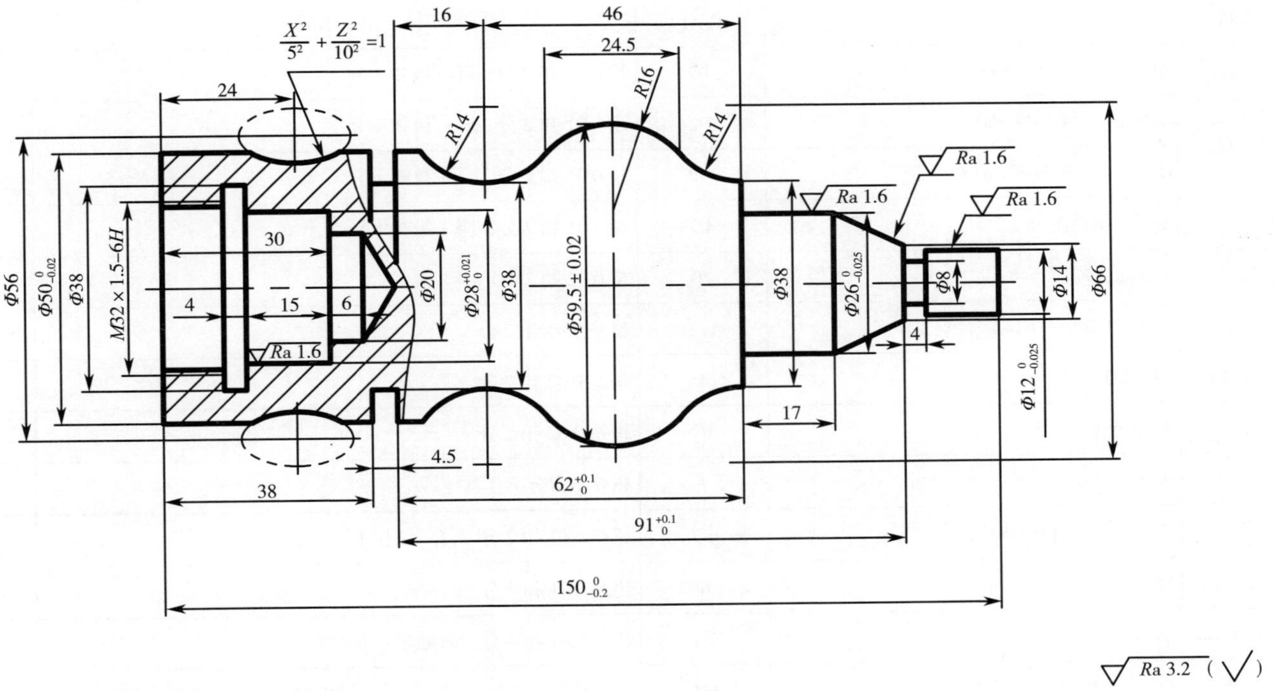

技术要求

1.未注倒角*C*1；

2.未注公差尺寸按GB 1804−*M*;

3.不允许使用砂布、锉刀等修饰加工面。

高级-24			材料	45	比例	1:1
			数量	1	共1张	第1张
制图			高级工训练试题			
审核						

1.2.24 高级工训练试题 -24 评分标准

序号	项目	检测内容	配分	评分标准	实测	得分
1	外圆	$\Phi50^{0}_{-0.02}$，粗糙度 $Ra3.2$	4/2	超 0.01 扣 2 分，降一级扣 1 分		
2		$\Phi26^{0}_{-0.025}$，粗糙度 $Ra1.6$	4/2	超 0.01 扣 2 分，降一级扣 1 分		
3		$\Phi12^{0}_{-0.025}$，粗糙度 $Ra1.6$	4/2	超 0.01 扣 2 分，降一级扣 1 分		
4		$\Phi38$，粗糙度 $Ra3.2$	4/2	超 0.01 扣 2 分，降一级扣 1 分		
5	长度	$150^{0}_{-0.2}$，$91^{+0.1}_{0}$，46，17，38	20	超 0.02 扣 2 分		
6	圆弧	$R14$（2 处），$R16$	6/2	超差 0.01 扣 2 分		
7	椭圆槽	$24\times\Phi56$	4	超差 0.02 扣 2 分		
8	槽	4（2 处），4.5	4/2	超差 0.02 扣 2 分		
9	孔	$\Phi38$，$\Phi20$	7	超差不得分		
10		$\Phi28^{+0.021}_{0}$，粗糙度 $Ra3.2$	4/2	超差 0.01 扣 2 分，降一级扣 1 分		
11		15，4	6	超差 0.01 扣 2 分		
12	椭圆槽，槽（6 处）		5/4	超差 0.01 扣 4 分，每处超差 0.02 扣 1 分		
13	螺纹	$M32\times1.5\text{-}6H$，螺纹配合	6/4	每处超差扣 2 分，配合过紧、过松扣 2 分，无法配合扣 4 分		
14	文明生产	发生重大安全责任事故取消考试资格；按照有关安全操作规程每违反一项，从总分中扣除 5 分				
15	合计					

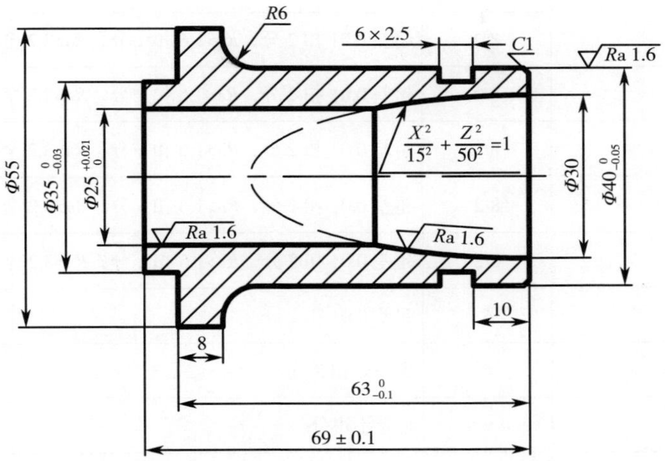

技术要求

1.未注倒角C0.5；
2.未注公差尺寸按GB 1804–*M*;
3.不允许使用砂布、锉刀等修饰加工面。

高级–25		材料	45	比例	1:1
		数量	1	共1张	第1张
制图			高级工训练试题		
审核					

1.2.25 高级工训练试题 –25 评分标准

序号	项目	检测内容	配分	评分标准	实测	得分
1	外圆	$\Phi35^{0}_{-0.03}$，粗糙度 *Ra*3.2	8/2	超差 0.01 扣 2 分，*Ra*>1.6 扣 1 分，*Ra*>3.2 全扣		
2		$\Phi55$，粗糙度 *Ra*3.2	8/2	超差 0.01 扣 2 分，*Ra*>1.6 扣 1 分，*Ra*>3.2 全扣		
3		$\Phi30$，粗糙度 *Ra*3.2	8/2	超差 0.01 扣 2 分，*Ra*>1.6 扣 1 分，*Ra*>3.2 全扣		
4		$\Phi40^{0}_{-0.06}$，粗糙度 *Ra*3.2	8/2	超差 0.01 扣 2 分，*Ra*>1.6 扣 1 分，*Ra*>3.2 全扣		
5	椭圆	a=50；b=15，粗糙度 *Ra*1.6	8/2	超差 0.01 扣 2 分，*Ra*>1.6 扣 1 分，*Ra*>3.2 全扣		
6	沟槽	6 ×2.5	6	超差 0.01 扣 2 分		
7	倒角	1 处	6	少一处扣 3 分		
8	长度	未注公差（4 处）	4×5	超差不得分		
9		$63^{0}_{-0.1}$	8	超差不得分		
10	圆弧	*R*6	10	超差不得分		
11	文明生产	发生重大安全责任事故取消考试资格；按照有关安全操作规程每违反一项，从总分中扣除 5 分				
12	其他项目	工件必须完整，工件局部无缺陷（如夹伤、划痕等）				
13	程序编制	程序中严重违反工艺规程的取消考试资格；其他问题酌情扣分				
14	合计					

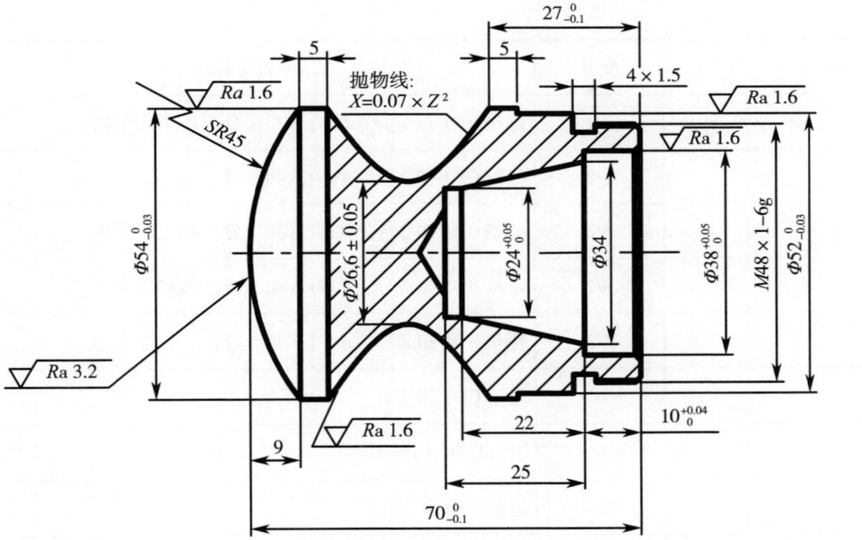

$\sqrt{Ra\ 3.2}$ ($\sqrt{}$)

技术要求

1.未注倒角*C*1;

2.未注公差尺寸按GB 1804−*M*;

3.不允许使用砂布、锉刀等修饰加工面。

高级−26		材料	45	比例	1:1
		数量	1	共1张	第1张
制图			高级工训练试题			
审核						

1.2.26 高级工训练试题 -26 评分标准

序号	项目	检测内容	配分	评分标准	实测	得分
1	外圆	$\Phi 54^{0}_{-0.03}$，粗糙度 $Ra1.6$	8/2	超差 0.01 扣 2 分，Ra>1.6 扣 1 分，Ra>3.2 全扣		
2		$\Phi 52^{0}_{-0.03}$，粗糙度 $Ra1.6$	8/2	超差 0.01 扣 2 分，Ra>1.6 扣 1 分，Ra>3.2 全扣		
3	孔	$\Phi 38^{+0.05}_{0}$，粗糙度 $Ra1.6$	8/2	超差 0.01 扣 2 分，Ra>1.6 扣 1 分，Ra>3.2 全扣		
4		$\Phi 34$，粗糙度 $Ra3.2$	8/2	超差 0.01 扣 2 分，Ra>1.6 扣 1 分，Ra>3.2 全扣		
5	曲线	$X=0.07\times Z^2$	8/2	超差 0.01 扣 2 分，Ra>1.6 扣 1 分，Ra>3.2 全扣		
6	沟槽	4 × 1.5	6	超差 0.01 扣 2 分		
7	倒角	1 处	6	少一处扣 3 分		
8	长度	未注公差（5 处）	5 × 4	超差不得分		
9		22，25，$10^{+0.04}_{0}$，$70^{0}_{-0.1}$	8	超差不得分		
10	圆弧	$SR45$	10	超差不得分		
11	文明生产	发生重大安全责任事故取消考试资格；按照有关安全操作规程每违反一项，从总分中扣除 5 分				
12	其他项目	工件必须完整，工件局部无缺陷（如夹伤、划痕等）				
13	程序编制	程序中严重违反工艺规程的取消考试资格；其他问题酌情扣分				
14	合计					

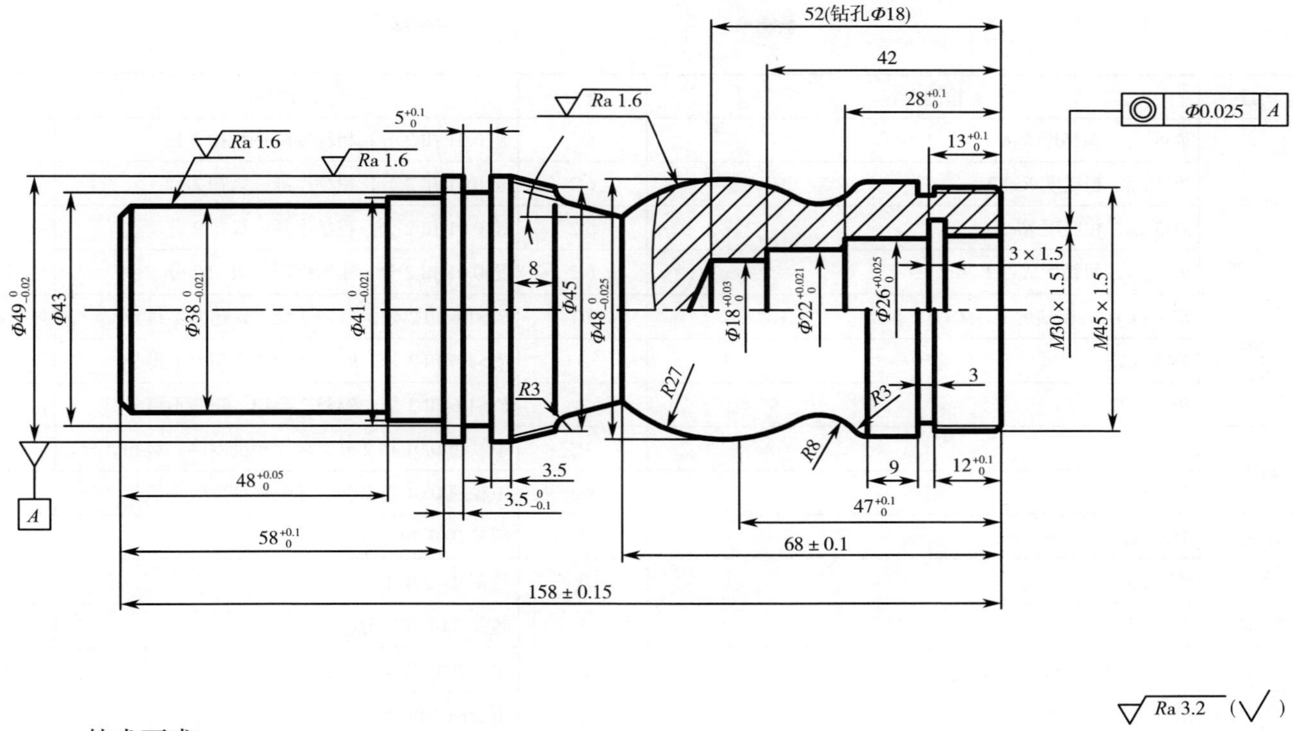

技术要求

1.未注倒角C1；
2.未注公差尺寸按GB 1804–M;
3.不允许使用砂布、锉刀等修饰加工面；
4.圆锥螺纹的牙定宽度3mm。

高级–27		材料	45	比例	1:1
		数量	1	共1张	第1张
制图		高级工训练试题			
审核					

1.2.27 高级工训练试题 -27 评分标准

序号	项目	检测内容	配分	评分标准	实测	得分
1	外圆	$\Phi38^{0}_{-0.08}$，粗糙度 $Ra6.3$	6/2	超 0.01 扣 2 分，粗糙度降一级扣 2 分		
2		$\Phi41^{0}_{-0.08}$，粗糙度 $Ra3.2$	6/2	超 0.01 扣 2 分，粗糙度降一级扣 2 分		
3		$\Phi43^{0}_{-0.02}$，粗糙度 $Ra6.3$	6/2	超 0.01 扣 2 分，粗糙度降一级扣 2 分		
4		$\Phi49^{0}_{-0.02}$，粗糙度 $Ra3.2$	6/2	超 0.01 扣 2 分，粗糙度降一级扣 2 分		
5	成型面	$R27 \pm 0.02$，粗糙度 $Ra3.2$	3/1	Ra>1.6 扣 2 分，Ra>3.2 全扣，超差不得分		
6		$\Phi48^{0}_{-0.015}$	3	Ra>1.6 扣 2 分，Ra>3.2 全扣，超差不得分		
7		$R8 \pm 0.02$	3	Ra>1.6 扣 2 分，Ra>3.2 全扣，超差不得分		
8	螺纹	$M30 \times 1.5$	9/3	中径超 0.01 扣 2 分，牙侧粗糙度降一级扣 2 分		
9		$M45 \times 1.5$	9/3	中径超 0.01 扣 2 分，牙侧粗糙度降一级扣 2 分		
10	阶台孔	$\Phi26^{0}_{-0.02}$	3	超差 0.01 扣 1 分		
11		$\Phi22^{0}_{-0.02}$	3	超差 0.01 扣 1 分		
12	圆锥	$15° \pm 2'$	5	超差 0.01 扣 1 分		
13	长度	100 ± 0.015，$3.5^{0}_{-0.02}$，$5^{0}_{-0.02}$	14	超差 0.01 扣 1 分		
14	倒角	$C1$	1	不合格不得分		
15		$C2$	1	不合格不得分		
16	形位公差	◎ | $\varnothing$0.025 | A	7	超差 0.01 扣 1 分		
17	文明生产	发生重大安全责任事故取消考试资格；按照有关安全操作规程每违反一项，从总分中扣除 5 分				
18	合计					

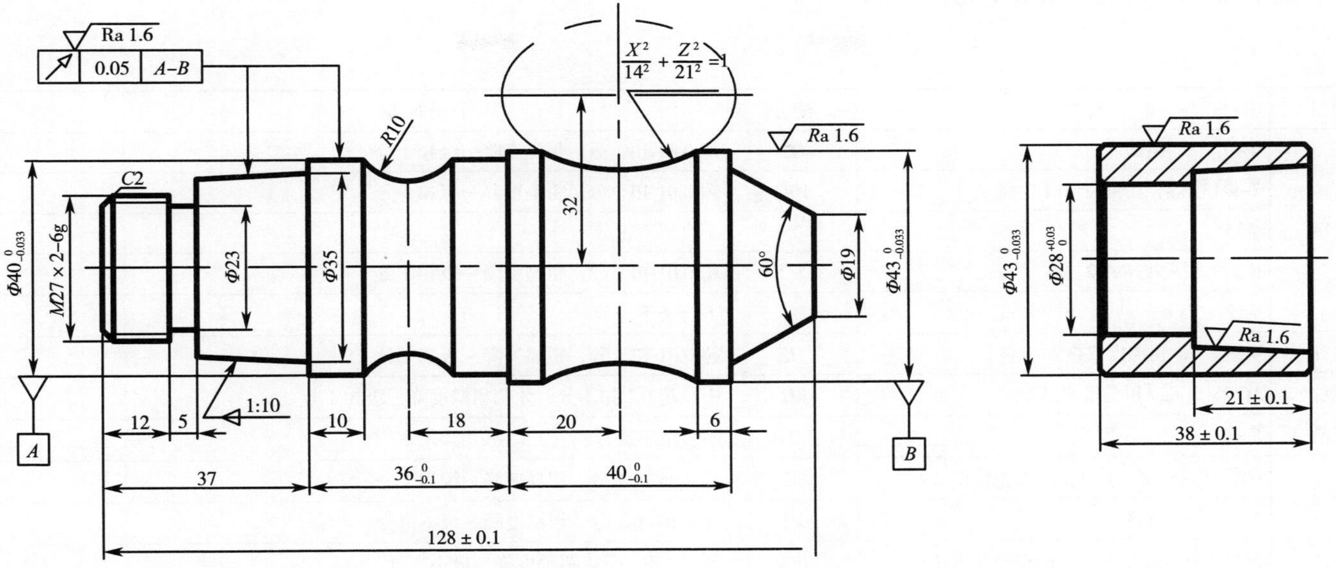

Ra 3.2 (√)

技术要求

1.未注倒角$C1$；

2.未注公差尺寸按GB 1804–M;

3.不允许使用砂布、锉刀等修饰加工面。

高级–28		材料	45	比例	1:1
		数量	1	共1张	第1张
制图			高级工训练试题		
审核					

1.2.28 高级工训练试题 –28 评分标准

序号	项目	检测内容	配分	评分标准	实测	得分
1	外圆	$\Phi40^{0}_{-0.033}$，粗糙度 $Ra1.6$	6/2	超 0.01 扣 1 分，粗糙度降一级扣 1 分		
2		2–$\Phi43^{0}_{-0.033}$，粗糙度 $Ra1.6$	10/2	超 0.01 扣 1 分，粗糙度降一级扣 1 分		
3		$\Phi35$	2	不合格不得分		
4		$\Phi23$，粗糙度 $Ra3.2$	5/2	超 0.01 扣 1 分，粗糙度降一级扣 1 分		
5		$\Phi19$	2	不合格不得分		
6	内孔	$\Phi28^{+0.033}_{0}$，粗糙度 $Ra3.2$	7/2	超 0.01 扣 1 分，粗糙度降一级扣 1 分		
7	螺纹	$M27\times2$–6g / 粗糙度 $Ra3.2$	8/2	中径超 0.1 扣 4 分，牙侧粗糙度降一级扣 1 分		
8	刀槽	5×2	2	不合格不得分		
9	圆弧	椭圆 $X^2/21^2+Z^2/14^2=1$，表面粗糙度 $Ra3.2$	8/2	超 0.05 扣 1 分，粗糙度降一级扣 1 分		
10		圆弧 $R10$，$Ra3.2$	2/1	超 0.10 扣 1 分，粗糙度降一级不得分		
11	锥度	锥度 1:10（2 处），表面粗糙度 $Ra1.6$	6/2	超 3′ 扣 1 分，粗糙度降一级不得分		
12		锥度 60°，$Ra3.2$	3/1	超 5′ 扣 1 分，粗糙度降一级不得分		
13	公差	配合间隙 1 ± 0.1	3.5	超 0.02 扣 1 分		
14		跳动公差 0.04	5	超 0.01 扣 1 分		
15		有公差长度（6 处）	6	不合格不得分		
16		自由公差长度（5 处）	2.5	不合格不得分		
17	倒角	4 处	1×4	不合格不得分		
18	中心孔	2 处	2	不合格不得分		
19	文明生产	发生重大安全责任事故取消考试资格；按照有关安全操作规程每违反一项，从总分中扣除 5 分				
20	合计					

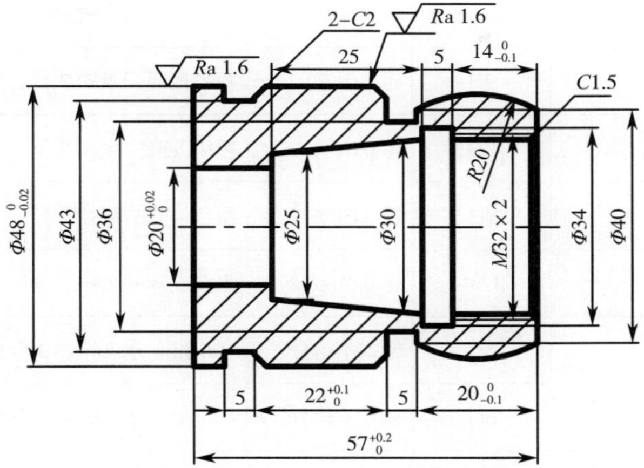

Ra 3.2 (√)

技术要求

1.未注倒角*C*1;
2.未注公差尺寸按GB 1804–*M*;
3.不允许使用砂布、锉刀等修饰加工面。

高级–29		材料	45	比例	1:1
		数量	1	共1张	第1张
制图			高级工训练试题		
审核					

1.2.29 高级工训练试题 -29 评分标准

序号	项目	检测内容	配分	评分标准	实测	得分
1	外圆	$\Phi48^{0}_{-0.02}$，粗糙度 $Ra1.6$	9/3	超 0.01 扣 2 分，粗糙度降一级扣 2 分		
2		$\Phi43$，粗糙度 $Ra3.2$	9/3	超 0.01 扣 2 分，粗糙度降一级扣 2 分		
3	内孔	$\Phi20^{+0.02}_{0}$，粗糙度 $Ra3.2$	9/3	超 0.01 扣 2 分，粗糙度降一级扣 2 分		
4	螺纹	M32 × 2，粗糙度 $Ra3.2$	12/4	超 0.01 扣 2 分，粗糙度降一级扣 2 分		
5	成型面	$R20$，$Ra1.6$	6/3	超差不得分，$Ra>1.6$ 扣 2 分，$Ra>3.2$ 全扣		
6	内锥	$Ra3.2$	6/3	超差不得分，$Ra>1.6$ 扣 2 分，$Ra>3.2$ 全扣		
7	长度	$57^{+0.2}_{0}$，$20^{0}_{-0.1}$，$22^{+0.1}_{0}$，$14^{0}_{-0.1}$	−0.18	超 0.01 扣 1 分		
8	倒角	$C1.5$	3	不符合不得分		
9		2 − $C2$	4	不符合不得分		
10		未注倒角 $C1$	5	不符合不得分		
11	刀槽	5 × $\Phi34$	10	不符合不得分		
12	文明生产	发生重大安全责任事故取消考试资格；按照有关安全操作规程每违反一项，从总分中扣除 5 分				
13	合计					

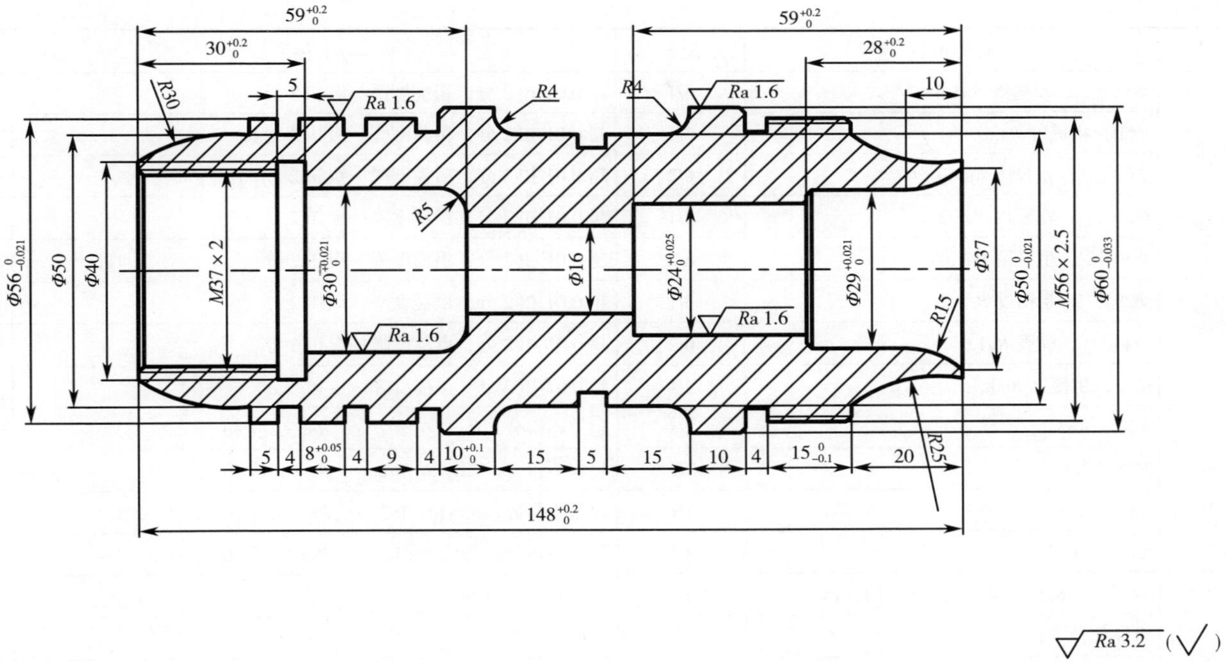

技术要求

1.未注倒角$C1$；
2.未注公差尺寸按GB 1804–*M*;
3.不允许使用砂布、锉刀等修饰加工面。

高级–30			材料	45	比例	1:1
			数量	1	共1张	第1张
制图			高级工训练试题			
审核						

1.2.30 高级工训练试题 -30 评分标准

序号	项目	检测内容	配分	评分标准	实测	得分
1	外圆	$\Phi56^{0}_{-0.021}$，粗糙度 $Ra1.6$	3/1	超 0.01 扣 2 分，粗糙度降一级扣 2 分		
2		$\Phi50$，粗糙度 $Ra3.2$	3/1	超 0.01 扣 2 分，粗糙度降一级扣 2 分		
3		$\Phi60^{0}_{-0.033}$，粗糙度 $Ra1.6$	6/2	超 0.01 扣 2 分，粗糙度降一级扣 2 分		
4		$\Phi50^{0}_{-0.021}$，粗糙度 $Ra3.2$	3/1	超 0.01 扣 2 分，粗糙度降一级扣 2 分		
5	内孔	$\Phi30^{+0.021}_{0}$，粗糙度 $Ra1.6$	6/2	超 0.01 扣 2 分，粗糙度降一级扣 2 分		
6		$\Phi29^{+0.021}_{0}$，粗糙度 $Ra3.2$	3/1	超 0.01 扣 2 分，粗糙度降一级扣 2 分		
7		$\Phi24^{+0.025}_{0}$，糙度 $Ra1.6$	6/2	超 0.01 扣 2 分，粗糙度降一级扣 2 分		
8		$\Phi16$，粗糙度 $Ra3.2$	2/1	超 0.01 扣 2 分，粗糙度降一级扣 2 分		
9	成型面	$R30$ ，$Ra3.2$	2/1	超差不得分，Ra>1.6 扣 2 分，Ra>3.2 全扣		
10		$R25$，$Ra3.2$	2/1	超差不得分，Ra>1.6 扣 2 分，Ra>3.2 全扣		
11		$R4$，$Ra3.2$	2/1	超差不得分，Ra>1.6 扣 2 分，Ra>3.2 全扣		
12		$R15$，$Ra3.2$	2/1	超差不得分，Ra>1.6 扣 2 分，Ra>3.2 全扣		
13	长度	$148^{+0.2}_{0}$，$28^{+0.2}_{0}$，$59^{+0.2}_{0}$，5，8，10，15	14	超差 0.01 扣 1 分		
14	倒角	未注倒角 $C1$	2	不符合不得分		
15		倒圆角 $R5$	2	不符合不得分		
16	沟槽	$3-4\times\Phi50$	3	不符合不得分		
17	螺纹	$M37\times2$，粗糙度 $Ra3.2$	9/3	中径超 0.01 扣 2 分，牙侧粗糙度降一		
18		$M56\times2.5$，粗糙度 $Ra3.2$	9/3	中径超 0.01 扣 2 分，牙侧粗糙度降一		
19	文明生产	发生重大安全责任事故取消考试资格；按照有关安全操作规程每违反一项，从总分中扣除 5 分				
20	合计					

第三节　数控车技师技能训练试题

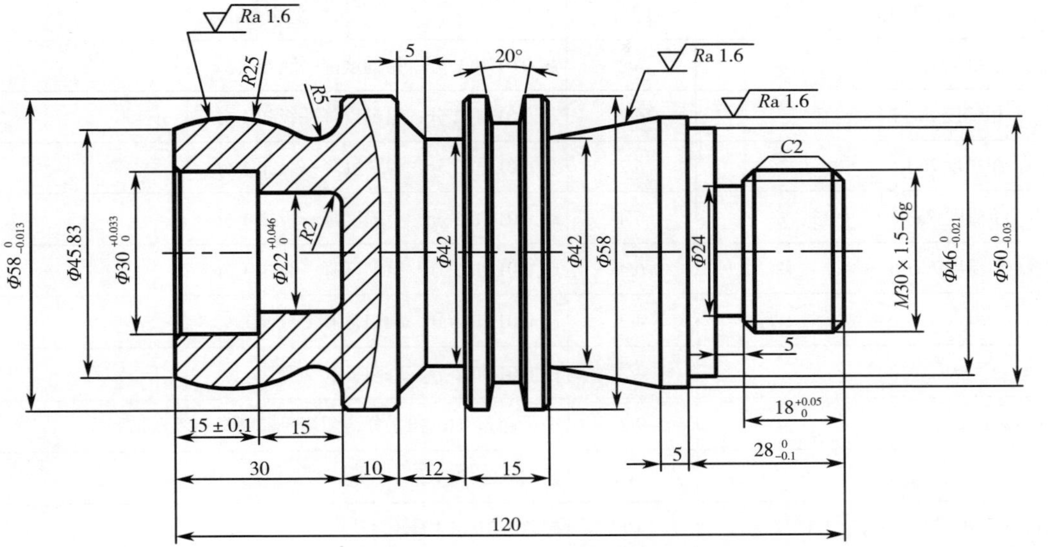

Ra 3.2 (√)

技术要求

1.未注倒角C1；

2.未注公差尺寸按GB 1804–M;

3.不允许使用砂布、锉刀等修饰加工面。

技师–01			材料	45	比例	1:1
			数量	1	共1张	第1张
制图			技师训练试题			
审核						

1.3.1 技师训练试题 -01 评分标准

序号	项目	检测内容	配分	评分标准	实测	得分
1	外圆	$\Phi58^{0}_{-0.046}$，粗糙度 $Ra3.2$	6/2	超 0.01 扣 2 分，粗糙度降一级扣 1 分		
2		$\Phi46^{0}_{-0.021}$，粗糙度 $Ra3.2$	6/2	超 0.01 扣 2 分，粗糙度降一级扣 1 分		
3		$\Phi50^{0}_{-0.03}$ ，粗糙度 $Ra1.6$	6/2	超 0.01 扣 2 分，粗糙度降一级扣 1 分		
4	内孔	$\Phi30^{+0.033}_{0}$，粗糙度 $Ra3.2$	6/4	超 0.01 扣 2 分，粗糙度降一级扣 1 分		
5		$\Phi22^{+0.046}_{0}$，粗糙度 $Ra1.6$	6/4	超 0.01 扣 2 分，粗糙度降一级扣 1 分		
6	成型面	$R25$	4/2	超 0.01 扣 2 分，$Ra>1.6$ 扣 2 分		
7		$R5$	4/2	超 0.01 扣 2 分，$Ra>1.6$ 扣 2 分		
8	螺纹	$M30\times1.5$–6g	9/2	中径超差 0.01 扣 2 分，牙侧粗糙度降一级全扣		
9		20	4	超差 0.01 扣 1 分		
10	长度	15 ± 0.1，30，$18^{+0.05}_{0}$，$28^{0}_{-0.1}$，120	10	超差 0.01 扣 1 分		
11	倒角	$C2$	2×2	不合格不得分		
12		未注倒角 $C1$（10 处）	10×1	不合格不得分		
13	刀槽	$5\times\Phi24$	4	不合格不得分		
14	文明生产	发生重大安全责任事故取消考试资格；按照有关安全操作规程每违反一项，从总分中扣除 5 分				
15	合计					

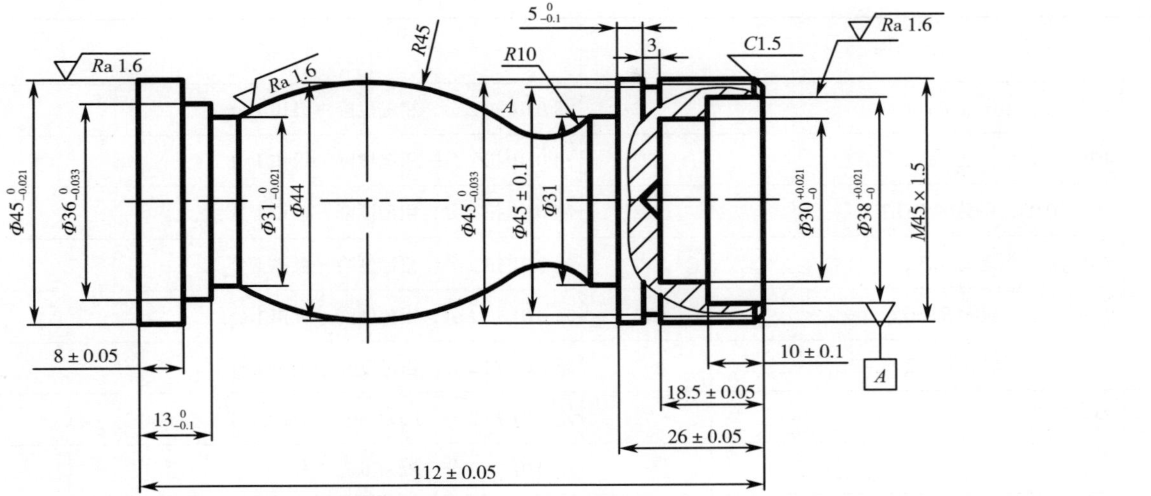

*A*点坐标：*X*:13.604，*Z*:−44，980

Ra 3.2 (√)

技术要求

1.未注倒角*C*1；

2.未注公差尺寸按GB 1804−*M*;

3.不允许使用砂布、锉刀等修饰加工面。

技师−02			材料	45	比例	1:1
			数量	1	共1张	第1张
制图			技师训练试题			
审核						

1.3.2　技师训练试题 –02 评分标准

序号	项目	检测内容	配分	评分标准	实测	得分
1	外圆	$\Phi45^{0}_{-0.021}$，粗糙度 $Ra1.6$	6/2	超 0.01 扣 2 分，粗糙度降一级扣 1 分		
2		$\Phi36^{0}_{-0.033}$，粗糙度 $Ra3.2$	6/2	超 0.01 扣 2 分，粗糙度降一级扣 1 分		
3		$\Phi42\pm0.05$，粗糙度 $Ra3.2$	6/2	超 0.01 扣 2 分，粗糙度降一级扣 1 分		
4		$\Phi45^{0}_{-0.033}$，粗糙度 $Ra3.2$	6/2	超 0.01 扣 2 分，粗糙度降一级扣 1 分		
5	内孔	$\Phi38^{+0.021}_{0}$，粗糙度 $Ra1.6$	6/3	超 0.01 扣 2 分，粗糙度降一级扣 1 分		
6		$\Phi30^{+0.021}_{0}$，粗糙度 $Ra3.2$	6/3	超 0.01 扣 2 分，粗糙度降一级扣 1 分		
7	成型面	$R45$	7/2	超 0.01 扣 2 分，$Ra>1.6$ 扣 2 分		
8		$R10$	4/2	超 0.01 扣 2 分，$Ra>1.6$ 扣 2 分		
9	螺纹	$M45\times1.5$	4/2	中径超 0.01 扣 2 分，牙侧粗糙度降一级扣 1 分		
10	长度	8 ± 0.05，10 ± 0.1，18.5 ± 0.05，26 ± 0.05	10	超差 0.01 扣 1 分		
11	倒角	倒角 $C1.5$（2 处）	2×2	不合格不得分		
12		未注倒角 $C1$（10 处）	10×1	不合格不得分		
13	槽宽	3	5	不合格不得分		
14	文明生产	发生重大安全责任事故取消考试资格；按照有关安全操作规程每违反一项，从总分中扣除 5 分				
15	合计					

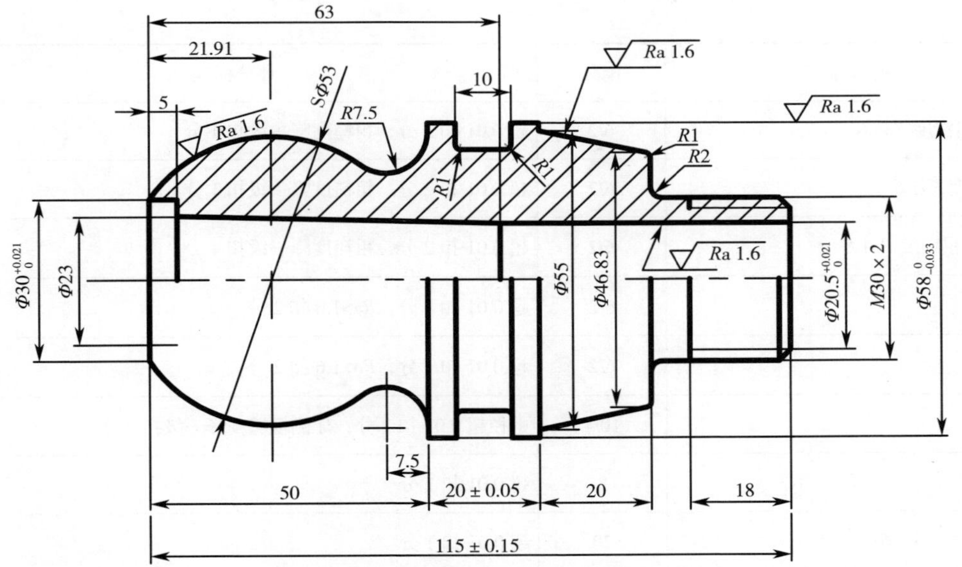

技术要求

1.未注倒角$C1$；
2.未注公差尺寸按GB 1804–M;
3.不允许使用砂布、锉刀等修饰加工面。

技师–03		材料	45	比例	1:1
		数量	1	共1张	第1张
制图			技师训练试题		
审核					

1.3.3 技师训练试题 -03 评分标准

序号	项目	检测内容	配分	评分标准	实测	得分
1	外圆	$\Phi58^{0}_{-0.03}$，粗糙度 $Ra1.6$	6/2	超 0.01 扣 2 分，粗糙度降一级扣 1 分		
2	内孔	$\Phi23$，粗糙度 $Ra1.6$	6/2	超 0.01 扣 2 分，粗糙度降一级扣 1 分		
3		$\Phi20.5^{+0.021}_{0}$，粗糙度 $Ra1.6$	6/2	超 0.01 扣 2 分，粗糙度降一级扣 1 分		
4	成型面	$S\Phi53$	6/2	超 0.01 扣 1 分，$Ra>1.6$ 扣 2 分		
5		$R7.5$	6/2	超 0.01 扣 1 分，$Ra>1.6$ 扣 2 分		
6	螺纹	$M30\times2$–6g	10/4	中径超 0.01 扣 2 分，牙侧粗糙度降一级扣 2 分		
7	外圆锥		8	超 0.01 扣 1 分		
8	长度	50，20 ± 0.05，5，63	20	超 0.01 扣 1 分		
9	倒角	6—$R1$，2—$R2$	2 × 2 6 × 2	不合格不得分		
10	未注倒角	2—$C1$	2 × 1	不合格不得分		
11	文明生产	发生重大安全责任事故取消考试资格；按照有关安全操作规程每违反一项，从总分中扣除 5 分				
12	其他项目	工件必须完整，工件局部无缺陷（如夹伤、划痕等）				
13	程序编制	程序中严重违反工艺规程的取消考试资格；其他问题酌情扣分				
14	合计					

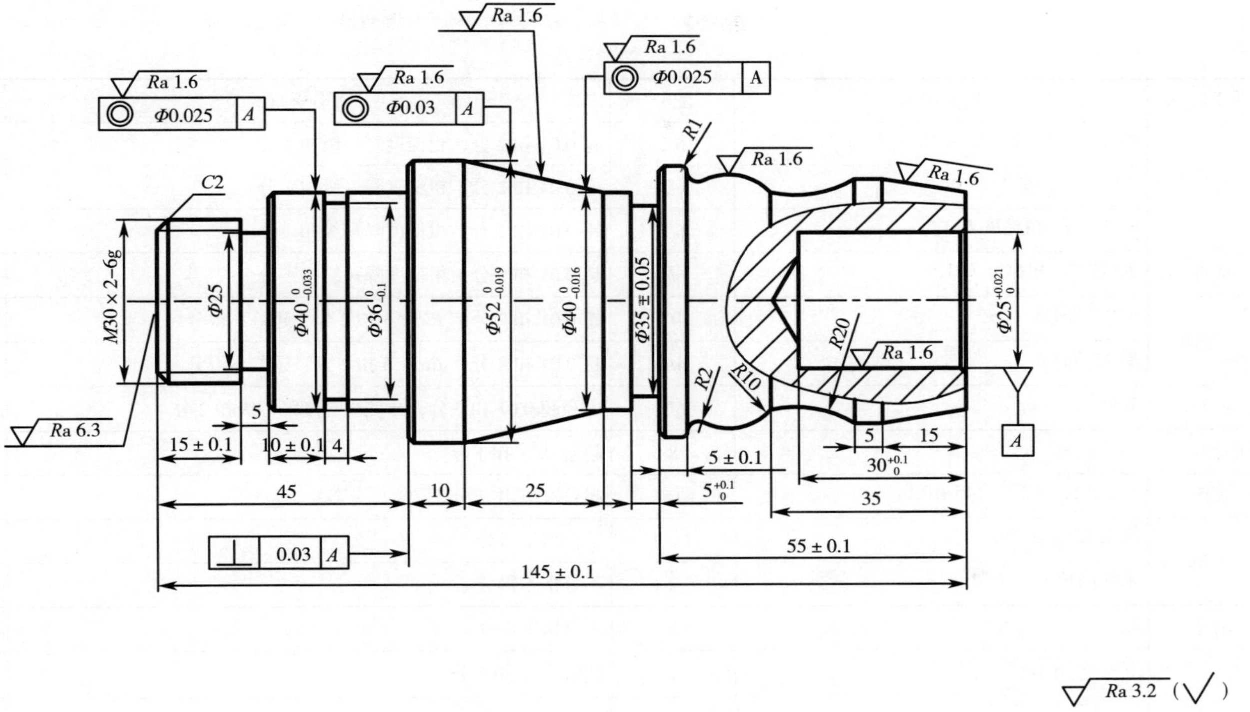

技术要求

1.未注倒角C1；
2.未注公差尺寸按GB 1804−M;
3.不允许使用砂布、锉刀等修饰加工面。

技师−04		材料	45	比例	1:1	
		数量	1	共1张	第1张	
制图			技师训练试题			
审核						

1.3.4 技师训练试题 -04 评分标准

序号	项目	检测内容	配分	评分标准	实测	得分
1	外圆	$\Phi40^{0}_{-0.033}$（2 处），粗糙度 *Ra*1.6	6/2	超 0.01 扣 2 分，粗糙度降一级扣 1 分		
2		$\Phi36^{0}_{-0.1}$，粗糙度 *Ra*1.6	6/2	超 0.01 扣 2 分，粗糙度降一级扣 1 分		
3		$\Phi52^{0}_{-0.019}$，粗糙度 *Ra*1.6	6/2	超 0.01 扣 2 分，粗糙度降一级扣 1 分		
4	内孔	$\Phi25^{+0.021}_{0}$，粗糙度 *Ra*1.6	6/4	超 0.01 扣 2 分，粗糙度降一级扣 1 分		
5	成型面	*R*20，*R*a1.6	4/2	超 0.01 扣 2 分，*R*a>1.6 扣 2 分，超差不得分		
6		*R*10，*R*a1.6	4/2	超 0.01 扣 2 分，*R*a>1.6 扣 2 分，超差不得分		
7	螺纹	$M30\times2-6g$	6/2	中径超 0.01 扣 2 分，牙侧粗糙度降一级扣 2 分		
8	外圆锥		8	超差 0.01 扣 1 分		
9	长度	15 ± 0.1，$30^{+0.1}_{0}$，145 ± 0.1	15	超差 0.01 扣 1 分		
10	倒角	倒角 *C*2（2 处）	3×2	不合格不得分		
11		未注倒角 *C*1（6 处）	6×1	不合格不得分		
12	槽宽	$5^{0}_{-0.03}$	5	不合格不得分		
13	形位公差	◎ | ∅0.03 | *A*	2	超差 0.01 扣 1 分		
14		◎ | ∅0.025 | *A*	2	超差 0.01 扣 1 分		
15		⊥ | 0.03 | *A*	2	超差 0.01 扣 1 分		
16	文明生产	发生重大安全责任事故取消考试资格；按照有关安全操作规程每违反一项，从总分中扣除 5 分				
17	合计					

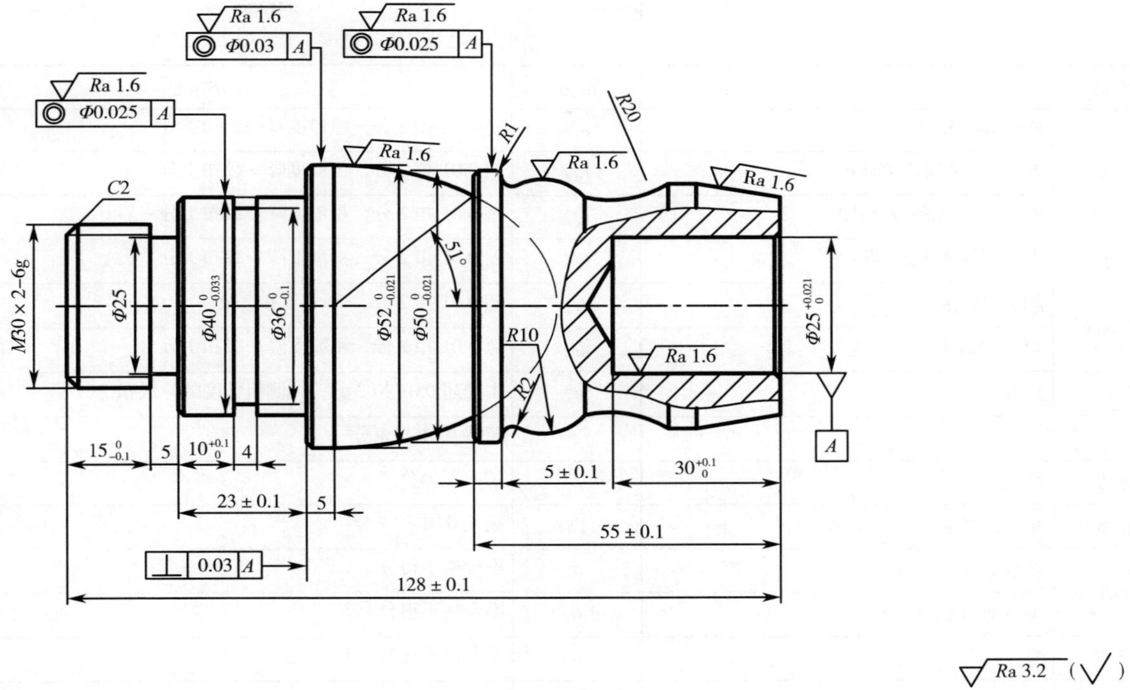

技术要求

1.未注倒角*C*1；

2.未注公差尺寸按GB 1804–*M*;

3.不允许使用砂布、锉刀等修饰加工面。

技师–05		材料	45	比例	1:1
		数量	1	共1张	第1张
制图			技师训练试题		
审核					

1.3.5 技师训练试题 -05 评分标准

序号	项目	检测内容	配分	评分标准	实测	得分
1	外圆	$\Phi40^{0}_{-0.03}$，粗糙度 $Ra1.6$	6/2	超 0.01 扣 2 分，粗糙度降一级扣 1 分		
2		$\Phi36^{0}_{-0.1}$，粗糙度 $Ra1.6$	6/2	超 0.01 扣 2 分，粗糙度降一级扣 1 分		
3		$\Phi52^{0}_{-0.021}$，粗糙度 $Ra1.6$	6/2	超 0.01 扣 2 分，粗糙度降一级扣 1 分		
4	内孔	$\Phi25^{+0.021}_{0}$，粗糙度 $Ra1.6$	6/4	超 0.01 扣 2 分，粗糙度降一级扣 1 分		
5	成型面	$R20$，$Ra1.6$	4/2	超 0.01 扣 2 分，$Ra>1.6$ 扣 2 分		
6		$R10$，$Ra1.6$	4/2	超 0.01 扣 2 分，粗糙度降一级扣 1 分		
7	螺纹	$M30\times2-6g$	8/2	中径超 0.01 扣 2 分，牙侧粗糙度降一级扣 2 分		
8	圆锥		4	超差 0.01 扣 1 分		
9	角度	51° ± 2′	4	超差不得分		
10	长度	$30^{0}_{+0.1}$，55 ± 0.1，128 ± 0.1	15	超差 0.01 扣 1 分		
11	倒角	倒角 $C2$（2 处）	4	不合格不得分		
12		未注倒角 $C1$（6 处）	6	不合格不得分		
13	槽宽	5	5	不合格不得分		
14	形位公差	◎ ∅0.025 A	2	超差 0.01 扣 1 分		
15		◎ ∅0.03 A	2	超差 0.01 扣 1 分		
16		⊥ 0.03 A	2	超差 0.01 扣 1 分		
17	文明生产	发生重大安全责任事故取消考试资格；按照有关安全操作规程每违反一项，从总分中扣除 5 分				
18	合计					

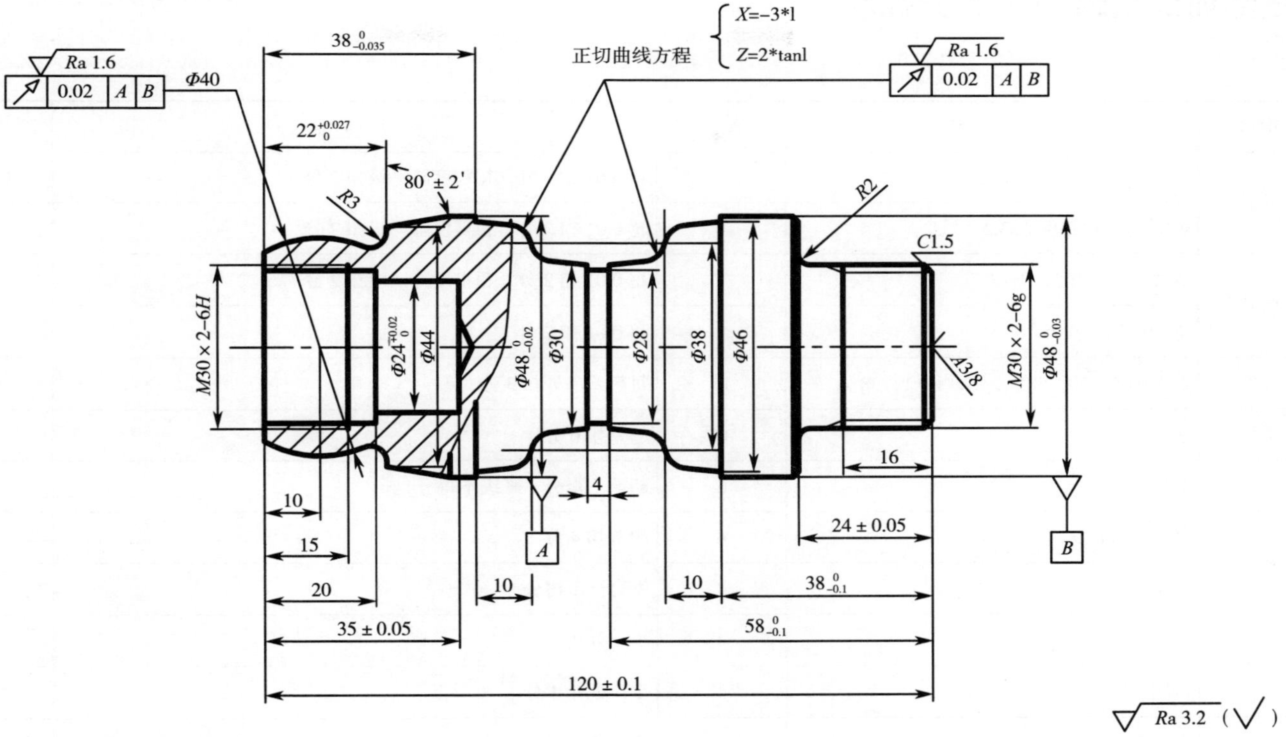

技术要求

1.未注倒角C1；

2.未注公差尺寸按GB 1804−M;

3.不允许使用砂布、锉刀等修饰加工面。

技师−06			材料	45	比例	1:1
			数量	1	共1张	第1张
制图			技师训练试题			
审核						

1.3.6 技师训练试题 -06 评分标准

序号	项目	检测内容	配分	评分标准	实测	得分
1	外圆	$\Phi48^{0}_{-0.02}$，粗糙度 $Ra3.2$	6	超 0.01 扣 3 分，粗糙度降一级扣 2 分		
2		$\Phi48^{0}_{-0.03}$，粗糙度 $Ra3.2$	6	超 0.01 扣 2 分，粗糙度降一级扣 2 分		
3	内孔	$\Phi24^{+0.02}_{0}$，粗糙度 $Ra1.6$	5	超 0.01 扣 2 分，粗糙度降一级扣 2 分		
4		深 20，35 ± 0.05	8	超 0.01 扣 2 分		
5	长度	24 ± 0.05，20，$58^{0}_{-0.1}$，120 ± 0.1，$38^{0}_{-0.1}$	18	每超差一处扣 3 分		
6	圆弧	正切曲面	12	超差扣 6 分		
7	螺纹	$M30\times2\text{–}6H$	6	超差不得分，降级不得分		
8	圆锥	外圆锥 80° ± 2′	6	超差扣 4 分		
9		外槽	4	不合格不得分		
10	倒角	$C1.5$	4	少一处扣 1 分		
11		倒圆 $R2$	4	少一处扣 1 分		
12	加权	外轮廓	6	不合格不得分		
13		内轮廓	6	不合格不得分		
14	形位公差	↗ | 0.025 | A | B	9	少一处扣 3 分		
15	文明生产	发生重大安全责任事故取消考试资格；按照有关安全操作规程每违反一项，从总分中扣除 5 分				
16	合计					

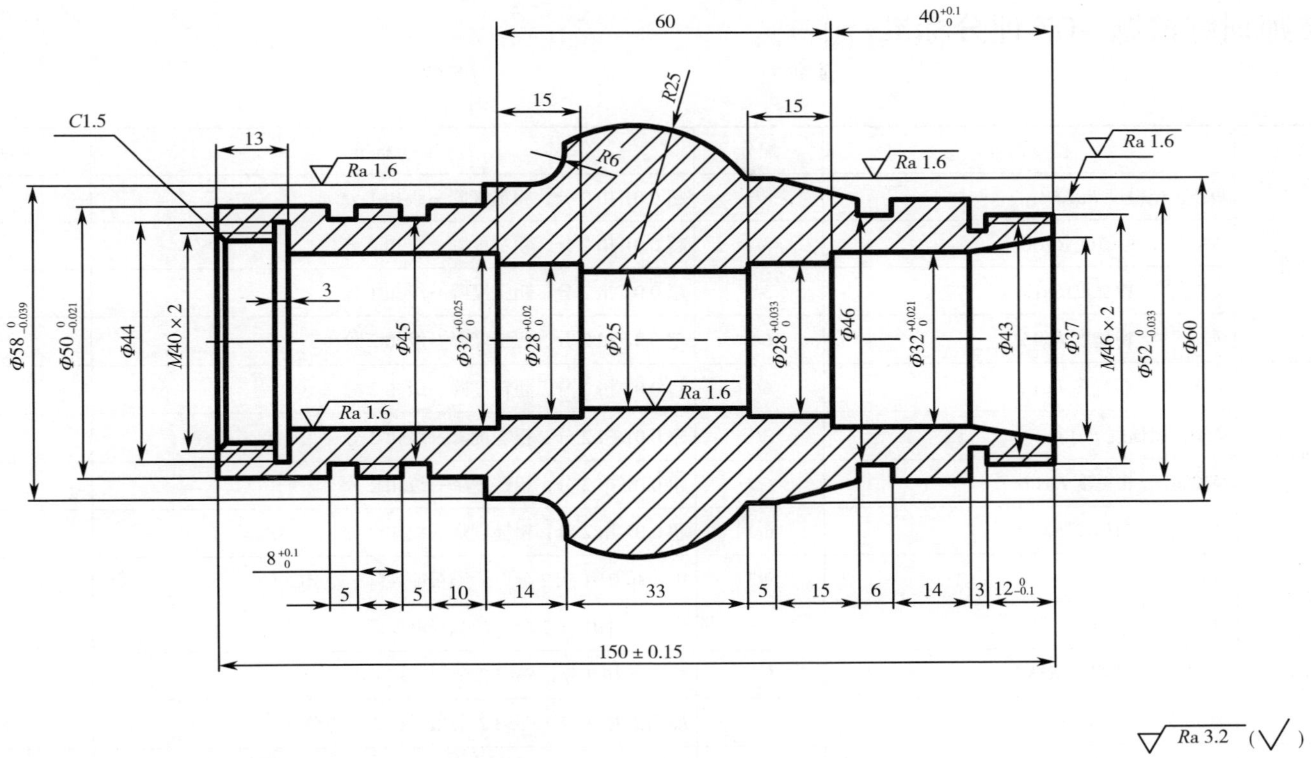

技术要求

1.未注倒角$C1$；
2.未注公差尺寸按GB 1804–M;
3.不允许使用砂布、锉刀等修饰加工面。

技师–07	材料	45	比例	1:1
	数量	1	共1张	第1张
制图			技师训练试题	
审核				

1.3.7 技师训练试题 -07 评分标准

序号	项目	检测内容	配分	评分标准	实测	得分
1	内孔	$\Phi25$，粗糙度 $Ra1.6$	6/2	超 0.01 扣 2 分，粗糙度降一级扣 1 分		
2		$\Phi28_{0}^{+0.02}$，粗糙度 $Ra1.6$	3/1	超 0.01 扣 2 分，粗糙度降一级扣 2 分		
3		$\Phi32_{0}^{+0.025}$，粗糙度 $Ra1.6$	3/1	超 0.01 扣 2 分，粗糙度降一级扣 1 分		
4		$\Phi28_{0}^{+0.033}$，粗糙度 $Ra3.2$	6/2	超 0.01 扣 2 分，粗糙度降一级扣 2 分		
5	外圆	$\Phi58_{-0.039}^{0}$，粗糙度 $Ra1.6$	6/2	超 0.01 扣 2 分，粗糙度降一级扣 2 分		
6		$\Phi60$，粗糙度 $Ra1.6$	3/1	超 0.01 扣 2 分，粗糙度降一级扣 2 分		
7		$\Phi52_{-0.033}^{0}$，粗糙度 $Ra1.6$	6/2	超 0.01 扣 2 分，粗糙度降一级扣 2 分		
8		$\Phi50_{-0.021}^{0}$，粗糙度 $Ra3.2$	6/2	超 0.01 扣 2 分，粗糙度降一级扣 2 分		
9	螺纹	$M46\times2$	9/3	中径超 0.01 扣 2 分，牙侧粗糙度降一级扣 2 分		
10		$M40\times2$	9/3	中径超 0.01 扣 2 分，牙侧粗糙度降一级扣 2 分		
11	成型面	$R25$，$R6$，粗糙度 $Ra3.2$	6/2	Ra>1.6 扣 2 分，Ra>3.2 全扣，超差不得分		
12		圆锥（10°），$Ra3.2$	3/1	Ra>1.6 扣 2 分，Ra>3.2 全扣，超差不得分		
13	长度	150 ± 0.15，$12_{-0.1}^{0}$，14，$8_{0}^{+0.1}$，60	8	超差 0.01 扣 1 分		
14	刀槽	$2.5\times\Phi44$	3	不合格不得分		
15	倒角	$C1.5$	1	不合格不得分		
16	文明生产	发生重大安全责任事故取消考试资格；按照有关安全操作规程每违反一项，从总分中扣除 5 分				
17	合计					

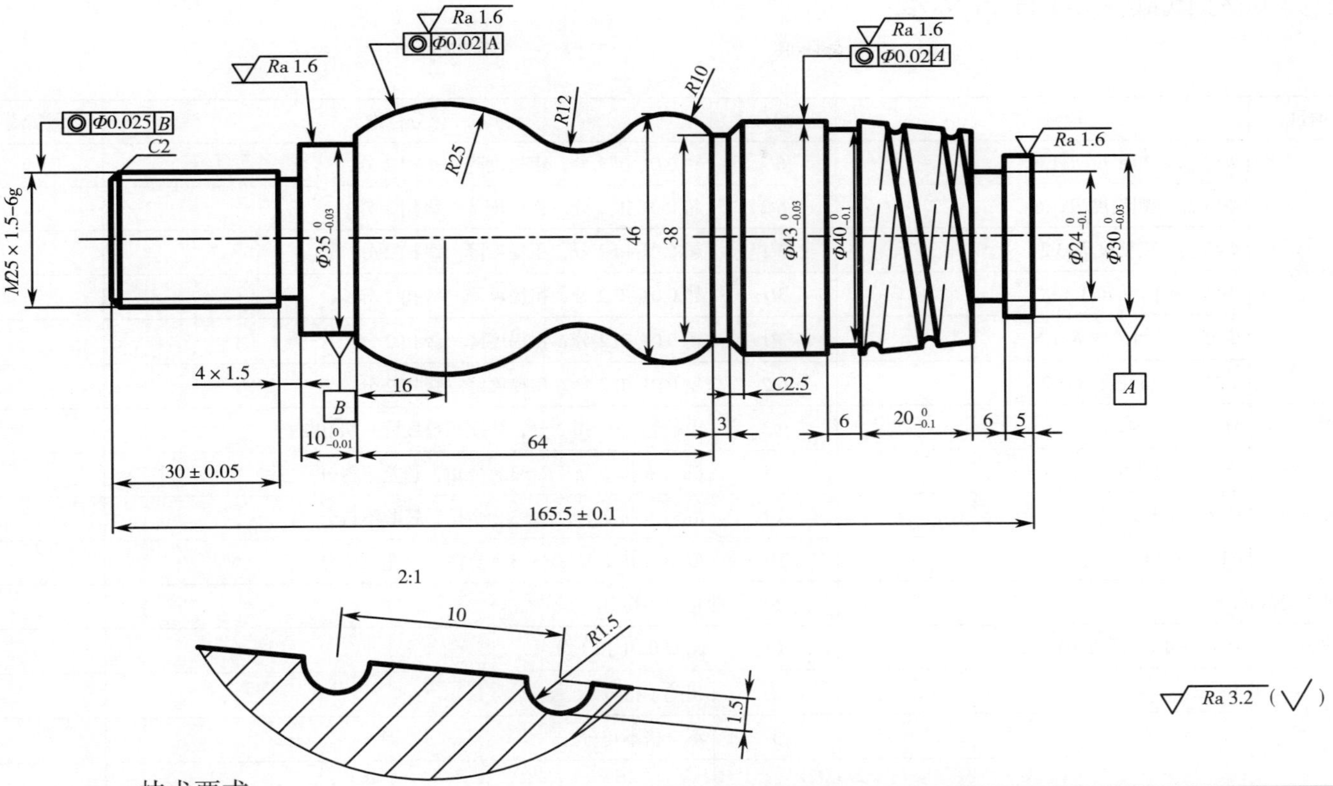

技术要求

1.未注倒角$C1$;
2.未注公差尺寸按GB 1804-M;
3.不允许使用砂布、锉刀等修饰加工面。

技师-08		材料	45	比例	1:1
		数量	1	共1张	第1张
制图			技师训练试题		
审核					

1.3.8 技师训练试题 –08 评分标准

序号	项目	检测内容	配分	评分标准	实测	得分
1	外圆	$\Phi 35^{0}_{-0.03}$，粗糙度 $Ra1.6$	6/2	超 0.01 扣 2 分，粗糙度降一级扣 2 分		
2		$\Phi 43^{0}_{-0.03}$，粗糙度 $Ra1.6$	6/2	超 0.01 扣 2 分，粗糙度降一级扣 2 分		
3		$\Phi 40^{0}_{-0.1}$，粗糙度 $Ra3.2$	3/1	超 0.01 扣 2 分，粗糙度降一级扣 2 分		
4		$\Phi 46$，粗糙度 $Ra3.2$	3/1	超 0.01 扣 2 分，粗糙度降一级扣 2 分		
5		$\Phi 30^{0}_{-0.03}$，粗糙度 $Ra1.6$	3/1	超 0.01 扣 2 分，粗糙度降一级扣 2 分		
6		$\Phi 24^{0}_{-0.1}$，粗糙度 $Ra3.2$	6/2	超 0.01 扣 2 分，粗糙度降一级扣 2 分		
7	螺纹	$M25 \times 1.5$–6g	9/3	中径超 0.01 扣 2 分，牙侧粗糙度降一级扣 2 分		
8	成型面	$S\Phi 50$，$Ra1.6$	3/1	Ra>1.6 扣 2 分，Ra>3.2 全扣，超差不得分		
9		$R12$，$Ra1.6$	3/1	Ra>1.6 扣 2 分，Ra>3.2 全扣，超差不得分		
10		$R10$，$Ra1.6$	3/1	Ra>1.6 扣 2 分，Ra>3.2 全扣，超差不得分		
11	半圆螺旋槽 $R1.5$		5	超差不得分		
12	长度	165.5 ± 0.1，30 ± 0.05，5	15	超差 0.01 扣 1 分		
13	倒角	4 × 1.5	3	超差不得分		
14		未注倒角 $C1$	3	不合格不得分		
15	形位公差	◎ | ∅0.02 | A	7	超差 0.01 扣 1 分		
16		◎ | ∅0.02 | A	7	超差 0.01 扣 1 分		
17	文明生产	发生重大安全责任事故取消考试资格；按照有关安全操作规程每违反一项，从总分中扣除 5 分				
18	合计					

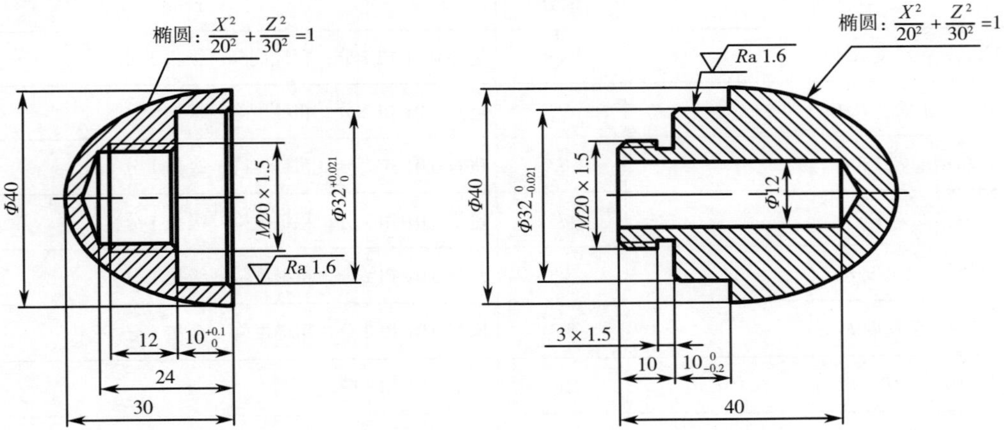

Ra 3.2（√）

技术要求

1.未注倒角$C1$；

2.未注公差尺寸按GB 1804−M;

3.不允许使用砂布、锉刀等修饰加工面。

			材料	45	比例	1:1
技师−09			数量	1	共1张	第1张
制图			技师训练试题			
审核						

1.3.9 技师训练试题 –09 评分标准

序号	项目	检测内容	配分	评分标准	实测	得分
1	外圆	$\Phi32^{0}_{-0.021}$，粗糙度 $Ra1.6$	6/3	超差 0.01 扣 2 分，粗糙度降一级扣 1 分		
2		$\Phi32^{+0.021}_{0}$，粗糙度 $Ra1.6$	6/3	超差 0.01 扣 2 分，粗糙度降一级扣 1 分		
3	外螺纹 $M20\times1.5$，粗糙度 $Ra1.6$		4/3	超差 0.01 扣 2 分，粗糙度降一级扣 1 分		
4	内螺纹 $M20\times1.5$，粗糙度 $Ra1.6$		4/3	超差 0.01 扣 2 分，粗糙度降一级扣 1 分		
5	椭圆	左半椭圆，粗糙度 $Ra1.6$	8/3	超差 0.01 扣 2 分，粗糙度降一级扣 1 分		
6		右半椭圆，粗糙度 $Ra1.6$	8/3	超差 0.01 扣 2 分，粗糙度降一级扣 1 分		
7	长度	$10^{0}_{-0.2}$，$10^{+0.1}_{0}$，10，12	16	超差 0.01 扣 1 分		
8	倒角	3–C1	6	不合格不得分		
9	刀槽	3×1.5	6	不合格不得分		
10	配合	将工件旋入后，配合松紧适当，接口圆整	8	不合格不得分		
11		将工件旋入后，总长 60 ± 0.1	10	超差 0.03mm 不得分		
12	文明生产	发生重大安全责任事故取消考试资格；按照有关安全操作规程每违反一项，从总分中扣除 5 分				
13	其他项目	工件必须完整，工件局部无缺陷（如夹伤、划痕等）				
14	程序编制	程序中严重违反工艺规程的取消考试资格；其他问题酌情扣分				
15	合计					

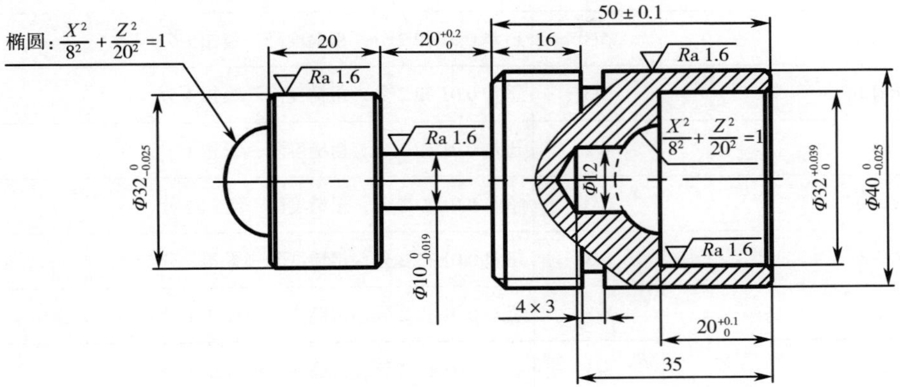

Ra 3.2 (√)

技术要求

1.未注倒角C1；
2.未注公差尺寸按GB 1804–M;
3.不允许使用砂布、锉刀等修饰加工面。

技师–10			材料	45	比例	1:1
			数量	1	共1张	第1张
制图			技师训练试题			
审核						

1.3.10 技师训练试题 -10 评分标准

序号	项目	检测内容	配分	评分标准	实测	得分
1	外圆	$\Phi 40^{0}_{-0.025}$，粗糙度 Ra1.6	5/3	超差 0.01 扣 2 分，粗糙度降一级扣 1 分		
2		$\Phi 32^{0}_{-0.025}$，粗糙度 Ra1.6	5/3	超差 0.01 扣 2 分，粗糙度降一级扣 1 分		
3		$\Phi 10^{0}_{-0.019}$，粗糙度 Ra3.2	8/2	超差 0.01 扣 2 分，粗糙度降一级扣 1 分		
4	内孔	$\Phi 32^{+0.039}_{0}$，粗糙度 Ra1.6	5/3	超差 0.01 扣 2 分，粗糙度降一级扣 1 分		
5	圆弧	长轴 20，粗糙度 Ra3.2	5/3	超差 0.01 扣 2 分，粗糙度降一级扣 1 分		
6		短半轴 8，粗糙度 Ra3.2	8/3	超差 0.01 扣 2 分，粗糙度降一级扣 1 分		
7	螺纹	$M40\times3$，粗糙度 Ra3.2	8/3	超差 0.01 扣 2 分，粗糙度降一级扣 1 分		
8	长度	98 ± 0.15，$20^{+0.1}_{0}$，20，$20^{+0.2}_{0}$	12	超差 0.01 扣 2 分		
9	倒角	5 处	10	不合格不得分		
10	刀槽	3×1.5	6	不合格不得分		
11	配合	将工件在 Φ10 处锯断，用着色法检测，着色面积大于 85%	8	不合格不得分		
12	文明生产	发生重大安全责任事故取消考试资格；按照有关安全操作规程每违反一项，从总分中扣除 5 分				
13	其他项目	工件必须完整，工件局部无缺陷（如夹伤、划痕等）				
14	合计					

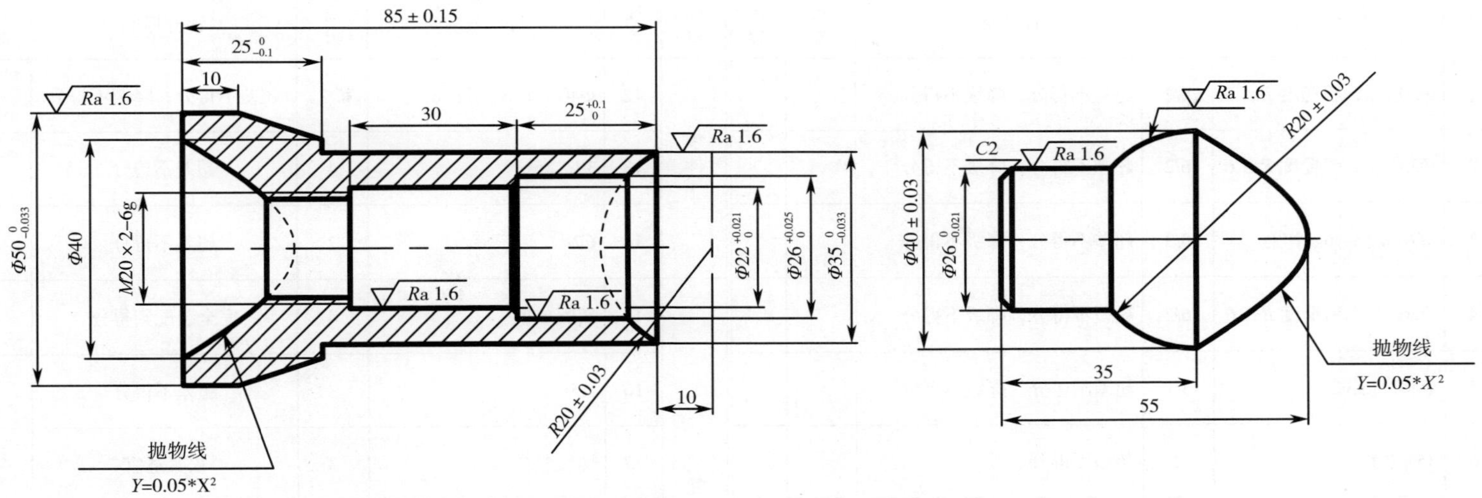

技术要求

1.未注倒角C0.5；
2.未注公差尺寸按GB 1804−M;
3.不允许使用砂布、锉刀等修饰加工面。

技师−11		材料	45	比例	1:1
		数量	1	共1张	第1张
制图			技师训练试题		
审核					

1.3.11 技师训练试题 -11 评分标准

项目	序号	技术要求	占分	评分标准	实测	得分	项目	序号	技术要求	占分	评分标准	实测	得分
零件1	1	$\Phi50^{0}_{-0.033}$，粗糙度 $Ra1.6$	6/2	超差不得分，降级不得分			零件2	12	$\Phi40\pm0.03$，$Ra1.6$	6/2	超差不得分，降级不得分		
	2	$\Phi35^{0}_{-0.033}$，粗糙度 $Ra1.6$	6/2	超差不得分，降级不得分				13	35，55	4	超差不得分		
	3	$M20\times2-6g$ 中径	9/3	超差不得分，降级不得分				14	$C2$	2	超差不得分		
	4	$\Phi26^{+0.021}_{0}$，粗糙度 $Ra1.6$	6/2	超差不得分，降级不得分			配合	15	装配成型	4	完全装配则得分		
	5	$\Phi40$，$Ra3.2$	3/1	超差不得分，降级不得分				16	129	3	超差不得分		
	6	85 ± 0.1	2	超差不得分				17	螺纹配合	3	松紧适宜		
	7	10、15、30	3	超差不得分				18	端面槽配	3	不合格不得分		
	8	$25^{+0.1}_{0}$	2	超差不得分				19	着色率大于 85%	3	不合格不得分		
	9	$4-C1$	4	超差不得分				20	着色率大于 85%	3	不合格不得分		
零件2	10	$\Phi26^{0}_{-0.021}$，粗糙度 $Ra1.6$	6/2	超差不得分，降级不得分			注意事项		工件必须完整，工件局部无缺陷（如夹伤、划痕等）				
	11	抛物线，$Ra1.6$	6/2	超差不得分，降级不得分			合计						

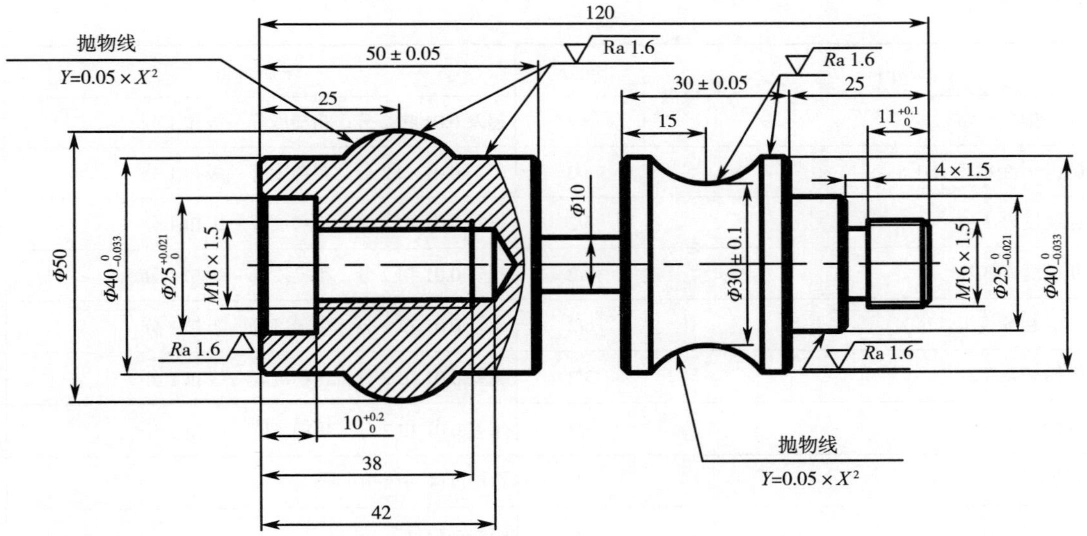

Ra 3.2 (√)

技术要求

1.未注倒角*C*1；

2.未注公差尺寸按GB 1804–*M*;

3.不允许使用砂布、锉刀等修饰加工面。

技师–12	材料	45	比例	1:1	
	数量	1	共1张	第1张	
制图			技师训练试题		
审核					

1.3.12 技师训练试题 -12 评分标准

序号	项目	检测内容	配分	评分标准	实测	得分
1	外圆	$\Phi25^{0}_{-0.021}$，粗糙度 $Ra3.2$	5/2	超差 0.01 扣 2 分，粗糙度降一级扣 1 分		
2		2—$\Phi40^{0}_{-0.033}$，粗糙度 $Ra1.6$	5/2	超差 0.01 扣 2 分，粗糙度降一级扣 1 分		
3		$\Phi50$，粗糙度 $Ra1.6$	5/2	超差 0.01 扣 2 分，粗糙度降一级扣 1 分		
4		$\Phi10$，粗糙度 $Ra3.2$	6/2	超差 0.01 扣 2 分，粗糙度降一级扣 1 分		
5	内孔	$\Phi255^{+0.021}_{0}$，粗糙度 $Ra1.6$	6/2	超差 0.01 扣 2 分，粗糙度降一级扣 1 分		
6	外螺纹 $M16\times1.5$，粗糙度 $Ra3.2$		3/2	超差 0.01 扣 2 分，粗糙度降一级扣 1 分		
7	内螺纹 $M16\times1.5$，粗糙度 $Ra3.2$		3/2	超差 0.01 扣 2 分，粗糙度降一级扣 1 分		
8	抛物线的形状光滑连续		7	粗糙度降一级扣 1 分		
9	长度	30 ± 0.05，50 ± 0.05	6	超差不得分		
10		25，42，38	6	超差不得分		
11	刀槽	4×1.5	4	超差不得分		
12	配合	将工件于 $\Phi10$ 处锯断后旋入，配合松紧适当	8	不合格不得分		
13		将工件于 $\Phi10$ 处锯断后抛物线进行配合，配合紧密	8	不合格不得分		
14	倒角	7 处	14	不合格不得分		
15	合计					

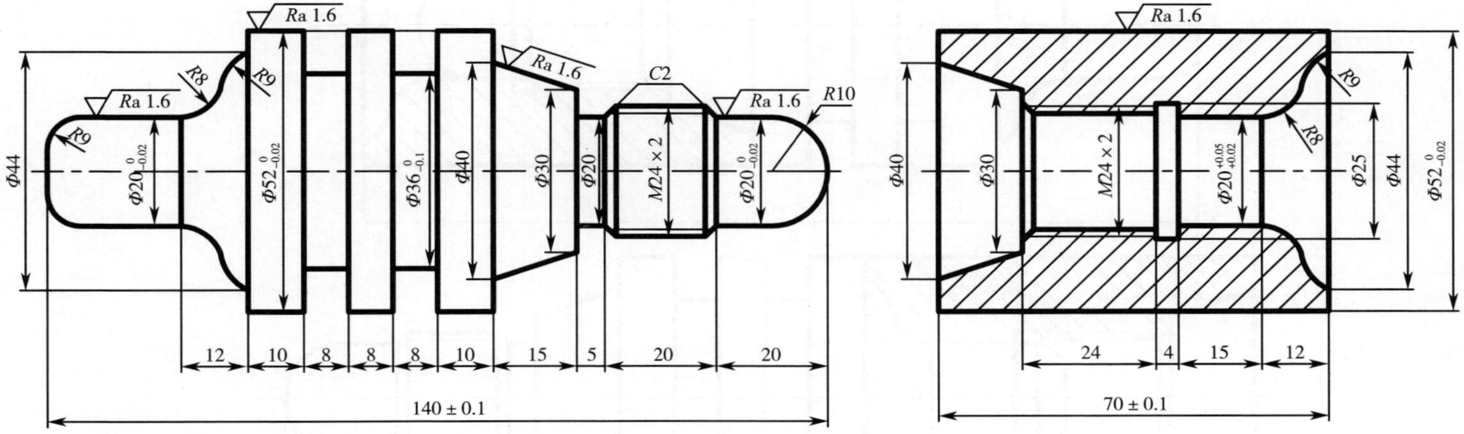

Ra 3.2 （√）

技术要求

1.未注倒角C1；

2.未注公差尺寸按GB 1804–M;

3.不允许使用砂布、锉刀等修饰加工面。

技师–13		材料	45	比例	1:1
		数量	1	共2张	第1张
制图			技师训练试题		
审核					

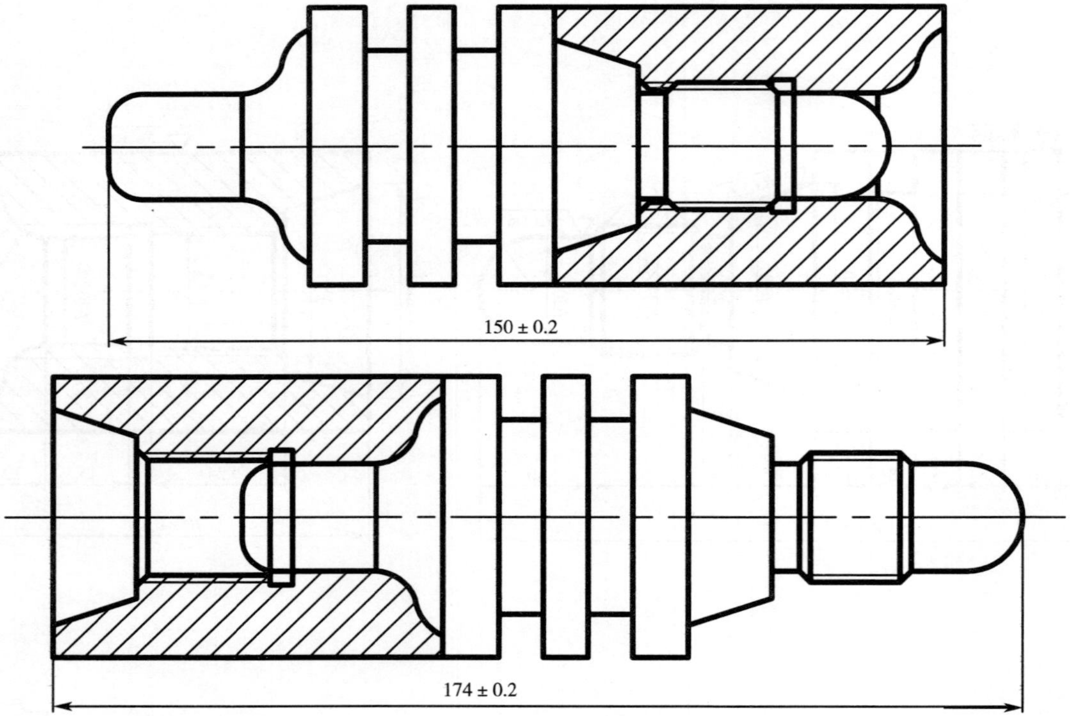

技术要求

1.未注倒角$C1$;
2.未注公差尺寸按GB 1804-*M*;
3.不允许使用砂布、锉刀等修饰加工面。

技师-13		材料	45	比例	1:1
		数量	1	共2张	第2张
制图			技师训练试题		
审核					

1.3.13 技师训练试题 -13 评分标准

项目	序号	技术要求	占分	评分标准	实测	得分
零件1	1	$\Phi36_{-0.1}^{0}$，粗糙度 $Ra3.2$	3/1	超差不得分，降级不得分		
	2	$\Phi52_{-0.02}^{0}$，粗糙度 $Ra1.6$	3/1	超差不得分，降级不得分		
	3	$2-\Phi20_{-0.02}^{0}$，粗糙度 $Ra1.6$	3/1	超差不得分，降级不得分		
	4	$M24\times2$	9/3	超差不得分，降级不得分		
	5	150 ± 0.1	2	超差不得分		
	6	20	2	超差不得分		
	7	2—15	2	超差不得分		
	8	3—8	2	超差不得分		
	9	圆弧 $R8$，$R9$，$Ra3.2$	6/2	超差不得分，降级不得分		
	10	半圆 $R10$，$Ra1.6$	3/1	超差不得分，降级不得分		
	11	$2-C2$	2	不合格不得分		
零件2	12	$\Phi52_{-0.02}^{0}$，粗糙度 $Ra1.6$	3/1	超差不得分，降级不得分		
	13	$\Phi20_{+0.02}^{+0.05}$，粗糙度 $Ra3.2$	3/1	超差不得分，降级不得分		
	14	$M24\times2$ 中径	9/3	超差不得分，降级不得分		
	15	70 ± 0.1	2	超差不得分		
	16	24	2	超差不得分		
	17	圆锥，$Ra3.2$	2/1	超差不得分，降级不得分		
	18	圆弧 $R8$，$R9$	2	超差不得分		
	19	$4\times\Phi25$ 退刀槽	2	超差不得分		
配合	20	装配成型	5	超差不得分		
	21	160 ± 0.2	4	超差不得分		
	22	184 ± 0.2	4	超差不得分		
	23	螺纹配合	5	松紧适宜得分		
	24	端面槽配	5	不合格不得分		
注意事项		工件必须完整，工件局部无缺陷（如夹伤、划痕等）				
合计						

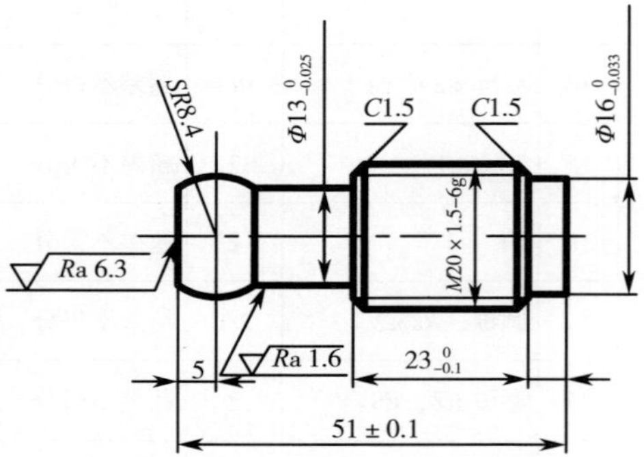

件1

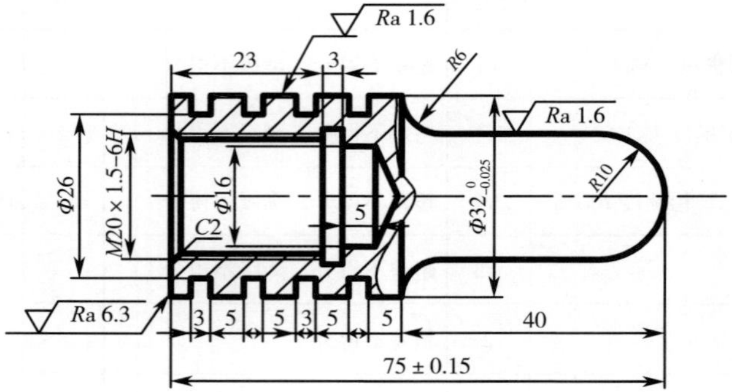

件2

Ra 3.2 (√)

技术要求

1.未注倒角*C*1；
2.未注公差尺寸按GB 1804–*M*;
3.不允许使用砂布、锉刀等修饰加工面。

技师–14			材料	45	比例	1:1
			数量	1	共1张	第1张
制图			技师训练试题			
审核						

1.3.14 技师训练试题 -14 评分标准

项目	序号	技术要求	占分	评分标准	实测	得分	项目	序号	技术要求	占分	评分标准	实测	得分
零件1	1	$\Phi16^{0}_{-0.033}$，粗糙度 $Ra3.2$	6/2	超差不得分，降级不得分			零件2	11	$R6$	3	超差不得分		
	2	$M20\times1.5-6g$ 中径	9/3	超差不得分，降级不得分				12	75 ± 0.15，$Ra6.3$	2/1	超差不得分，降级不得分		
	3	$SR8.4$	4	超差不得分				13	40	2/1	超差不得分		
	4	51	4	超差不得分				14	沟槽 $3\times\Phi26$，$Ra3.2$	2/1	超差不得分，降级不得分		
	5	$23^{0}_{-0.1}$	4	超差不得分				15	$C2$	2	不合格不得分		
	6	$2\times C1.5$	3	不合格不得分			配合	16	装配成型	5	超差不得分		
零件2	7	$\Phi16$，粗糙度 $Ra3.2$	6/2	超差不得分，降级不得分				17	98 ± 0.03	5	超差不得分		
	8	$\Phi32^{0}_{-0.025}$，粗糙度 $Ra1.6$	6/2	超差不得分，降级不得分				18	螺纹配合	5	松紧适宜得分		
	9	$M20\times1.5-6H$ 中径	9/3	超差不得分，降级不得分				19	端面槽配	5	不合格不得分		
	10	$R10$，$Ra1.6$	2/1	超差不得分，降级不得分			合计						

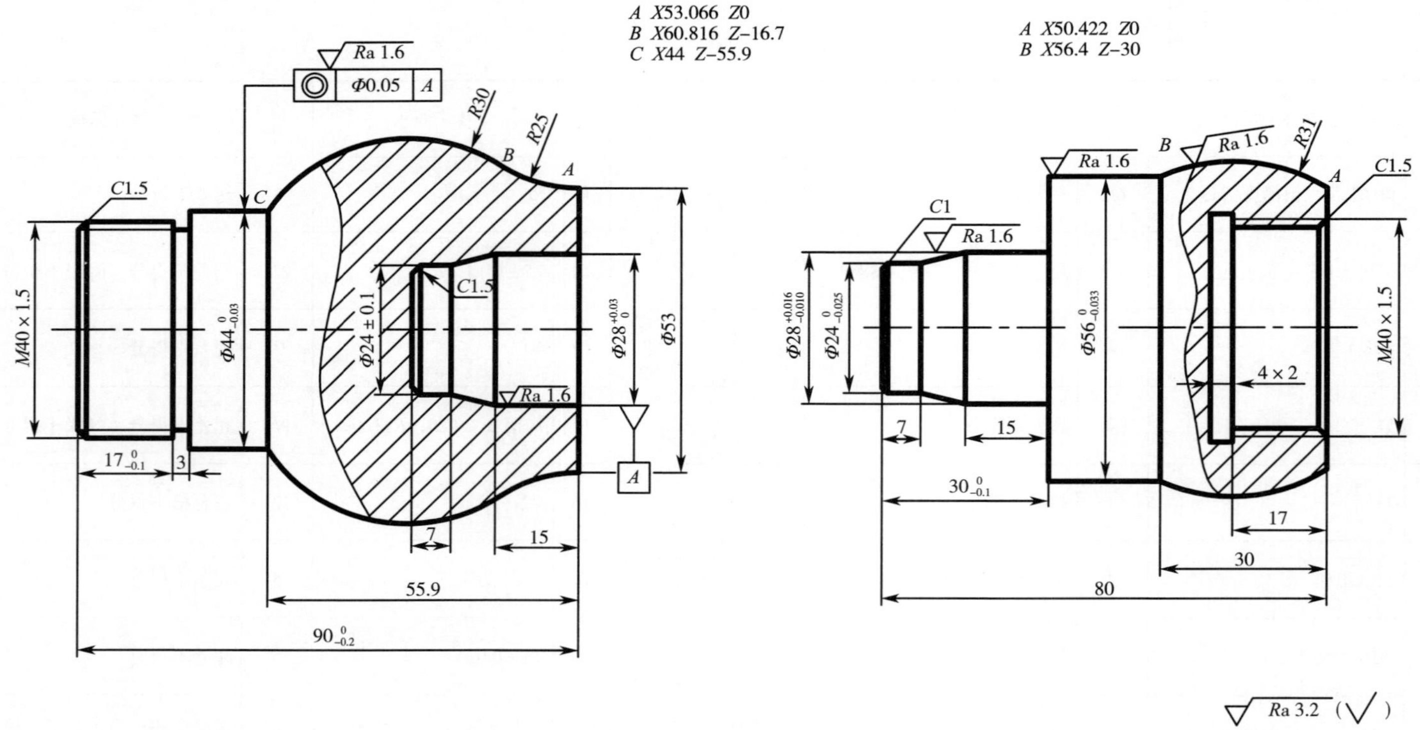

技术要求

1.未注倒角$C1$；

2.未注公差尺寸按GB 1804−M;

3.不允许使用砂布、锉刀等修饰加工面。

技师−15		材料	45	比例	1:1
		数量	1	共1张	第1张
制图		技师训练试题			
审核					

1.3.15 技师训练试题 -15 评分标准

项目	序号	技术要求	占分	评分标准	实测	得分	项目	序号	技术要求	占分	评分标准	实测	得分
零件1	1	$\Phi24\pm0.05$，粗糙度 $Ra3.2$	3/1	超差不得分，降级不得分			零件2	14	$M40\times1.5$ 中径	6/2	超差不得分，降级不得分		
	2	$\Phi28^{0}_{-0.03}$，粗糙度 $Ra1.6$	3/1	超差不得分，降级不得分				15	80	2	超差不得分		
	3	$\Phi44^{0}_{-0.03}$，粗糙度 $Ra1.6$	3/1	超差不得分，降级不得分				16	$30^{0}_{-0.1}$	2	超差不得分		
	4	$M40\times1.5$ 中径	9/3	超差不得分，降级不得分				17	17	2	超差不得分		
	5	$90^{0}_{-0.2}$	4	超差不得分				18	$R31$，$Ra1.6$	2/1	超差不得分，降级不得分		
	6	$17^{0}_{-0.1}$	4	超差不得分				19	$C1$	2	不合格不得分		
	7	$R30$，$Ra3.2$	2/1	超差不得分，降级不得分				20	$C1.5$	2	不合格不得分		
	8	$R25$	3	超差不得分				21	4×2，粗糙度 $Ra3.2$	2/1	超差不得分，降级不得分		
	9	$C1.5$	2	不合格不得分			配合	22	装配成型	5	超差不得分		
	10	◎ | ∅0.010 | A	4	超差 0.01mm 扣 1 分				23	140 ± 0.2	5	超差不得分		
零件2	11	$\Phi24^{0}_{-0.025}$，粗糙度 $Ra3.2$	3/1	超差不得分，降级不得分				24	螺纹配合	5	松紧适宜得分		
	12	$\Phi28^{-0.016}_{-0.010}$，粗糙度 $Ra1.6$	3/1	超差不得分，降级不得分				25	端面槽配	5	超差不得分		
	13	$\Phi56^{0}_{-0.03}$，粗糙度 $Ra1.6$	3/1	超差不得分，降级不得分			注意事项		工件必须完整，工件局部无缺陷（如夹伤、划痕等）				

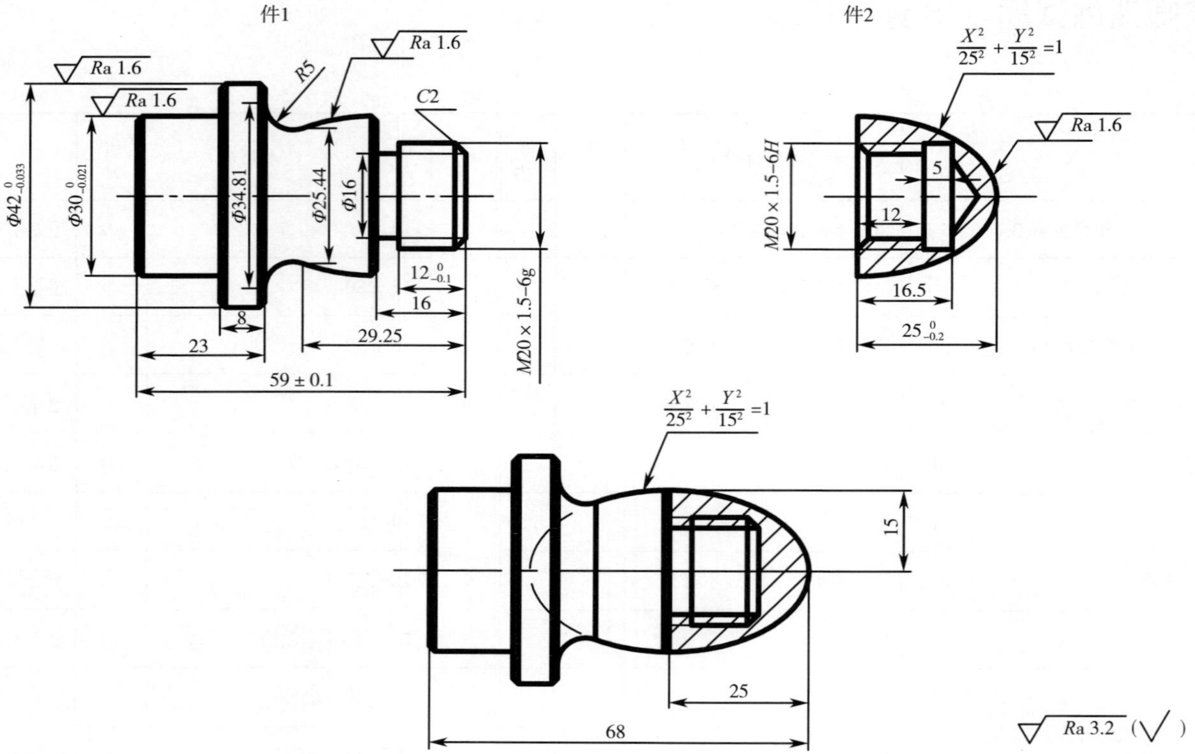

技术要求

1.未注倒角$C1$；

2.未注公差尺寸按GB 1804−M;

3.不允许使用砂布、锉刀等修饰加工面；

4.件1与件2的配合间隙0.02mm。

技师−16		材料	45	比例	1:1
		数量	1	共1张	第1张
制图			技师训练试题		
审核					

1.3.16 技师训练试题 -16 评分标准

项目	序号	技术要求	占分	评分标准	实测	得分	项目	序号	技术要求	占分	评分标准	实测	得分
零件1	1	$\Phi30^{0}_{-0.021}$，粗糙度 $Ra1.6$	6/2	超差不得分，降级不得分			零件1	10	$4-C1$	6	不合格不得分		
	2	$\Phi42^{0}_{-0.033}$，粗糙度 $Ra1.6$	6/2	超差不得分，降级不得分			零件2	11	$M20\times1.5-6H$ 中径	9/3	超差不得分，降级不得分		
	3	$M20\times1.5-6g$ 中径	12/4	超差不得分，降级不得分				12	$25^{0}_{-0.2}$，$Ra1.6$	3/1	超差不得分，降级不得分		
	4	59 ± 0.1	4/1	超差不得分				13	椭圆，$Ra1.6$	2/1	超差不得分，降级不得分		
	5	23	3/1	超差不得分			配合	14	装配成型	5	超差不得分		
	6	$12^{0}_{-0.1}$	3/1	超差不得分				15	68	5	超差不得分		
	7	$R5$，$Ra3.2$	3/1	超差不得分，降级不得分				16	螺纹配合	5	松紧适宜得分		
	8	椭圆，$Ra1.6$	3/1	超差不得分，降级不得分				17	配合间隙小于 0.02	5	超差不得分，降级不得分		
	9	$C2$	2	不合格不得分			合计						

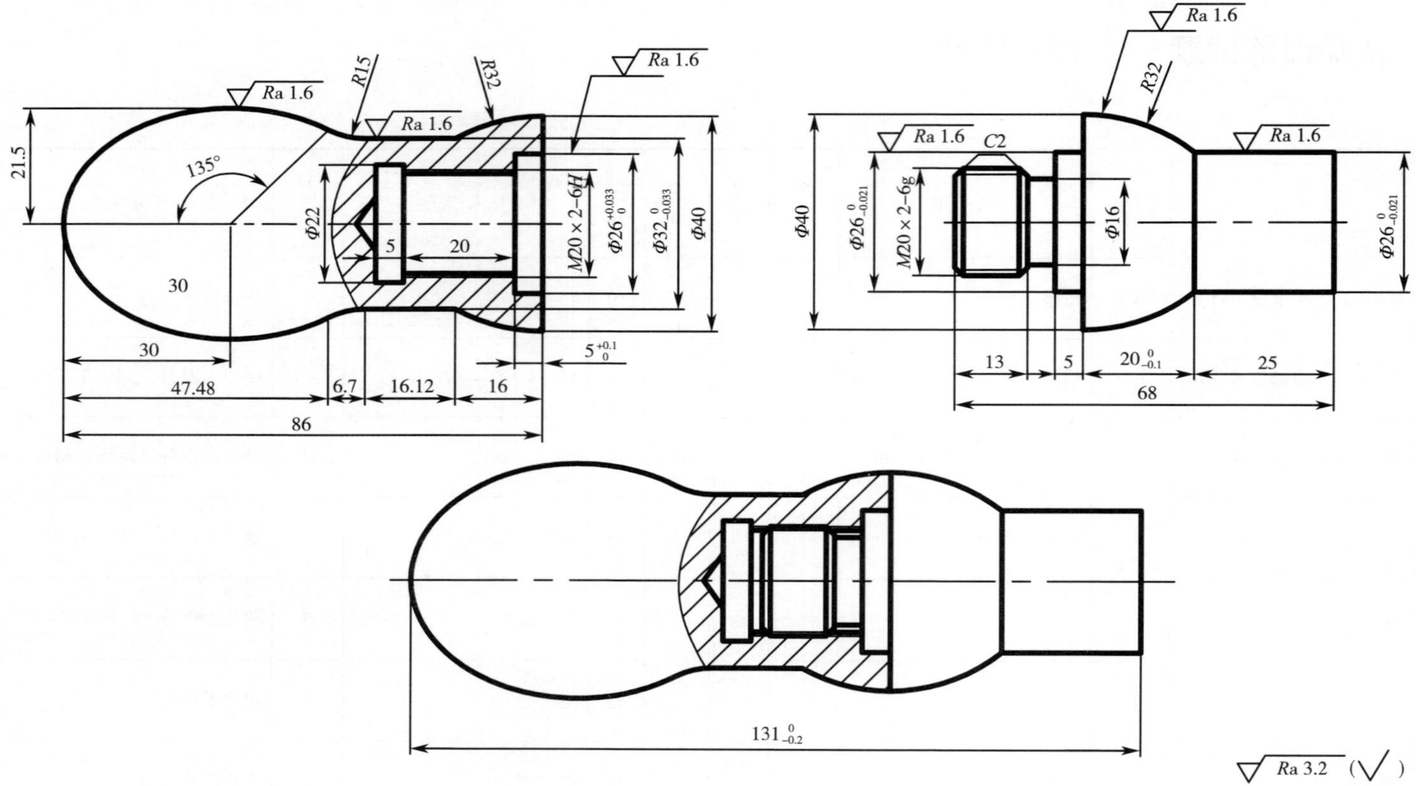

技术要求

1.未注倒角C1；

2.未注公差尺寸按GB 1804–M;

3.不允许使用砂布、锉刀等修饰加工面。

技师–17		材料	45	比例	1:1
		数量	1	共1张	第1张
制图			技师训练试题		
审核					

1.3.17 技师训练试题 -17 评分标准

项目	序号	技术要求	占分	评分标准	实测	得分	项目	序号	技术要求	占分	评分标准	实测	得分
零件1	1	$\Phi26_{0}^{+0.033}$，粗糙度 $Ra1.6$	4/1	超差不得分，降级不得分			零件2	12	$M20\times2-6g$ 中径	9/3	超差不得分，降级不得分		
	2	$\Phi32_{-0.033}^{0}$，粗糙度 $Ra1.6$	4/1	超差不得分，降级不得分				13	68	2	超差不得分		
	3	$M20\times2-6H$ 中径	12/4	超差不得分，降级不得分				14	13	2	超差不得分		
	4	86	4	超差不得分				15	$R32$，$Ra1.6$	2/1	超差不得分，降级不得分		
	5	$5_{0}^{+0.1}$	3	超差不得分				16	$2-C2$	2	不合格不得分		
	6	16	3	超差不得分				17	$5\times\Phi16$ 退刀槽，$Ra3.2$	2/1	超差不得分，降级不得分		
	7	椭圆，$Ra1.6$	3/1	超差不得分，降级不得分			配合	18	装配成型	5	超差不得分		
	8	$R15$，$Ra1.6$	3/1	超差不得分，降级不得分				19	$131_{-0.2}^{0}$	5	超差不得分		
	9	$R32$，$Ra3.2$	3/1	超差不得分，降级不得分				20	螺纹配合	5	松紧适宜得分		
	10	$5\times\Phi22$ 退刀槽，$Ra3.2$	3/1	超差不得分，降级不得分				21	端面槽配	5	不合格不得分		
零件2	11	$2-\Phi26_{-0.021}^{0}$	3/1	超差不得分			合计						

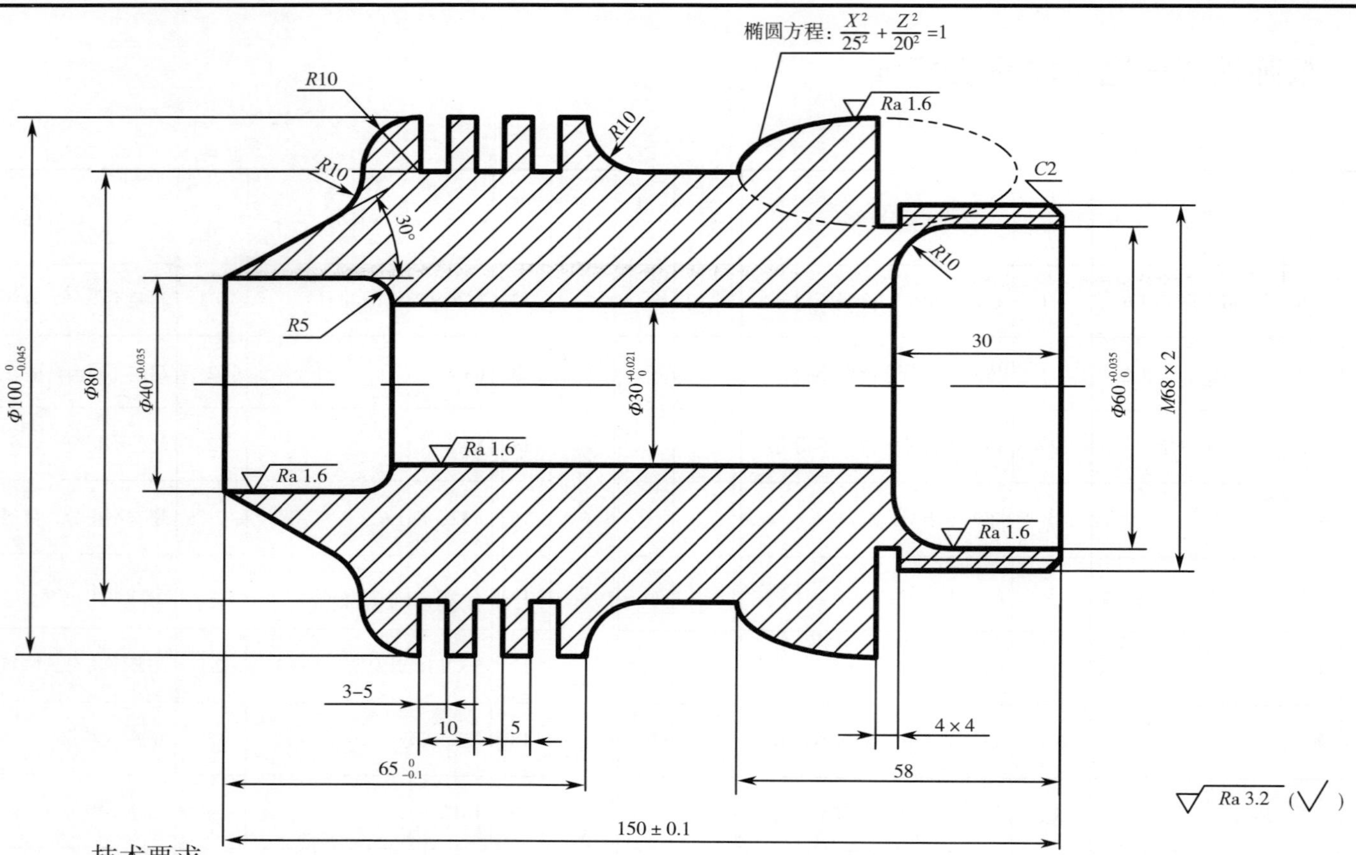

技术要求

1.未注倒角$C1$；

2.未注公差尺寸按GB 1804–M;

3.不允许使用砂布、锉刀等修饰加工面。

技师–18			材料	45	比例	1:1
			数量	1	共2张	第1张
制图			技师训练试题			
审核						

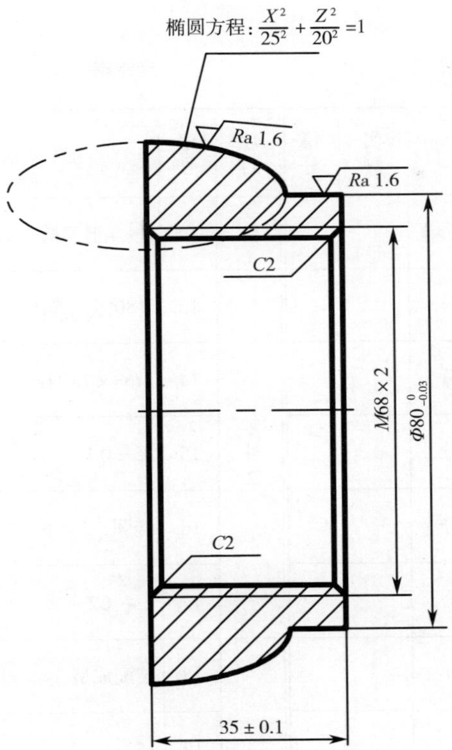

$\sqrt{Ra\ 3.2}$ ($\sqrt{}$)

技术要求

1.未注倒角*C*1；

2.未注公差尺寸按GB 1804-*M*;

3.不允许使用砂布、锉刀等修饰加工面。

技师-18		材料	45	比例	1:1
		数量	1	共2张	第2张
制图		技师训练试题			
审核					

1.3.18 技师训练试题 -18 评分标准

项目	序号	技术要求	占分	评分标准	实测	得分	项目	序号	技术要求	占分	评分标准	实测	得分
零件1	1	$\Phi100^{0}_{-0.045}$，粗糙度 $Ra3.2$	3/1	超差不得分，降级不得分			零件1	12	4×4 退刀槽，$Ra3.2$	2/1	超差不得分，降级不得分		
	2	$\Phi40^{+0.035}_{0}$，粗糙度 $Ra1.6$	3/1	超差不得分，降级不得分			零件2	13	$\Phi80^{0}_{-0.03}$，$Ra1.6$	3/1	超差不得分，降级不得分		
	3	$\Phi60^{+0.35}_{0}$，粗糙度 $Ra1.6$	3/1	超差不得分，降级不得分				14	$M68\times2$ 中径	9/3	超差不得分，降级不得分		
	4	$M68\times2$ 中径	12/4	超差不得分，降级不得分				15	35 ± 0.1	2	超差不得分		
	5	椭圆，$Ra1.6$	3/1	超差不得分，降级不得分				16	椭圆，$Ra1.6$	2/1	超差不得分，降级不得分		
	6	沟槽 $5\times\Phi80$，$Ra3.2$	2/1	超差不得分，降级不得分				17	$2-C2$	4	不合格不得分		
	7	$R10$ ，$Ra3.2$	2/1	超差不得分，降级不得分			配合	18	装配成型	5	超差不得分		
	8	150 ± 0.1	3	超差不得分				19	152	5	超差不得分		
	9	$65^{0}_{-0.1}$	3	超差不得分				20	螺纹配合	5	松紧适宜得分		
	10	圆锥（30°），$Ra3.2$	3/1	超差不得分，降级不得分				21	端面槽配	5	不合格不得分		
	11	$R10$，$R5$ 倒圆角	4	超差不得分			合计						

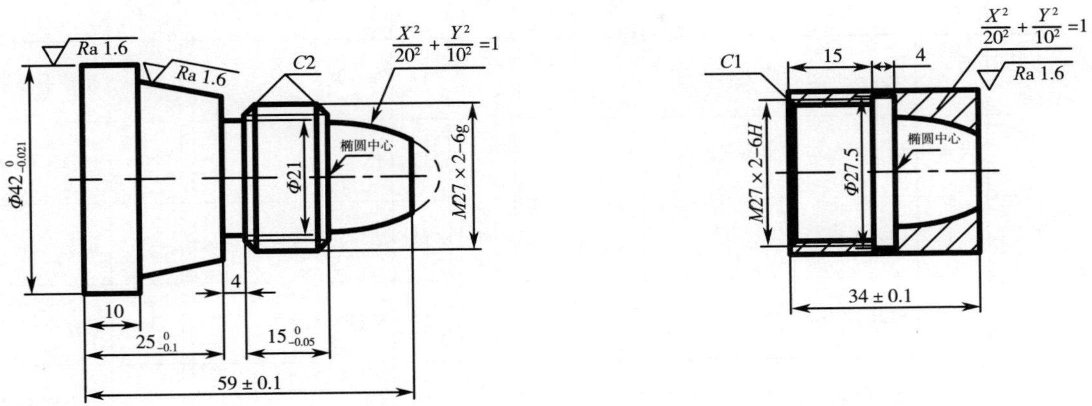

Ra 3.2 (√)

技术要求

1.未注倒角$C1$;

2.未注公差尺寸按GB 1804−M;

3.不允许使用砂布、锉刀等修饰加工面。

技师−19			材料	45	比例	1:1
			数量	1	共1张	第1张
制图			技师训练试题			
审核						

1.3.19 技师训练试题 -19 评分标准

项目	序号	技术要求	占分	评分标准	实测	得分	项目	序号	技术要求	占分	评分标准	实测	得分
零件1	1	$\Phi42^{0}_{-0.021}$，粗糙度 $Ra1.6$	6/2	超差不得分，降级不得分			零件2	11	34 ± 0.1	3	超差不得分		
	2	$M27\times2-6g$ 中径	9/3	超差不得分，降级不得分				12	15	3	超差不得分		
	3	59 ± 0.1	3	超差不得分				13	4	3	超差不得分		
	4	10，$25^{0}_{-0.1}$	4	超差不得分				14	椭圆，$Ra3.2$	3/1	超差不得分，降级不得分		
	5	椭圆，$Ra3.2$	4/2	超差不得分，降级不得分				15	$C2$	2	不合格不得分		
	6	圆锥，$Ra1.6$	4/2	超差不得分，降级不得分			配合	16	装配成型	5	超差不得分		
	7	$2-C2$	4	超差不得分				17	129	5	超差不得分		
	8	$4\times\Phi21$ 退刀槽	2	超差不得分				18	螺纹配合	5	松紧适宜得分		
零件2	9	$\Phi30^{0}_{-0.021}$，粗糙度 $Ra1.6$	6/2	超差不得分，降级不得分				19	去锐边毛刺	5	不去不得分		
	10	$M27\times2-6H$	9/3	超差不得分，降级不得分			合计						

件1

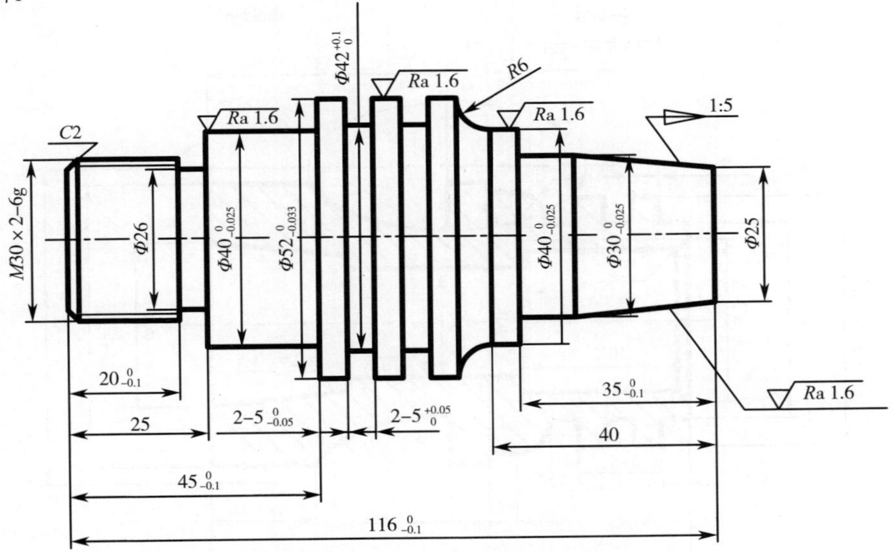

Ra 3.2 (√)

技术要求

1.未注倒角*C*1；

2.未注公差尺寸按GB 1804–*M*;

3.不允许使用砂布、锉刀等修饰加工面。

技师–20		材料	45	比例	1:1
		数量	1	共4张	第1张
制图		技师训练试题			
审核					

件2

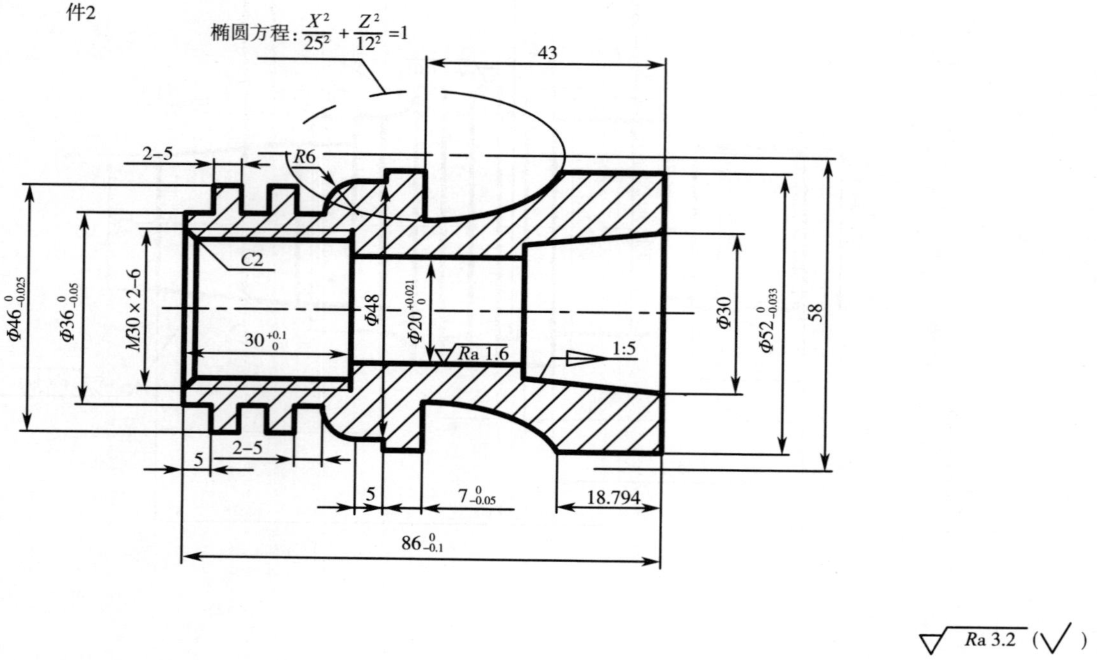

技术要求

1.未注倒角C1；

2.未注公差尺寸按GB 1804–M；

3.不允许使用砂布、锉刀等修饰加工面。

技师–20		材料	45	比例	1:1
		数量	1	共4张	第2张
制图			技师训练试题		
审核					

配合1

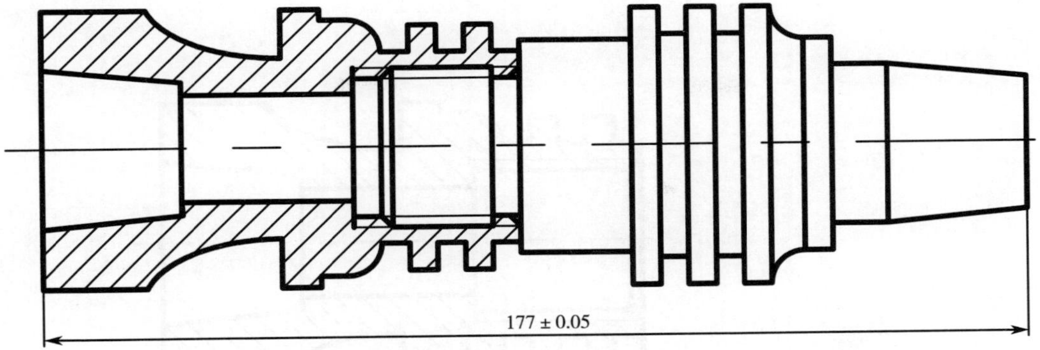

配合2

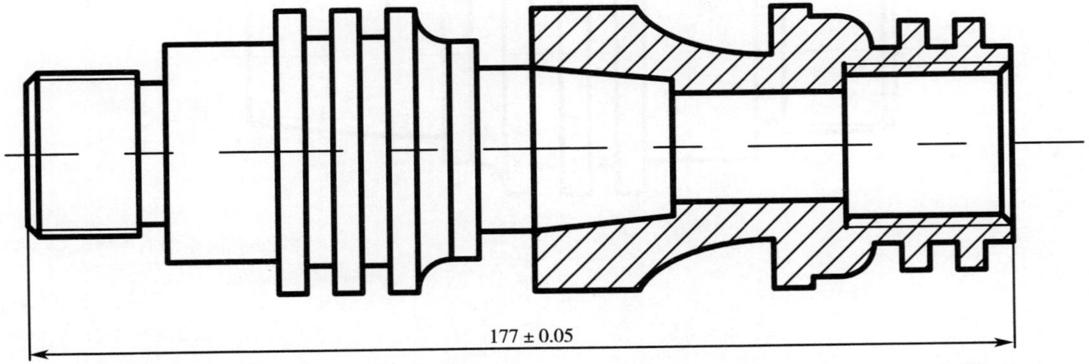

技师-20			材料	45	比例	1:1
			数量	1	共4张	第3张
制图			技师训练试题			
审核						

配合3

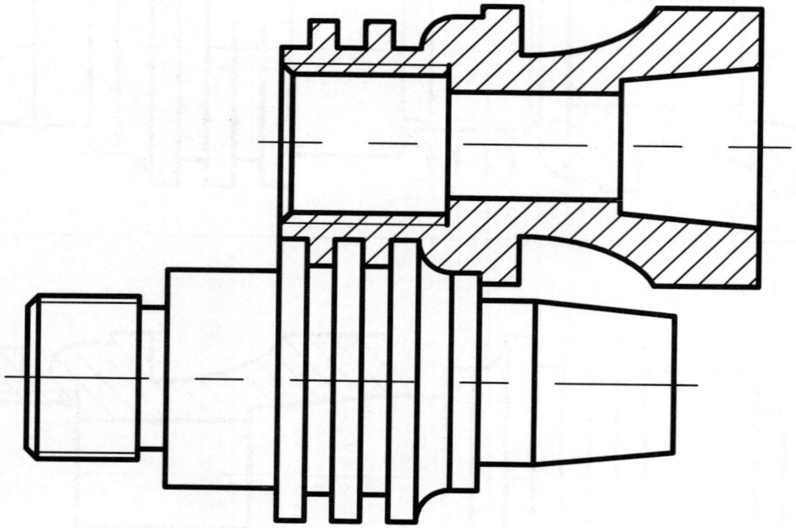

技术要求

1.未注倒角$C1$；

2.未注公差尺寸按GB 1804–M;

3.不允许使用砂布、锉刀等修饰加工面。

技师-20		材料	45	比例	1:1
		数量	1	共4张	第4张
制图			技师训练试题		
审核					

1.3.20 技师训练试题 –20 评分标准

项目	序号	技术要求	占分	评分标准	实测	得分	项目	序号	技术要求	占分	评分标准	实测	得分
零件1	1	$\Phi40^{0}_{-0.025}$，粗糙度 $Ra1.6$	3/1	超差不得分，降级不得分			零件2	15	$\Phi52^{0}_{-0.033}$，$Ra3.2$	3/1	超差不得分，降级不得分		
	2	$\Phi52^{0}_{-0.033}$，粗糙度 $Ra1.6$	3/1	超差不得分，降级不得分				16	$\Phi20^{+0.021}_{0}$，$Ra1.6$	3/1	超差不得分，降级不得分		
	3	$\Phi30^{0}_{-0.025}$，粗糙度 $Ra3.2$	3/1	超差不得分，降级不得分				17	$M30\times2-6H$，$Ra3.2$	9/3	超差不得分，降级不得分		
	4	$M30\times2$—6g，$Ra3.2$	9/3	超差不得分，降级不得分				18	$86^{0}_{-0.1}$	1	超差不得分		
	5	$116^{0}_{-0.1}$	2	超差不得分				19	5	1	超差不得分		
	6	$20^{0}_{-0.1}$	2	超差不得分				20	椭圆，$Ra3.2$	2/1	超差不得分，降级不得分		
	7	$45^{0}_{-0.1}$	2	超差不得分				21	圆锥（1:5），$Ra3.2$	2/1	超差不得分，降级不得分		
	8	$35^{0}_{-0.1}$	1	超差不得分				22	$R6$，$Ra3.2$	2/1	超差不得分，降级不得分		
	9	沟槽 $2-5^{+0.05}_{0}$，$Ra3.2$	2/1	超差不得分，降级不得分				23	$C2$	1	不合格不得分		
	10	圆锥（1:5），$Ra1.6$	2/1	超差不得分，降级不得分			配合	24	装配成型	4	超差不得分		
	11	$R6$，$Ra1.6$	2/1	超差不得分，降级不得分				25	177 ± 0.05（2 处）	8	超差不得分		
	12	$C2$	1	不合格不得分				26	螺纹配合	4	松紧适宜得分		
零件2	13	$\Phi36^{0}_{-0.05}$，粗糙度 $Ra3.2$	3/1	超差不得分，降级不得分				27	端面槽配	3	超差不得分		
	14	$\Phi46^{0}_{-0.025}$，粗糙度 $Ra3.2$	3/1	超差不得分，降级不得分			合计						

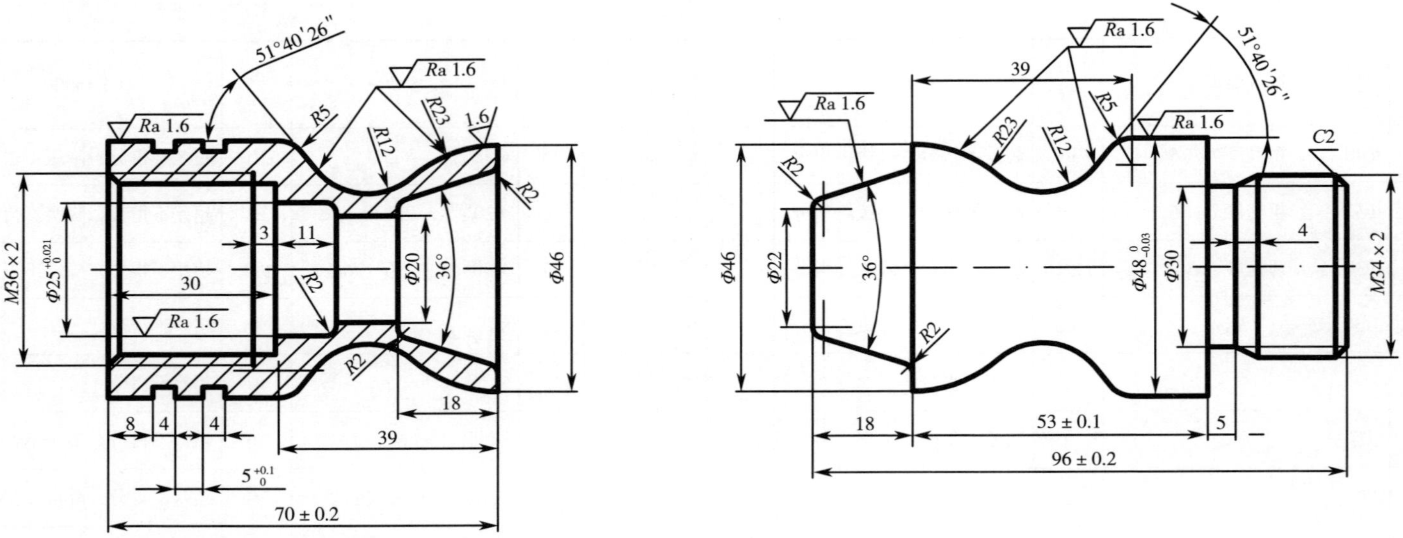

技术要求

1.未注倒角$C1$；

2.未注公差尺寸按GB 1804–M;

3.不允许使用砂布、锉刀等修饰加工面。

技师–21		材料	45	比例	1:1
		数量	1	共2张	第1张
制图		技师训练试题			
审核					

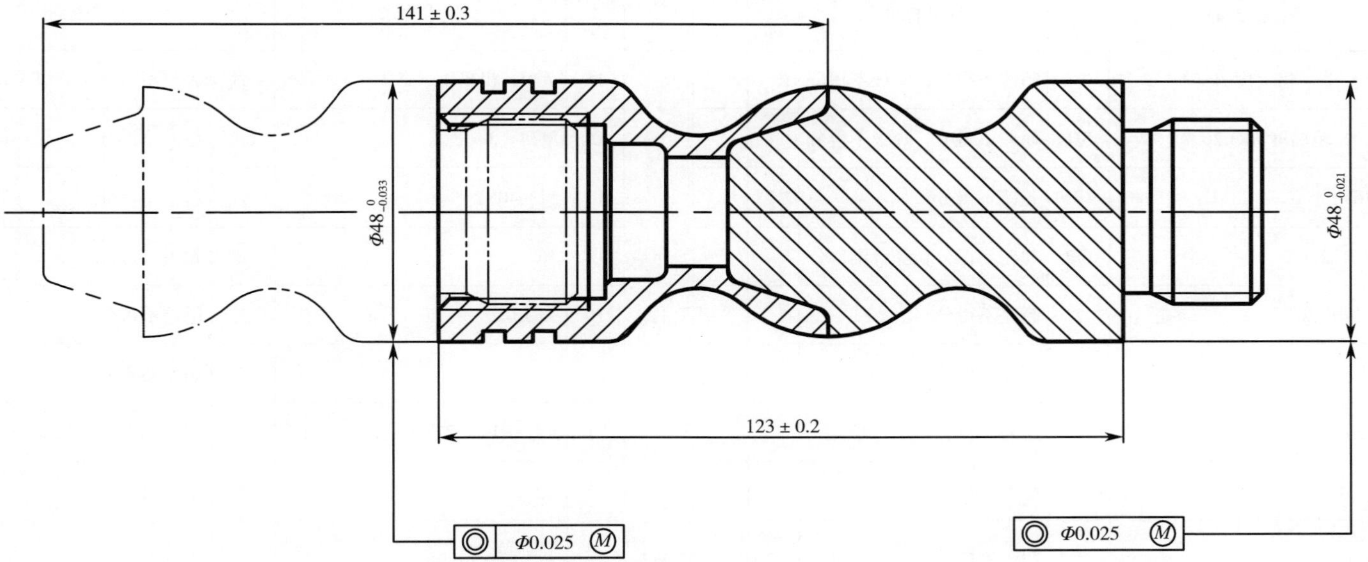

技术要求

1.未注倒角*C*1；
2.未注公差尺寸按GB 1804–*M*;
3.不允许使用砂布、锉刀等修饰加工面。

技师–21			材料	45	比例	1:1
			数量	1	共2张	第2张
制图			技师训练试题			
审核						

1.3.21 技师训练试题 -21 评分标准

项目	序号	技术要求	占分	评分标准	实测	得分	项目	序号	技术要求	占分	评分标准	实测	得分
零件1	1	$\Phi25_{0}^{+0.021}$，粗糙度 $Ra1.6$	3/1	超差不得分，降级不得分			零件2	15	$\Phi30$，粗糙度 $Ra3.2$	3/1	超差不得分，降级不得分		
	2	$\Phi20$，粗糙度 $Ra3.2$	3/1	超差不得分，降级不得分				16	$M34\times2$	6/2	超差不得分，降级不得分		
	3	$\Phi46$	3	超差不得分				17	51° 40′ 26″	2	超差不得分		
	4	$M36\times2$	6/2	超差不得分，降级不得分				18	36°	2	超差不得分		
	5	51° 40′ 26″	2	超差不得分				19	95 ± 0.2	2	超差不得分		
	6	36°	2	超差不得分				20	53 ± 0.1	2	超差不得分		
	7	70 ± 0.2	3	超差不得分				21	$R5$，$R12$，$R23$，粗糙度 $Ra1.6$	8	超差不得分，降级不得分		
	8	2 — 4	4	超差不得分				22	$C2$	2	不合格不得分		
	9	$5_{0}^{+0.1}$	2	超差不得分				23	倒圆角 $R2$	3	不合格不得分		
	10	18	2	超差不得分			配合	24	配合尺寸 141 ± 0.3	3	超差不得分		
	11	$R5$，$R12$，$R23$，粗糙度 $Ra3.2$	8	超差不得分，降级不得分				25	配合尺寸 123 ± 0.2	3	超差不得分		
	12	倒圆角 $R2$	5	不合格不得分				26	螺纹配合	3	松紧适宜得分		
零件2	13	$\Phi46$	3	超差不得分				27	◎ 0.025 Ⓛ Ⓜ	4	超差 0.01mm 扣 1 分		
	14	$\Phi48_{-0.03}^{0}$，粗糙度 $Ra1.6$	3/1	超差不得分，降级不得分			合计 2						

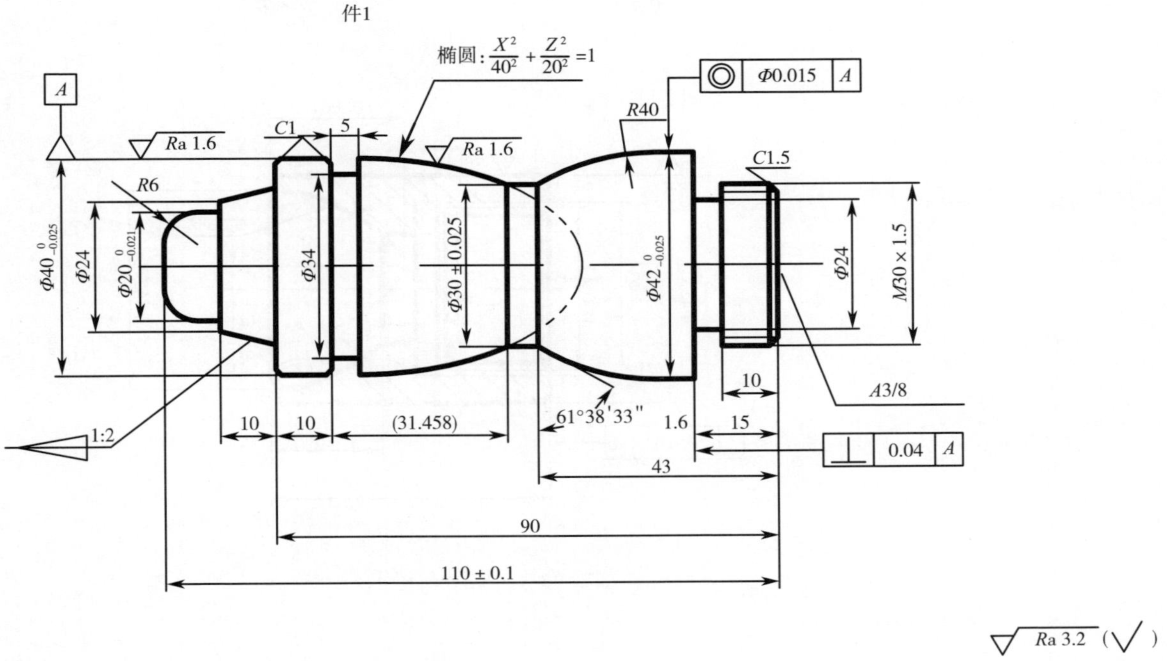

技术要求

1.未注倒角$C1$；

2.未注公差尺寸按GB 1804–M;

3.不允许使用砂布、锉刀等修饰加工面。

技师–22		材料	45	比例	1:1
		数量	1	共3张	第1张
制图		技师训练试题			
审核					

件2

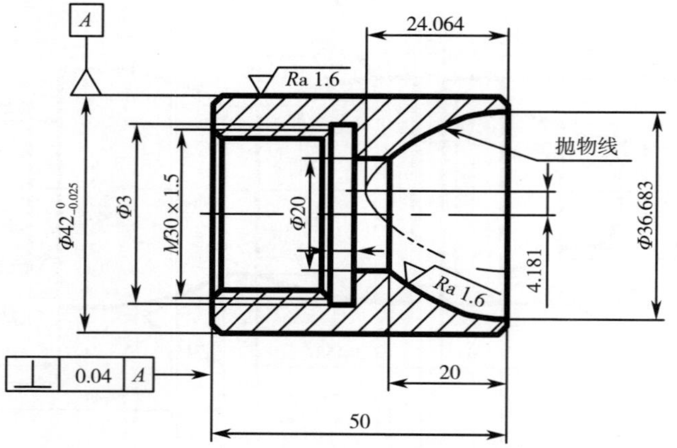

技术要求

1.未注倒角C1；
2.未注公差尺寸按GB 1804–M;
3.不允许使用砂布、锉刀等修饰加工面。

技师–22			材料	45	比例	1:1
			数量	1	共3张	第2张
制图			技师训练试题			
审核						

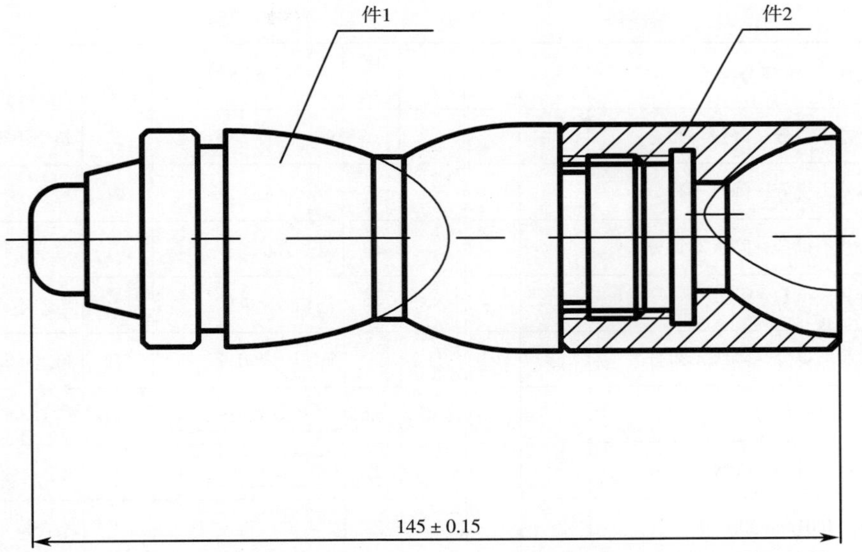

技师–22		材料	45	比例	1:1
		数量	1	共3张	第3张
制图			技师训练试题		
审核					

1.3.22 技师训练试题 -22 评分标准

项目	序号	技术要求	占分	评分标准	实测	得分	项目	序号	技术要求	占分	评分标准	实测	得分
零件1	1	$\Phi42_{-0.025}^{0}$，$Ra1.6$	3/1	超差不得分，降级不得分			零件2	16	90	2	超差不得分		
	2	$\Phi20$，$Ra3.2$	3/1	超差不得分，降级不得分				17	$R40$，$Ra3.2$	2/1	超差不得分，降级不得分		
	3	$\Phi32$，$Ra3.2$	3/1	超差不得分，降级不得分				18	$R6$，$Ra3.2$	2/1	超差不得分，降级不得分		
	4	50	2	超差不得分				19	沟槽 $5\times\Phi24$	2	超差不得分		
	5	$M30\times1.5$ 中径	6/1	超差不得分，降级不得分				20	椭圆，$Ra1.6$	3/1	超差不得分，降级不得分		
	6	3 － $C1$	3	不合格不得分				21	◎ | ∅0.015 | B	4	超差不得分，降级不得分		
	7	抛物线	3	超差不得分，降级不得分				22	⊥ | 0.015 | A	4	超差不得分，降级不得分		
	8	⊥ | 0.04 | A	4	超差 0.01mm 扣 1 分				23	2 － $C1$	2	不合格不得分		
零件2	9	$\Phi40_{-0.025}^{0}$，$Ra1.6$	3/1	超差不得分，降级不得分				24	$C1.5$	1	不合格不得分		
	10	$\Phi42_{-0.025}^{0}$，$Ra3.2$	3/1	超差不得分，降级不得分			配合	25	螺纹配合	4	松紧适宜		
	11	$\Phi20_{-0.021}^{0}$，$Ra3.2$	3/1	超差不得分，降级不得分				26	装配成型	4	超差不得分		
	12	$\Phi30\pm0.025$，$Ra3.2$	3/1	超差不得分，降级不得分				27	145 ± 0.15	4	超差不得分		
	13	圆锥，粗糙度 $Ra3.2$	2/1	超差不得分，降级不得分				28	1 ± 0.1、2 ± 0.1	4	超差不得分		
	14	$M30\times1.5$ 中径	6/1	超差不得分，降级不得分			注意事项	工件必须完整，工件局部无缺陷（如夹伤、划痕等）					
	15	110 ± 0.1	2	超差不得分			总计						

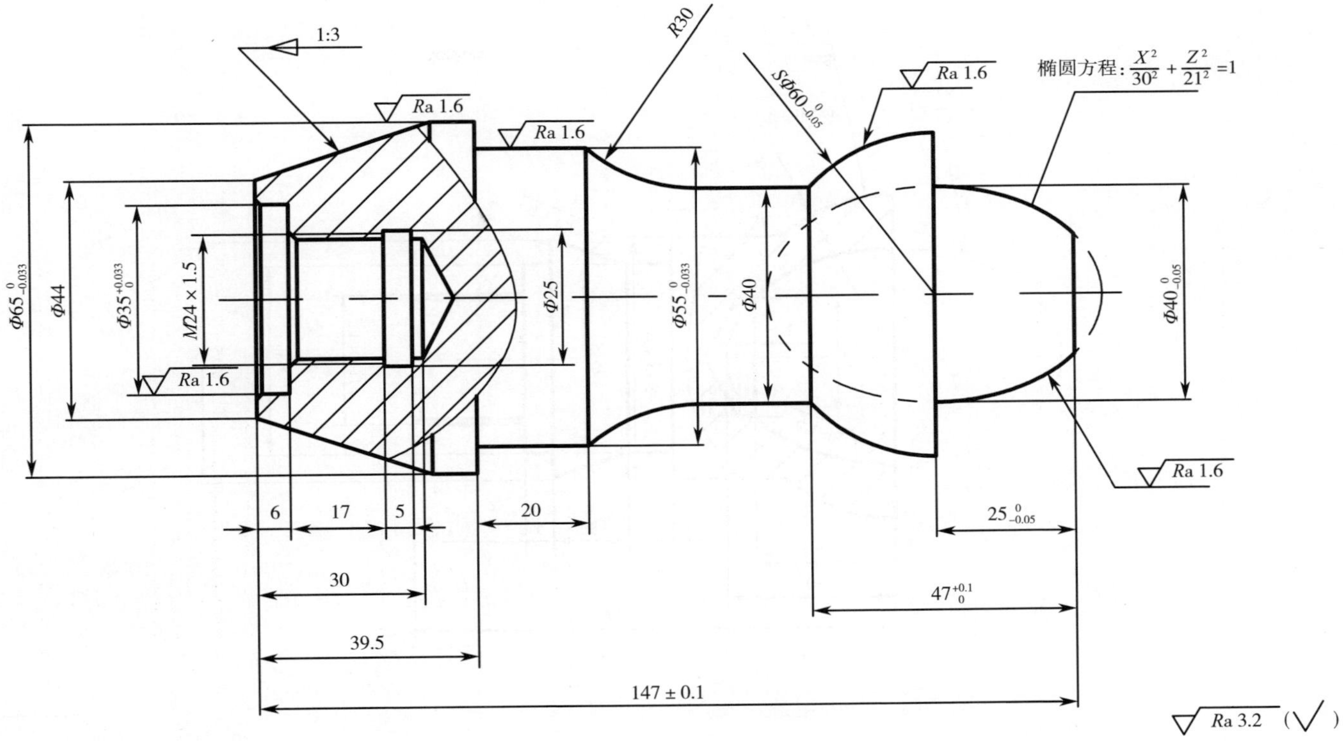

技术要求

1.未注倒角$C1$；

2.未注公差尺寸按GB 1804–M;

3.不允许使用砂布、锉刀等修饰加工面。

技师–23	材料	45	比例	1:1
	数量	1	共4张	第1张
制图			技师训练试题	
审核				

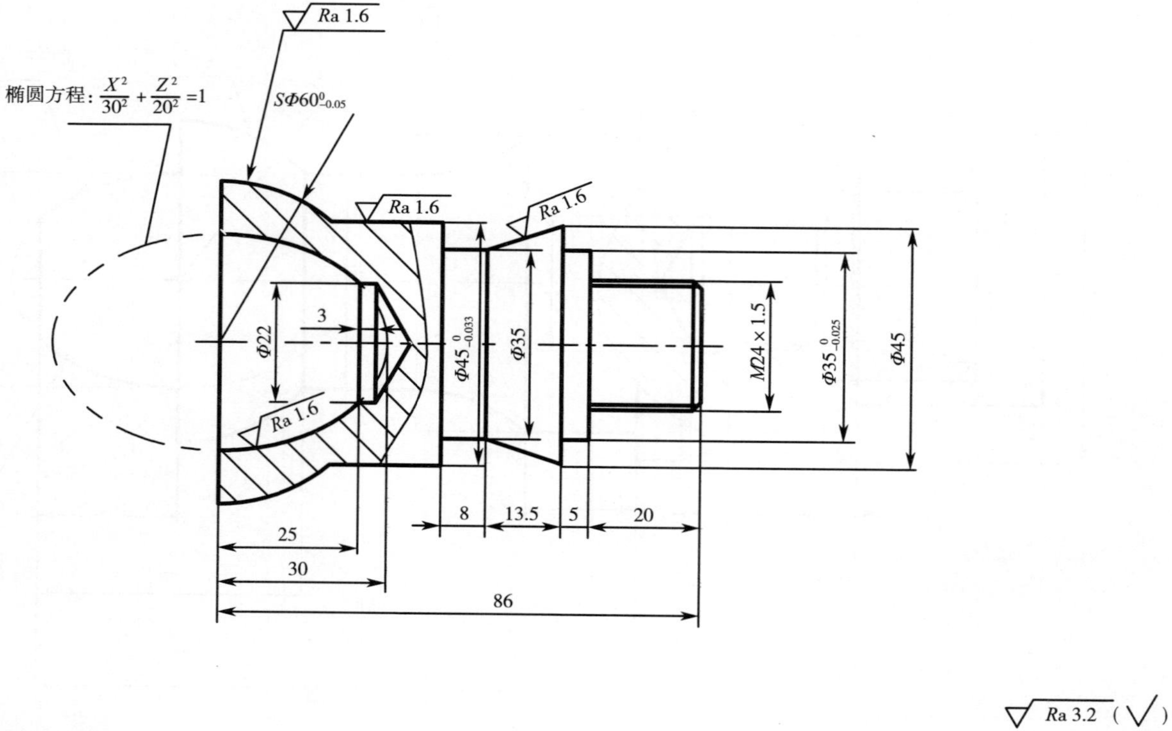

技术要求

1.未注倒角*C*1；

2.未注公差尺寸按GB 1804–*M*;

3.不允许使用砂布、锉刀等修饰加工面。

技师–23		材料	45	比例	1:1
		数量	1	共4张	第2张
制图			技师训练试题		
审核					

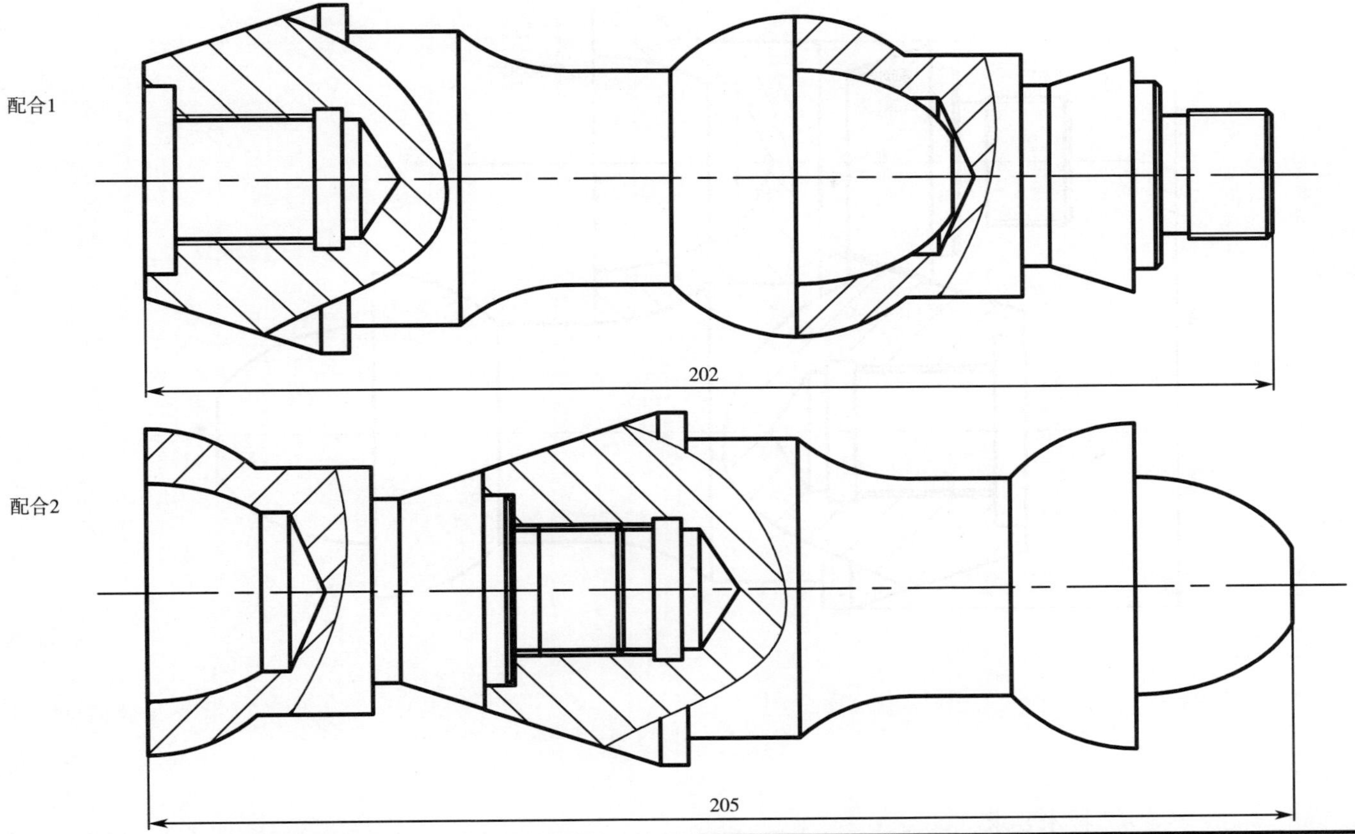

技术要求

1.配合1：椭圆接触面积额大于50%；
合模后球径小于0.05；
2.配合1：配合后，母线直线度误差小于0.04。

技师–23			材料	45	比例	1:1
			数量	1	共4张	第3张
制图			技师训练试题			
审核						

配合3

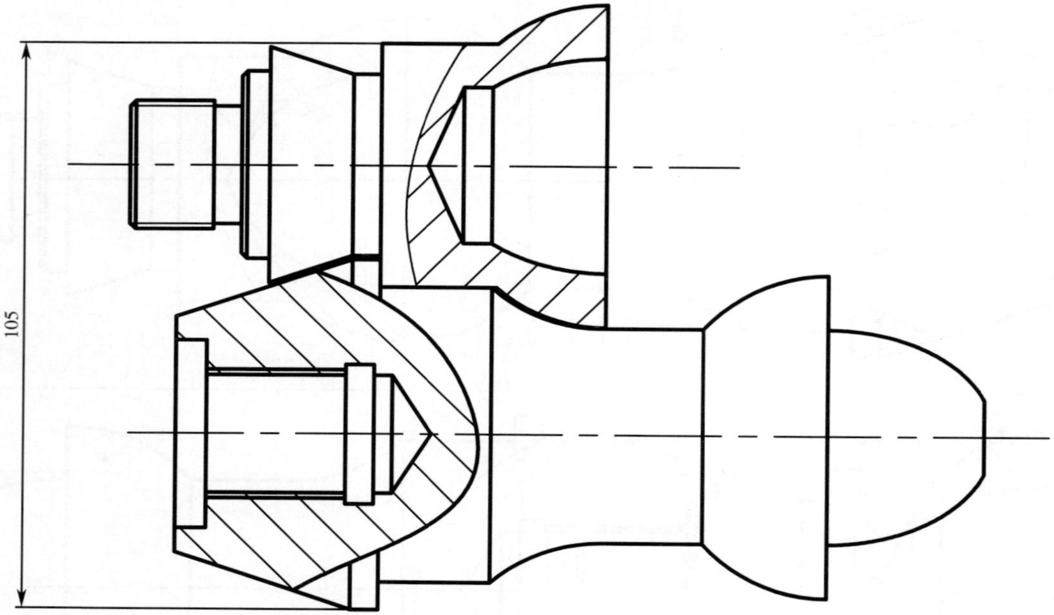

技术要求

配合3：漏光检查，最大缝隙小于0.05。

技师–23		材料	45	比例	1:1
		数量	1	共4张	第4张
制图			技师训练试题		
审核					

1.3.23 技师训练试题 -23 评分标准

项目	序号	技术要求	占分	评分标准	实测	得分
零件1	1	$\Phi35_{0}^{+0.033}$，粗糙度 *R*a1.6	3/1	超差不得分，降级不得分		
	2	$\Phi44$，粗糙度 *R*a3.2	3/1	超差不得分，降级不得分		
	3	$\Phi65_{-0.033}^{0}$，粗糙度 *R*a1.6	3/1	超差不得分，降级不得分		
	4	$\Phi40_{-0.05}^{0}$，粗糙度 *R*a1.6	3/1	超差不得分，降级不得分		
	5	*M*24 × 1.5 中径	9/3	超差不得分，降级不得分		
	6	147	3	超差不得分		
	7	39.5	2	超差不得分		
	8	$25_{-0.05}^{0}$	2	超差不得分		
	9	锥度（1:3），*R*a3.2	2/1	超差不得分，降级不得分		
	10	*R*30	2	超差不得分		
	11	$SR60_{-0.05}^{0}$，*R*a1.6	2/1	超差不得分，降级不得分		
零件2	12	$\Phi35_{-0.25}^{0}$，粗糙度 *R*a3.2	3/1	超差不得分，降级不得分		
	13	$\Phi45_{-0.033}^{0}$，粗糙度 *R*a1.6	3/1	超差不得分，降级不得分		
	14	$\Phi45$，粗糙度 *R*a1.6	3/1	超差不得分，降级不得分		
	15	*M*24 × 1.5 中径	9/3	超差不得分，降级不得分		
	16	86	2	超差不得分		
	17	20	2	超差不得分		
	18	锥度，*R*a1.6	2/1	超差不得分，降级不得分		
	19	$S\Phi60_{-0.05}^{0}$，*R*a1.6	2/1	超差不得分，降级不得分		
	20	椭圆，*R*a1.6	2/1	超差不得分，降级不得分		
配合	21	装配成型	6	超差不得分		
	22	最大缝隙小于 0.05	3	超差不得分		
	23	母线直线度小于 0.04	3	超差不得分		
	24	螺纹配合	4	松紧适宜		
	25	端面槽配	4	超差不得分		
总计						

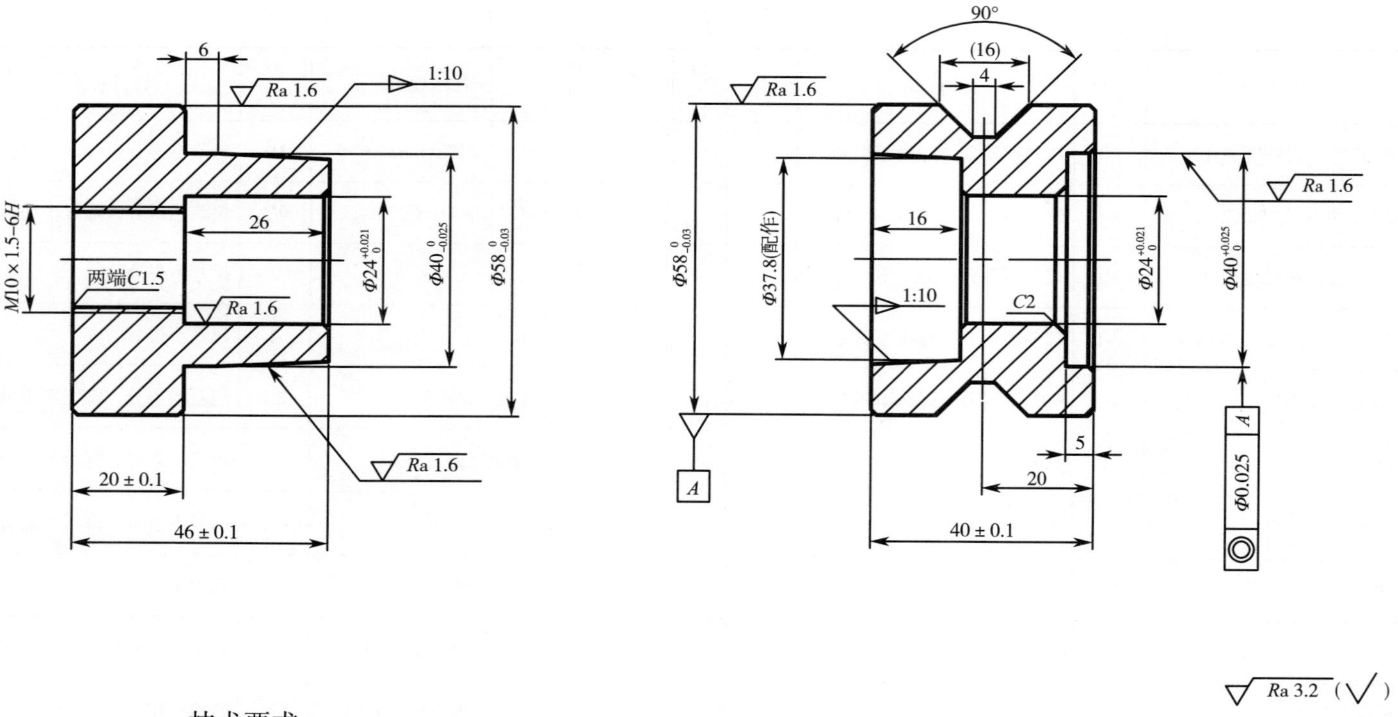

技术要求

1.未注倒角$C1$；

2.未注公差尺寸按GB 1804-M;

3.不允许使用砂布、锉刀等修饰加工面。

技师-24		材料	45	比例	1:1
		数量	1	共2张	第1张
制图			技师训练试题		
审核					

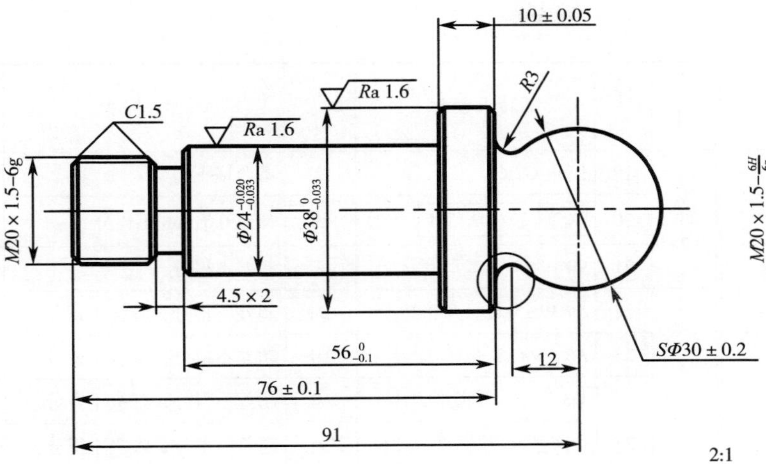

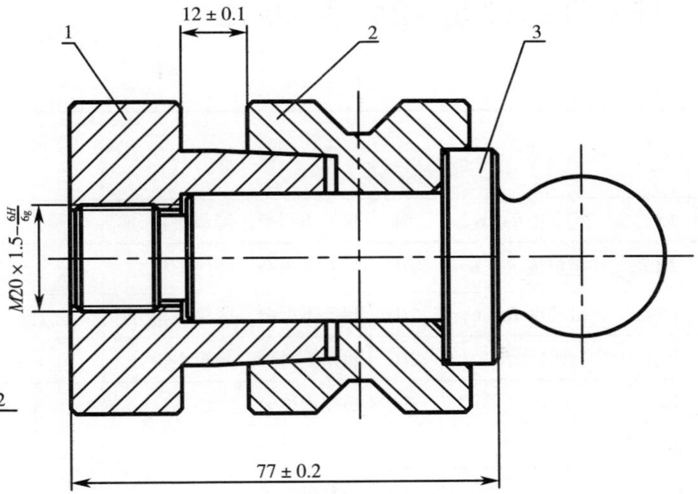

2:1

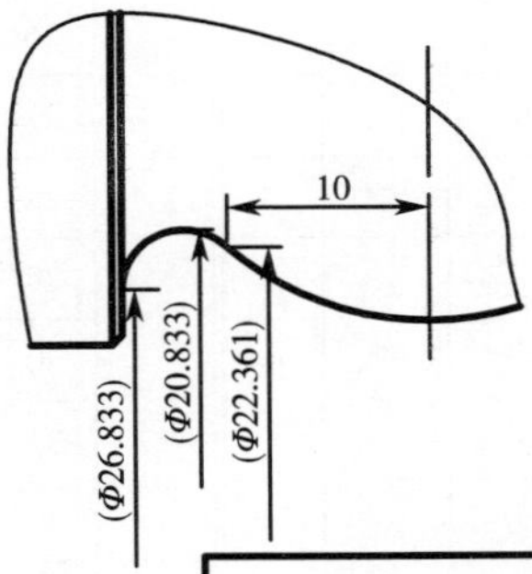

Ra 3.2 (√)

技术要求

1.未注倒角*C*1；

2.未注公差尺寸按GB 1804−*M*;

3.不允许使用砂布、锉刀等修饰加工面。

技师−24		材料	45	比例	1:1
		数量	1	共2张	第2张
制图			技师训练试题		
审核					

1.3.24 技师训练试题 -24 评分标准

项目	序号	技术要求	占分	评分标准	实测	得分	项目	序号	技术要求	占分	评分标准	实测	得分
零件1	1	$\Phi58^{0}_{-0.03}$，粗糙度 $Ra1.6$	2/1	超差不得分，降级不得分			零件2	19	倒角 $C2\backslash C1$	2	不合格不得分		
	2	$\Phi40^{0}_{-0.025}$，粗糙度 $Ra1.6$	2/1	超差不得分，降级不得分				20	◎ | $\varnothing0.02$ | A	3	超差 0.01mm 不得分		
	3	$\Phi24^{+0.021}_{0}$，粗糙度 $Ra1.6$	2/1	超差不得分，降级不得分				21	90°	2	超差不得分		
	4	46 ± 0.03，粗糙度 $Ra3.2$	2/1	超差不得分，降级不得分			零件3	22	$S\Phi30 \pm 0.02$，$Ra3.2$	2/1	超差不得分，降级不得分		
	5	26	1	超差不得分				23	$R3$，$Ra3.2$	2/1	超差不得分，降级不得分		
	6	20 ± 0.1	2	超差不得分				24	$\Phi38^{0}_{-0.033}$，粗糙度 $Ra1.6$	2/1	超差不得分，降级不得分		
	7	6	1	超差不得分				25	$\Phi24^{-0.02}_{-0.033}$，粗糙度 $Ra1.6$	2/1	超差不得分，降级不得分		
	8	$M20 \times 1.5\text{–}6H$，中径	8/2	超差不得分，降级不得分				26	$M20 \times 1.5\text{–}6g$	8/2	超差不得分，降级不得分		
	9	锥度（1:10），$Ra1.6$	2/1	超差不得分，降级不得分				27	76 ± 0.1	1	超差不得分		
	10	$C1.5$	1	不合格不得分				28	91	1	超差不得分		
	11	$C1$	1	不合格不得分				29	4.5 × 2 退刀槽	1	超差不得分		
零件2	12	$\Phi58^{0}_{-0.03}$，粗糙度 $Ra1.6$	2/1	超差不得分，降级不得分				30	10 ± 0.05	2	超差不得分		
	13	$\Phi40^{+0.025}_{0}$，粗糙度 $Ra1.6$	2/1	超差不得分，降级不得分				31	$C1.5$	1	不合格不得分		
	14	$\Phi24^{+0.021}_{0}$，粗糙度 $Ra3.2$	2/1	超差不得分，降级不得分				32	$C1$	1	不合格不得分		
	15	40 ± 0.1	2	超差不得分			配合	33	77 ± 0.2	6	超差不得分		
	16	16	1	超差不得分				34	12 ± 0.1	6	超差不得分		
	17	5	1	超差不得分				35	配合面积 70%	8	符合要求得分		
	18	圆锥（1:10），$Ra3.2$	2/1	超差不得分，降级不得分			总计						

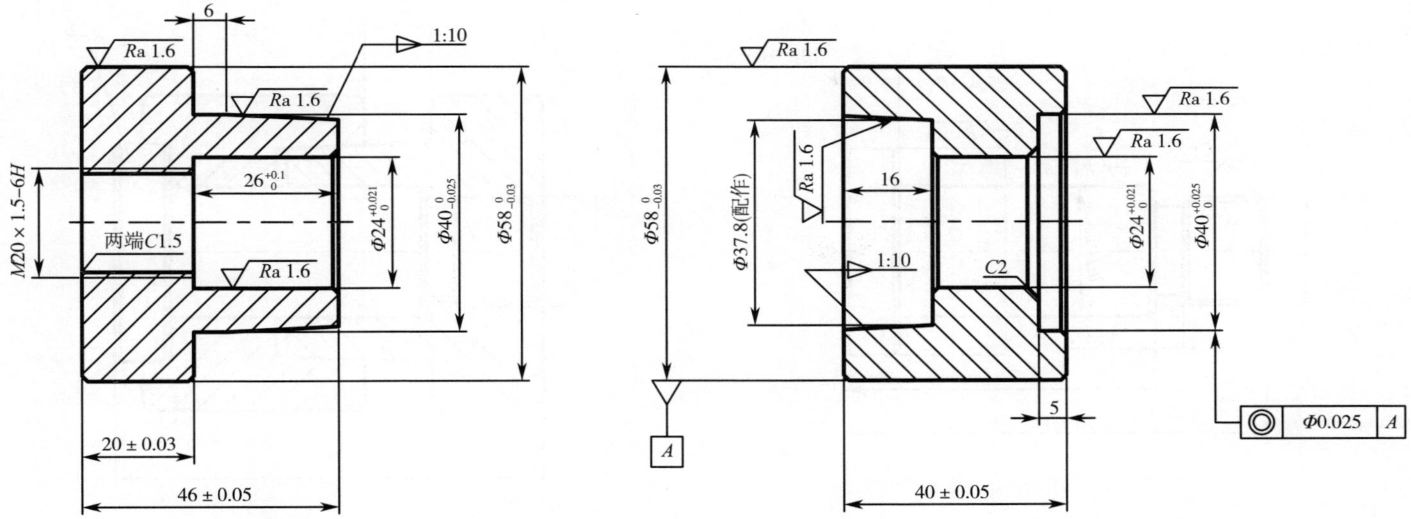

Ra 3.2 (√)

技术要求

1.未注倒角C1;

2.未注公差尺寸按GB 1804-M;

3.不允许使用砂布、锉刀等修饰加工面。

技师-25	材料	45	比例	1:1
	数量	1	共2张	第1张
制图			技师训练试题	
审核				

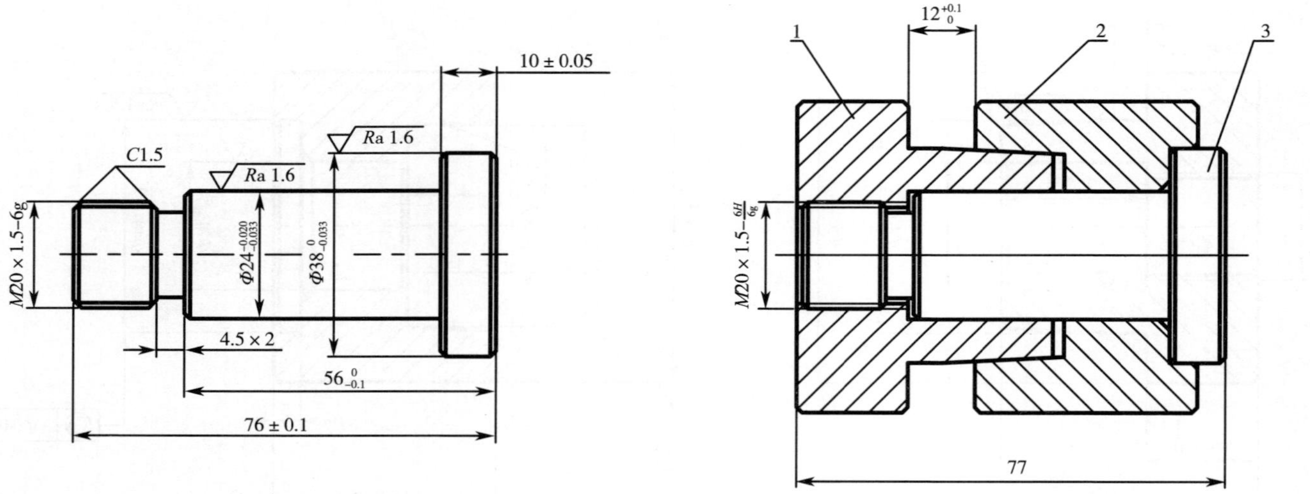

技术要求

1.未注倒角C1；

2.未注公差尺寸按GB 1804–M;

3.不允许使用砂布、锉刀等修饰加工面。

技师–25		材料	45	比例	1:1
		数量	1	共2张	第2张
制图			技师训练试题		
审核					

1.3.25 技师训练试题 -25 评分标准

项目	序号	技术要求	占分	评分标准	实测	得分	项目	序号	技术要求	占分	评分标准	实测	得分
零件1	1	$\Phi24_{0}^{+0.021}$，$Ra1.6$	2/1	超差不得分，降级不得分			零件3	17	◎ | $\varnothing$0.025 | A	5	超差 0.01mm 扣 1 分		
	2	$\Phi40_{-0.25}^{0}$，$Ra1.6$	2/1	超差不得分，降级不得分				18	$\Phi24_{-0.033}^{-0.020}$，粗糙度 $Ra1.6$	2/1	超差不得分，降级不得分		
	3	$\Phi58_{-0.03}^{0}$，$Ra1.6$	2/1	超差不得分，降级不得分				19	$\Phi38_{-0.033}^{0}$，粗糙度 $Ra1.6$	2/1	超差不得分，降级不得分		
	4	$M20\times1.5-6H$ 中径	9/3	超差不得分，降级不得分				20	76 ± 0.1	2	超差不得分		
	5	46 ± 0.05	1	超差不得分				21	10 ± 0.05	1	超差不得分		
	6	20 ± 0.03	1	超差不得分				22	$M20\times1.5-6g$ 中径	9/3	超差不得分，降级不得分		
	7	圆锥（1:10），$Ra1.6$	3/1	超差不得分，降级不得分				23	4.5×2 退刀槽，$Ra3.2$	2/1	超差不得分，降级不得分		
	8	$C1.5$	2	不合格不得分				24	$C1.5$	2	不合格不得分		
	9	$C1$	1	不合格不得分				25	$C1$	1	不合格不得分		
零件2	10	$\Phi24_{0}^{+0.021}$，$Ra1.6$	2/1	超差不得分，降级不得分			配合	26	装配成型	5	超差不得分		
	11	$\Phi40_{0}^{+0.021}$，$Ra1.6$	2/1	超差不得分，降级不得分				27	77	3	超差不得分		
	12	$\Phi58_{-0.03}^{0}$，$Ra1.6$	2/1	超差不得分，降级不得分				28	$12_{0}^{+0.1}$	3	超差不得分		
	13	40 ± 0.1	1	超差不得分，降级不得分				29	螺纹配合	3	松紧适宜得分		
	14	圆锥（1:10）	3/1	超差不得分				30	端面槽配	3	超差不得分		
	15	$C2$	2	不合格不得分				31	锥度基础面积不小于 70%	3	符合要求得分		
	16	$C1$	2	不合格不得分			总计						

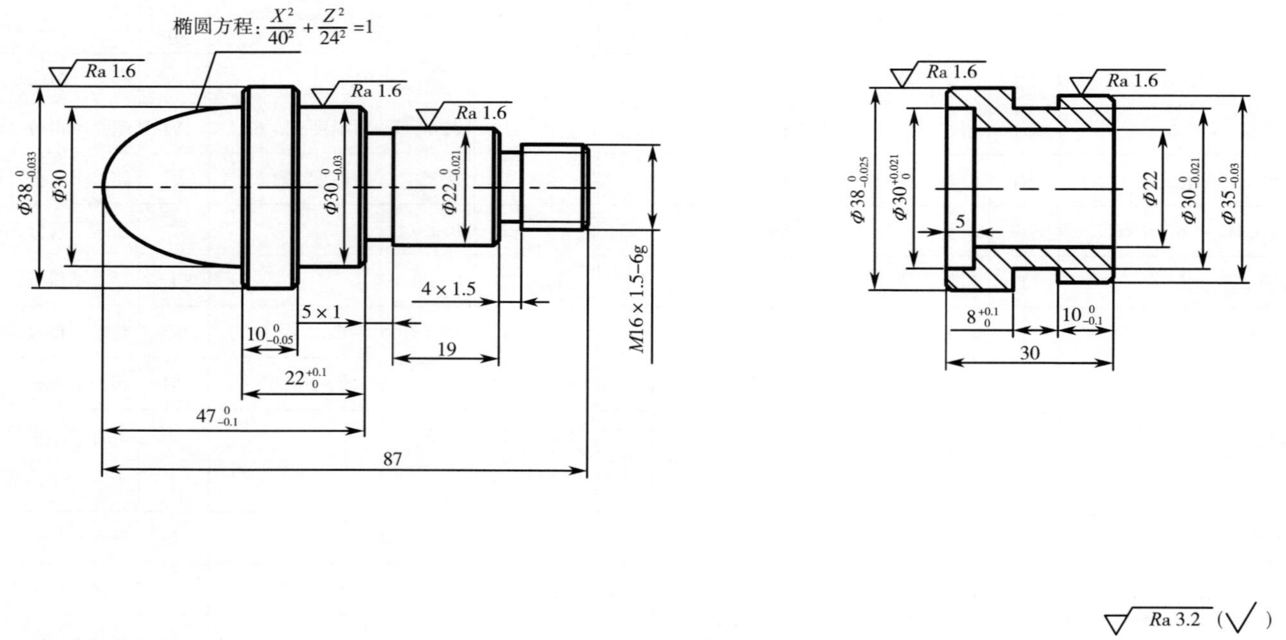

技术要求

1.未注倒角$C1$；
2.未注公差尺寸按GB 1804-M;
3.不允许使用砂布、锉刀等修饰加工面。

技师-26		材料	45	比例	1:1
		数量	1	共2张	第1张
制图			技师训练试题		
审核					

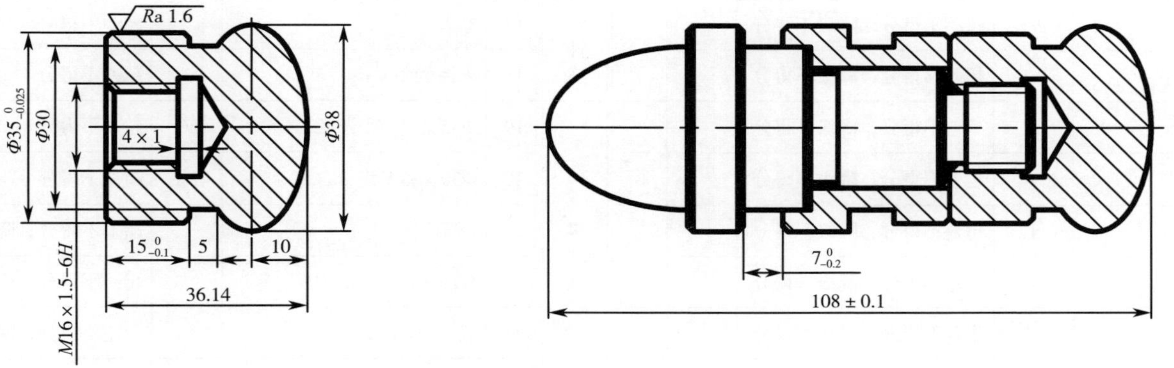

$\sqrt{Ra\ 3.2}$ ($\sqrt{}$)

技术要求

1.未注倒角*C*1；
2.未注公差尺寸按GB 1804−*M*;
3.不允许使用砂布、锉刀等修饰加工面。

技师−26			材料	45	比例	1:1
			数量	1	共2张	第2张
制图			技师训练试题			
审核						

1.3.26 技师训练试题 -26 评分标准

项目	序号	技术要求	占分	评分标准	实测	得分	项目	序号	技术要求	占分	评分标准	实测	得分
零件1	1	$\Phi22^{0}_{-0.021}$，$Ra1.6$	2/1	超差不得分，降级不得分			零件2	17	$8^{+0.1}_{0}$	2	超差不得分		
	2	$\Phi30^{0}_{-0.03}$，$Ra1.6$	2/1	超差不得分，降级不得分				18	未注倒角 $C1$	3	超差不得分		
	3	$\Phi38^{0}_{-0.033}$，$Ra1.6$	2/1	超差不得分，降级不得分			零件3	19	$\Phi35^{0}_{-0.052}$，粗糙度 $Ra1.6$	2/1	超差不得分		
	4	87	1	超差不得分，降级不得分				20	$\Phi30$，粗糙度 $Ra3.2$	2/1	超差不得分		
	5	$47^{0}_{-0.1}$	1	超差不得分，降级不得分				21	$15^{0}_{-0.1}$	1	超差不得分，降级不得分		
	6	$10^{0}_{-0.05}$	1	超差不得分，降级不得分				22	$M16\times1.5-6H$ 中径	9/3	超差不得分，降级不得分		
	7	$M16\times1.5-6g$ 中径	9/3	超差不得分，降级不得分				23	椭圆，$Ra3.2$	3/1	超差不得分，降级不得分		
	8	未注倒角 $C1$	3	超差不得分				24	未注倒角 $C1$	3	超差不得分，降级不得分		
	9	椭圆，$Ra3.2$	2/1	超差不得分			配合	25	装配成型	5	超差不得分，降级不得分		
	10	退刀槽 4×1.5	3	超差不得分				26	$108.14^{+0.1}_{-0.2}$	3	超差不得分，降级不得分		
零件2	11	$\Phi22$，粗糙度 $Ra3.2$	2/1	超差不得分				27	$7^{0}_{-0.2}$	3	超差不得分，降级不得分		
	12	$\Phi30^{0}_{-0.021}$，$Ra3.2$	2/1	超差不得分				28	螺纹配合	3	超差不得分		
	13	$\Phi35^{0}_{-0.03}$，$Ra1.6$	2/1	超差不得分，降级不得分				29	端面槽配	3	超差不得分，降级不得分		
	14	$\Phi38^{0}_{-0.025}$，$Ra1.6$	2/1	不合格不得分				30	锐边去毛刺	3	不合格不得分		
	15	$\Phi30^{+0.021}_{0}$，$Ra3.2$	2/1	不合格不得分				31	工件必须完整，工件局部无缺陷（如夹伤、划痕等）				
	16	30	1	超差不得分，降级不得分			总计						

件1

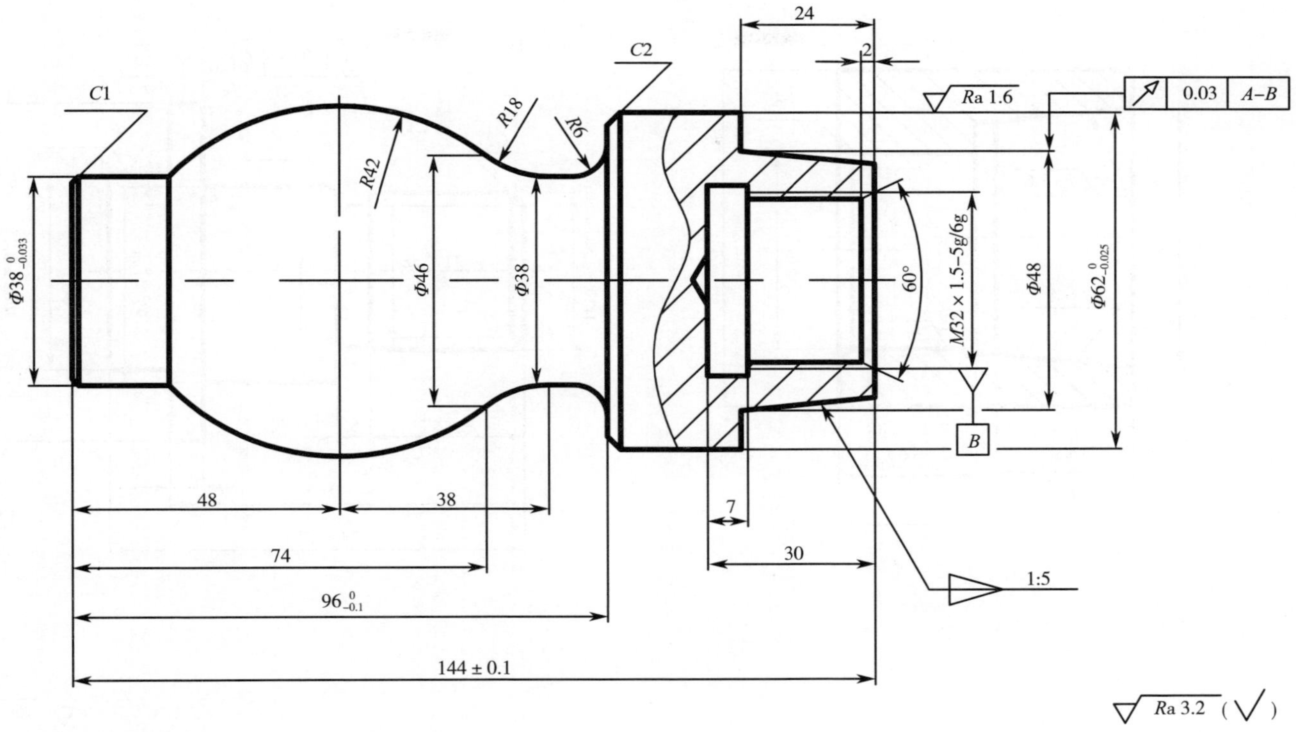

技术要求

1.未注倒角*C*1；

2.未注公差尺寸按GB 1804–*M*;

3.不允许使用砂布、锉刀等修饰加工面。

技师–27		材料	45	比例	1:1
		数量	1	共3张	第1张
制图			技师训练试题		
审核					

件2

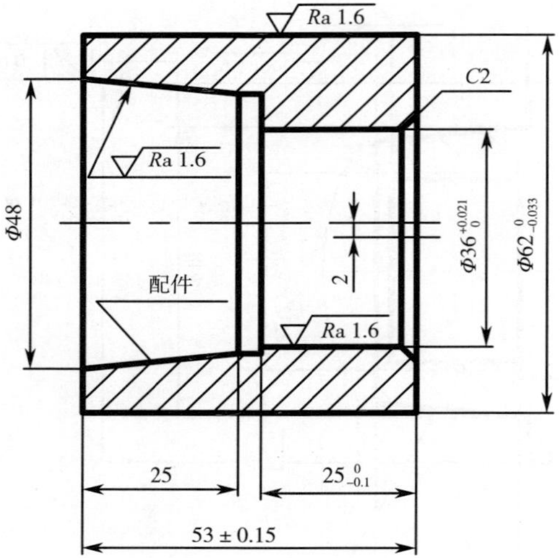

件2

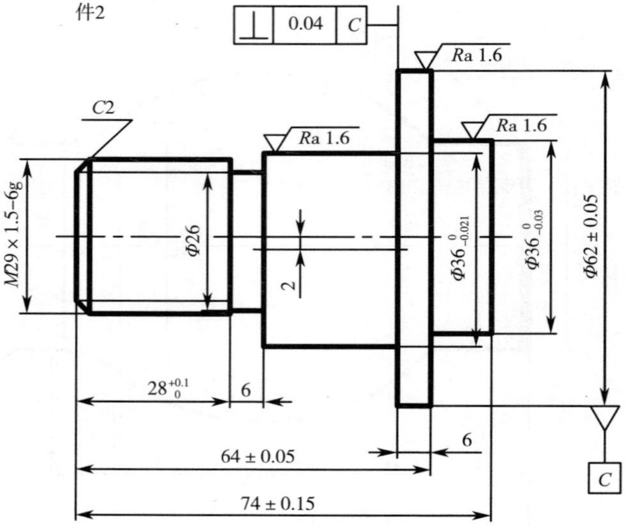

Ra 3.2 (√)

技术要求

1.未注倒角*C*1；

2.未注公差尺寸按GB 1804−*M*;

3.不允许使用砂布、锉刀等修饰加工面。

技师−27	材料	45	比例	1:1
	数量	1	共3张	第2张
制图			技师训练试题	
审核				

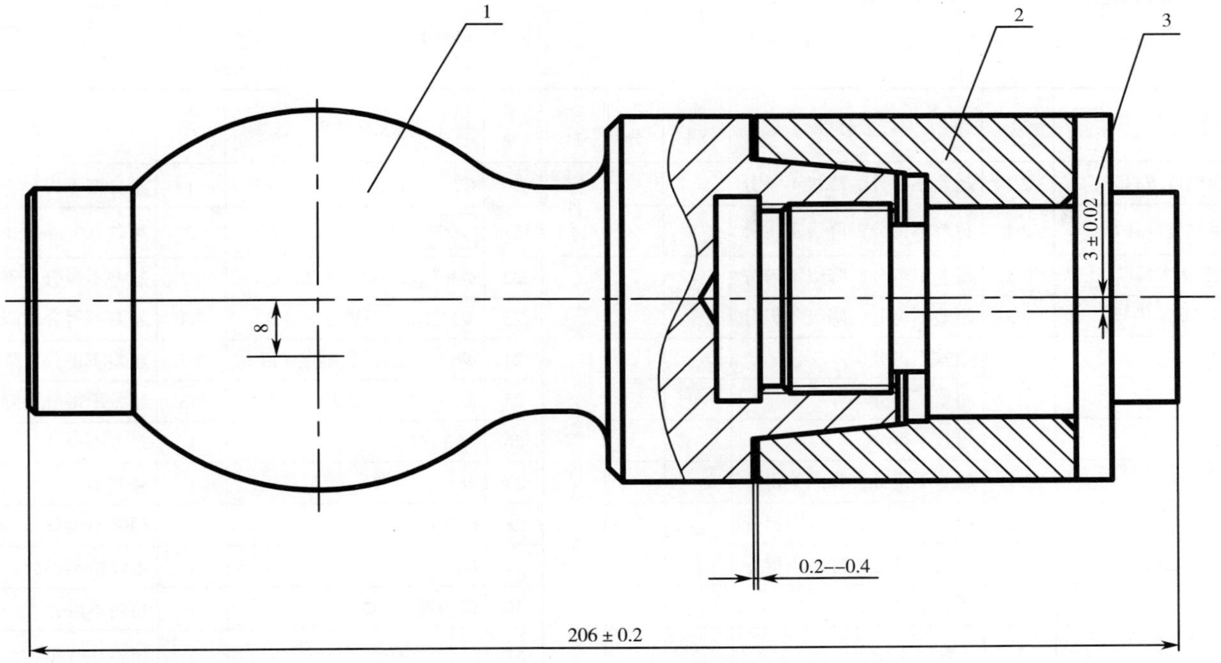

技术要求

1.未注倒角$C1$；

2.未注公差尺寸按GB 1804-M;

3.不允许使用砂布、锉刀等修饰加工面。

技师-27			材料	45	比例	1:1
			数量	1	共3张	第3张
制图			技师训练试题			
审核						

1.3.27 技师训练试题 -27 评分标准

项目	序号	技术要求	占分	评分标准	实测	得分
零件1	1	$\Phi38^{0}_{-0.033}$，粗糙度 $Ra3.2$	2/1	超差不得分，降级不得分		
	2	$\Phi62^{0}_{-0.025}$，粗糙度 $Ra1.6$	2/1	超差不得分，降级不得分		
	3	$\Phi38$，粗糙度 $Ra3.2$	2/1	超差不得分，降级不得分		
	4	$M32\times1.5$ — 5g/6g 中径	9/3	超差不得分，降级不得分		
	5	144 ± 0.1	1	超差不得分		
	6	$96^{0}_{-0.1}$	1	超差不得分		
	7	24	1	超差不得分		
	8	$R42$，$Ra3.2$	2/1	超差不得分，降级不得分		
	9	$R18$ ，$Ra3.2$	2/1	超差不得分，降级不得分		
	10	圆锥（1:5），$Ra3.2$	2/1	超差不得分，降级不得分		
	11	$C1$	1	不合格不得分		
	12	$C2$	1	不合格不得分		
	13	倒圆角 $R6$	1	不合格不得分		
	14	↗ | 0.03 | $A-B$	2	超差 0.01mm 扣 1 分		
零件2	15	$\Phi36^{+0.021}_{0}$，粗糙度 $Ra1.6$	2/1	超差不得分，降级不得分		
	16	$\Phi62^{0}_{-0.033}$，粗糙度 $Ra1.6$	2/1	超差不得分，降级不得分		
	17	$\Phi48$，粗糙度 $Ra1.6$	2/1	超差不得分，降级不得分		
	18	53 ± 0.15	1	超差不得分		
	19	圆锥粗糙度 $Ra1.6$	1	超差不得分，降级不得分		

项目	序号	技术要求	占分	评分标准	实测	得分
零件2	20	$C2$	1	不合格不得分		
	21	// | 0.02	2	超差 0.01mm 扣 1 分		
零件3	22	$\Phi36^{0}_{-0.02}$，粗糙度 $Ra1.6$	2/1	超差不得分，降级不得分		
	23	$\Phi36^{0}_{-0.021}$，粗糙度 $Ra1.6$	2/1	超差不得分，降级不得分		
	24	$\Phi62\pm0.05$，粗糙度 $Ra1.6$	2/1	超差不得分，降级不得分		
	25	$M29\times1.5$ — 5g/6g 中径	9/3	超差不得分，降级不得分		
	26	74 ± 0.15	1	超差不得分		
	27	$28^{+0.1}_{0}$	1	超差不得分		
	28	64 ± 0.05	1	超差不得分		
	29	$C2$	1	不合格不得分		
	30	退刀槽 $6\times\Phi26$	1	超差不得分		
	31	⊥ | 0.04 | C	2	超差 0.01mm 扣 1 分		
配合	32	装配成型	5	完成装配得分		
	33	158	4	超差不得分		
	34	螺纹配合	5	配合松紧适中		
	35	端面槽配	3	超差不得分		
	36	间隙缝隙小于 0.2~0.4mm	3	符合要求得分		
	37	工件必须完整，工件局部无缺陷（如夹伤、划痕等）				
总计						

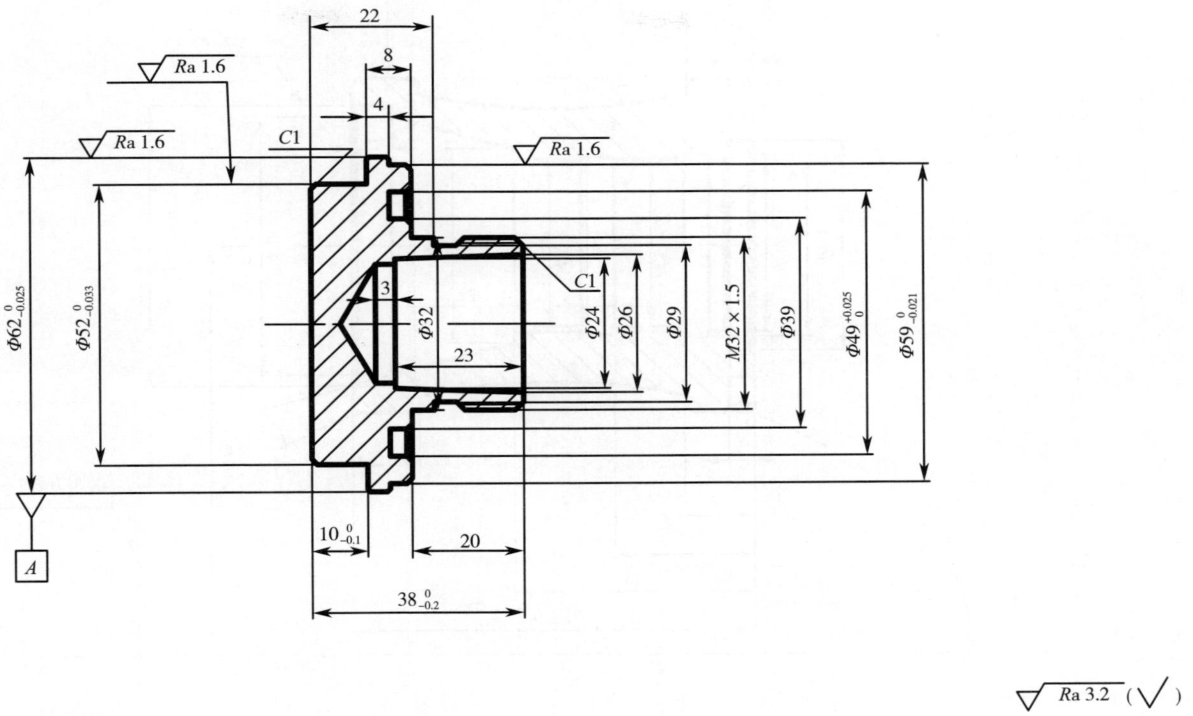

技术要求

1.未注倒角*C*1;

2.未注公差尺寸按GB 1804–*M*;

3.不允许使用砂布、锉刀等修饰加工面。

技师–28	材料	45	比例	1:1	
	数量	1	共3张	第1张	
制图			技师训练试题		
审核					

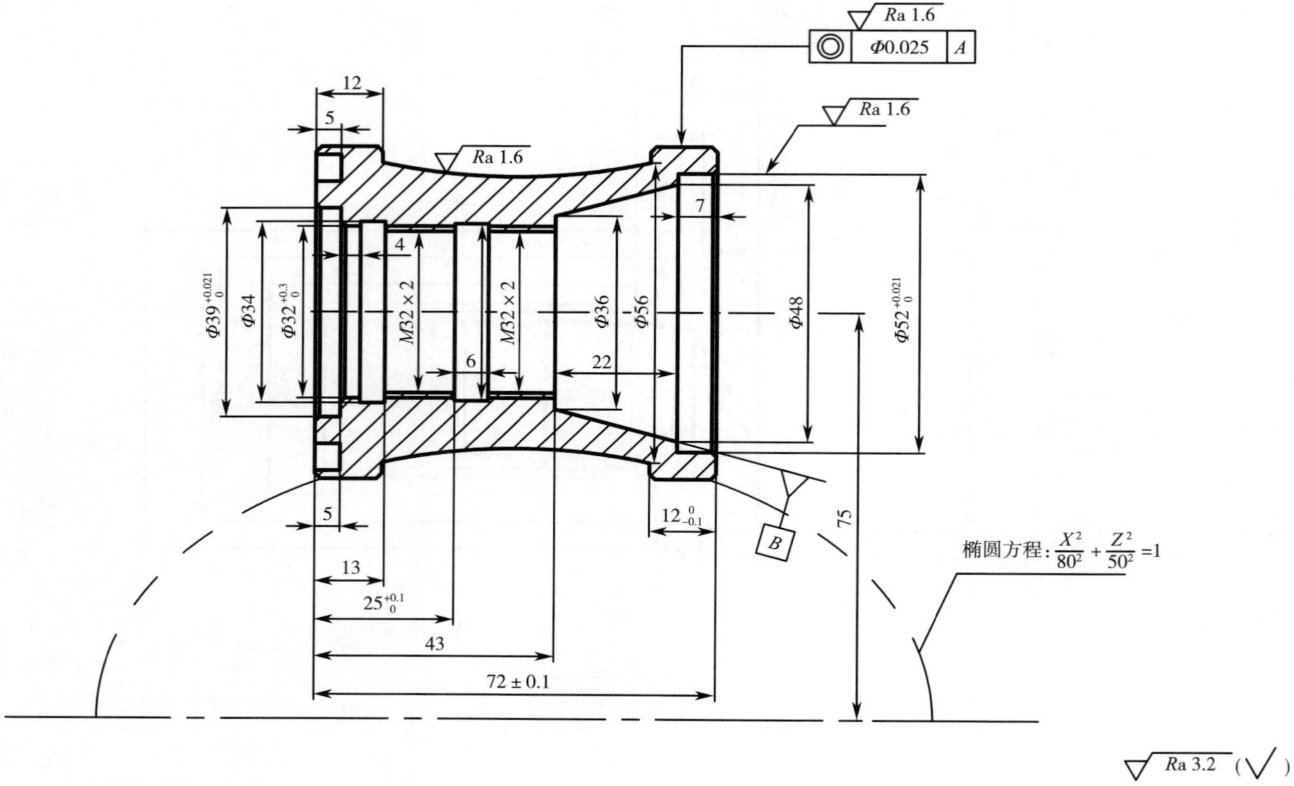

技术要求

1.未注倒角*C*1；

2.未注公差尺寸按GB 1804–*M*;

3.不允许使用砂布、锉刀等修饰加工面。

技师–28		材料	45	比例	1:1
		数量	1	共3张	第2张
制图		技师训练试题			
审核					

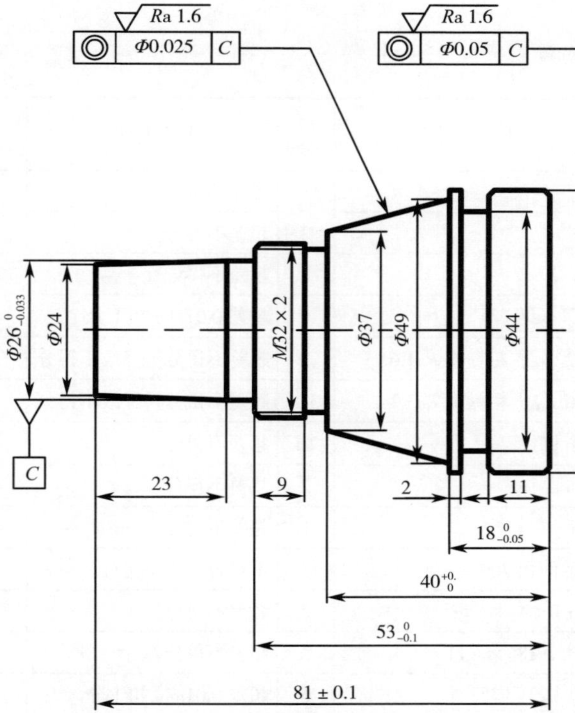

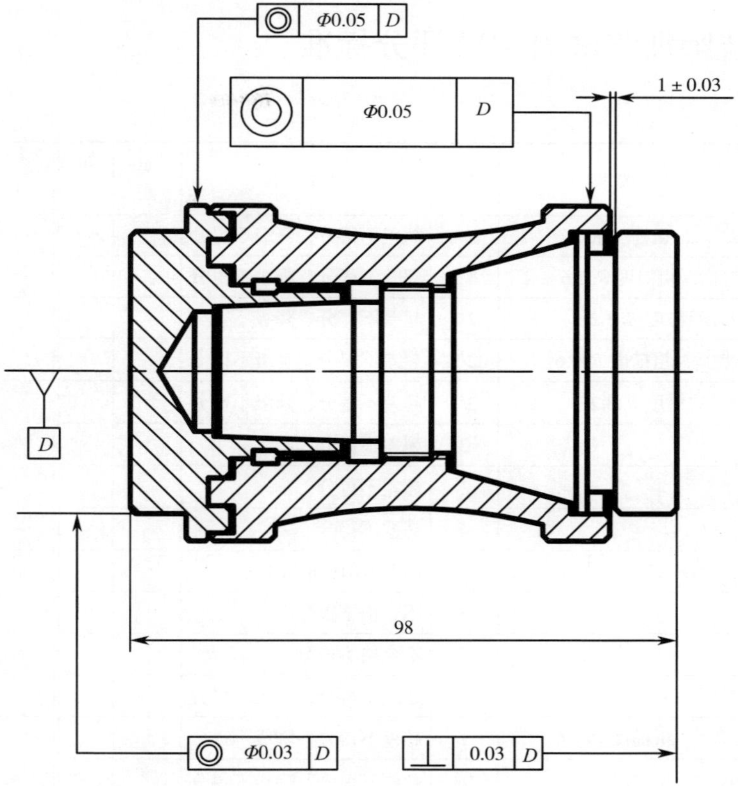

技术要求

1.未注倒角*C*1；

2.未注公差尺寸按GB 1804–*M*;

3.不允许使用砂布、锉刀等修饰加工面。

技师–28			材料	45	比例	1:1
			数量	1	共3张	第3张
制图			技师训练试题			
审核						

1.3.28 技师训练试题 -28 评分标准

项目	序号	技术要求	占分	评分标准	实测	得分	项目	序号	技术要求	占分	评分标准	实测	得分
零件1	1	$\Phi62^{0}_{-0.025}$，粗糙度 *Ra*1.6	3/1	超差不得分，降级不得分			零件2	19	43	1	超差不得分		
	2	$\Phi52^{0}_{-0.03}$，粗糙度 *Ra*1.6	3/1	超差不得分，降级不得分				20	$25^{+0.1}_{0}$	2	超差不得分		
	3	$\Phi32$，粗糙度 *Ra*3.2	2/1	超差不得分，降级不得分				21	13，7	2	超差不得分		
	4	$\Phi59^{0}_{-0.021}$，粗糙度 *Ra*1.6	2/1	超差不得分，降级不得分				22	◎ ∅0.025 B	6	超差 0.01mm 扣 1 分		
	5	$\Phi29$，粗糙度 *Ra*3.2	2/1	超差不得分，降级不得分			零件3	23	$\Phi52^{0}_{-0.033}$，粗糙度 *Ra*1.6	3	超差不得分，降级不得分		
	6	$38^{0}_{-0.2}$	2	超差不得分				24	$\Phi26^{0}_{-0.033}$，粗糙度 *Ra*3.2	3/1	超差不得分，降级不得分		
	7	23	1	超差不得分				25	$\Phi56$ 网纹	2/1	超差不得分		
	8	22，20，4	4	超差不得分				26	$\Phi44$	2	超差不得分		
	9	◎ ∅0.025 A	3	超差 0.01mm 扣 1 分				27	锥面	1	超差不得分		
	10	*C*1.5	3	不合格不得分				28	接触面积 70% 两处	3	不符合要求不得分		
	11	*C*1	3	不合格不得分				29	81 ± 0.1	2	超差不得分		
零件2	12	$\Phi62^{0}_{-0.033}$，粗糙度 *Ra*1.6	1	超差不得分，降级不得分				30	$40^{+0.1}_{0}$，$18^{0}_{-0.05}$，11	2	超差不得分		
	13	$\Phi52^{+0.021}_{0}$，粗糙度 *Ra*1.6	1	超差不得分，降级不得分			配合	31	◎ ∅0.025 C	6	超差 0.01mm 扣 1 分		
	14	$\Phi39^{+0.021}_{0}$，粗糙度 *Ra*3.2	2/1	超差不得分，降级不得分				32	◎ ∅0.05 D	3	超差 0.01mm 扣 1 分		
	15	$\Phi32^{+0.3}_{0}$，粗糙度 *Ra*3.2	2/1	超差不得分，降级不得分				33	⊥ 0.03 D	3	超差 0.01mm 扣 1 分		
	16	拟合度 60%	3/1	不符合要求不得分				34	缝隙 1 ± 0.03	3	超差不得分		
	17	72 ± 0.1	3/1	超差不得分				35	98 ± 0.05	3	超差不得分		
	18	$12^{0}_{-0.1}$	2	超差不得分			合计						

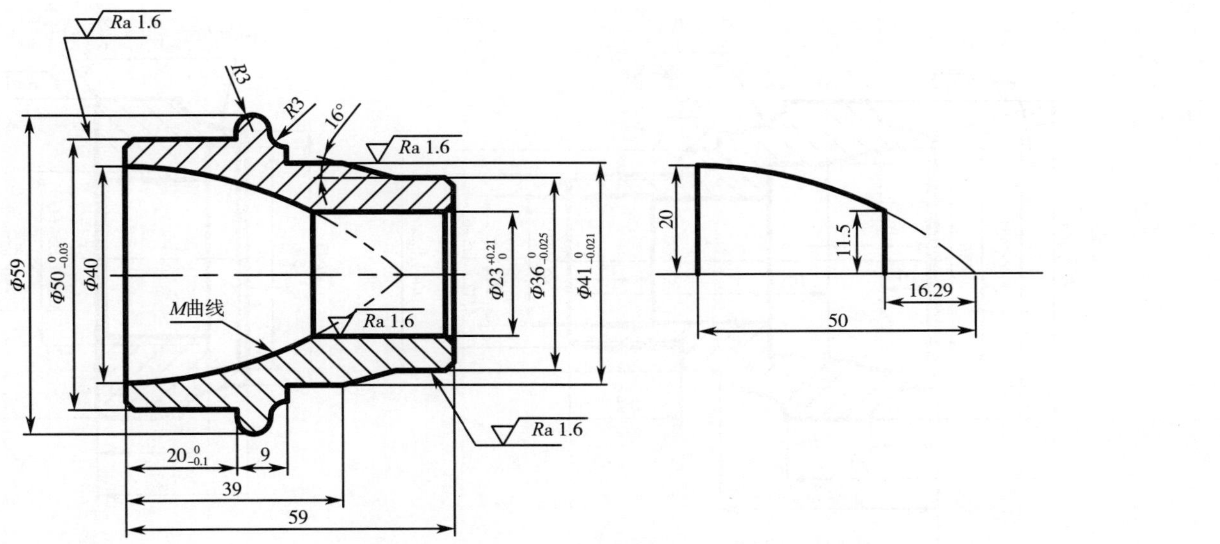

技术要求

1.未注倒角C1;
2.未注公差尺寸按GB 1804-M;
3.不允许使用砂布、锉刀等修饰加工面。

技师-29			材料	45	比例	1:1
			数量	1	共3张	第1张
制图			技师训练试题			
审核						

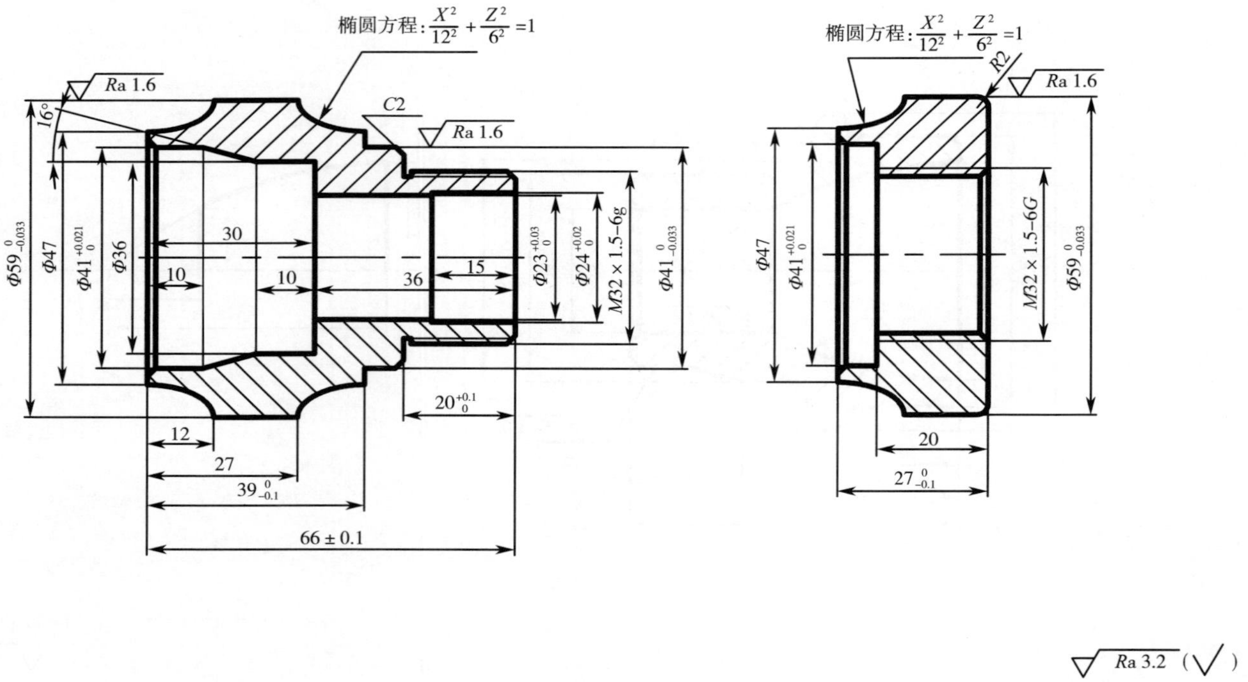

技术要求

1.未注倒角$C1$;
2.未注公差尺寸按GB 1804–M;
3.不允许使用砂布、锉刀等修饰加工面。

技师–29	材料	45	比例	1:1
	数量	1	共3张	第2张
制图			技师训练试题	
审核				

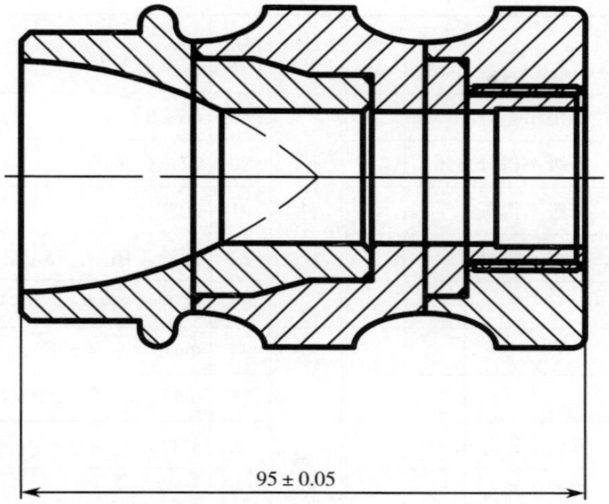

技师–29		材料	45	比例	1:1
		数量	1	共3张	第3张
制图			技师训练试题		
审核					

1.3.29 技师训练试题 -29 评分标准

项目	序号	技术要求	占分	评分标准	实测	得分	项目	序号	技术要求	占分	评分标准	实测	得分
零件1	1	$\Phi23_{0}^{+0.021}$，粗糙度 *R*a1.6	2/1	超差不得分，降级不得分			零件2	19	66 ± 0.1	1	超差不得分		
	2	$\Phi41_{-0.021}^{0}$，粗糙度 *R*a1.6	2/1	超差不得分，降级不得分				20	27	1	超差不得分		
	3	$\Phi50_{-0.03}^{0}$，粗糙度 *R*a1.6	2/1	超差不得分，降级不得分				21	$20_{0}^{+0.1}$	1	超差不得分		
	4	$\Phi36_{-0.025}^{0}$，粗糙度 *R*a1.6	2/1	超差不得分，降级不得分				22	圆锥（16°），*R*a3.2	1/1	超差不得分，降级不得分		
	5	59	1	超差不得分				23	椭圆，*R*a3.2	1/1	超差不得分，降级不得分		
	6	39	1	超差不得分			零件3	24	$\Phi41_{0}^{+0.021}$，粗糙度 *R*a3.2	2/1	超差不得分，降级不得分		
	7	$20_{-0.1}^{0}$	1	超差不得分				25	$\Phi59_{-0.022}^{0}$，粗糙度 *R*a1.6	2/1	超差不得分，降级不得分		
	8	*R*3（两处），*R*a3.2	1/1	超差不得分，降级不得分				26	*M*32 × 1.5 — 6g 中径	9/3	超差不得分，降级不得分		
	9	圆锥（16°），*R*a3.2	1/1	超差不得分，降级不得分				27	$27_{0}^{+0.1}$	1	超差不得分		
	10	*M* 曲线，*R*a3.2	1/1	超差不得分，降级不得分				28	椭圆，*R*a3.2	1/1	超差不得分，降级不得分		
	11	未注倒角 *C*1.5	2	不合格不得分				29	倒圆角 *R*2	1	不合格不得分		
零件2	12	$\Phi23_{0}^{+0.03}$，粗糙度 *R*a3.2	2/1	超差不得分，降级不得分				30	未注倒角 *C*1.5	2	不合格不得分		
	13	$\Phi24_{0}^{+0.02}$，粗糙度 *R*a3.2	2/1	超差不得分，降级不得分			配合	31	装配成型	5	超差不得分		
	14	$\Phi41_{-0.033}^{0}$，粗糙度 *R*a1.6	2/1	超差不得分，降级不得分				32	95	4	超差不得分		
	15	$\Phi36$，粗糙度 *R*a3.2	2/1	超差不得分，降级不得分				33	螺纹配合	4	配合松紧适中		
	16	$\Phi41_{0}^{+0.021}$，粗糙度 *R*a3.2	2/1	超差不得分，降级不得分				34	端面槽配	3	符合要求得分		
	17	$\Phi59_{-0.033}^{0}$，粗糙度 *R*a1.6	2/1	超差不得分，降级不得分			注意事项		工件必须完整，工件局部无缺陷（如夹伤、划痕等）				
	18	*M*32 × 1.5 — 6g 中径	9/3	超差不得分，降级不得分			总计						

件1

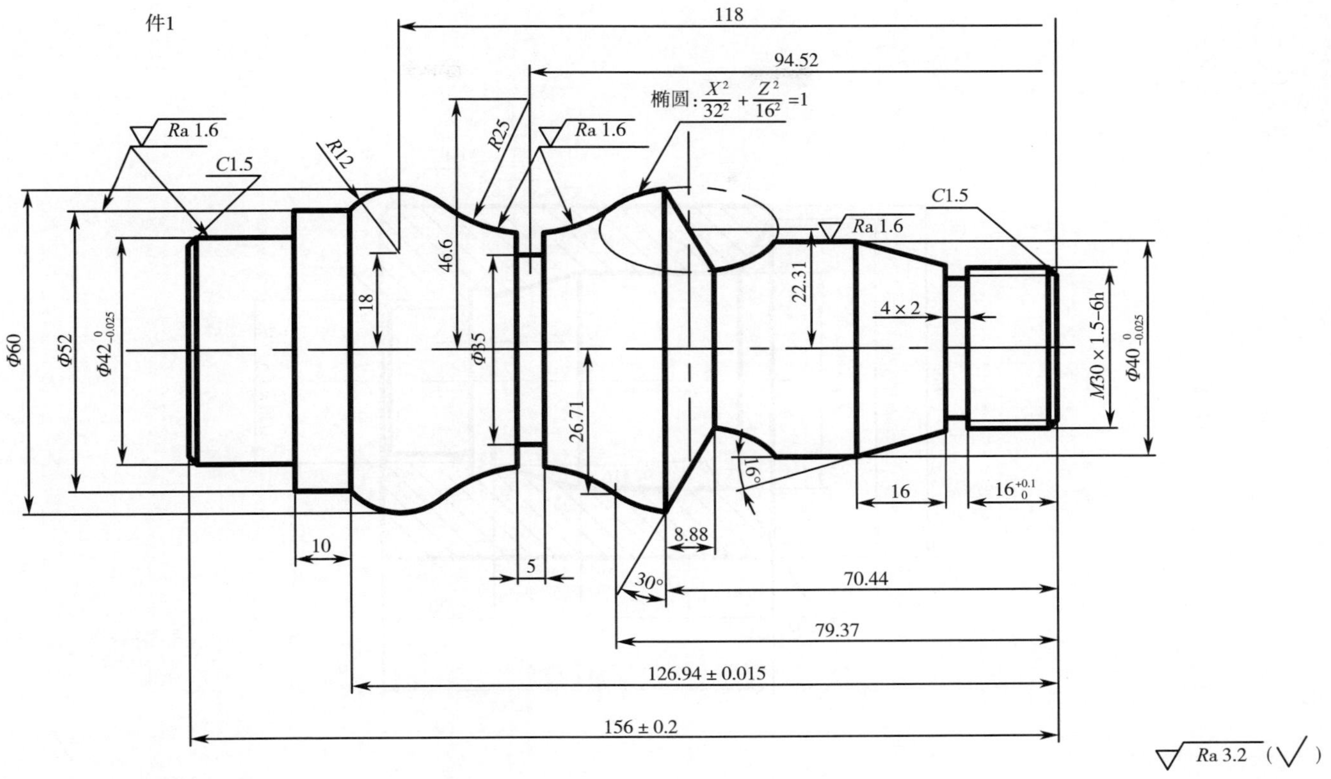

技术要求

1.未注倒角C0.5；
2.未注公差尺寸按GB 1804−M;
3.不允许使用砂布、锉刀等修饰加工面。

技师−30		材料	45	比例	1:1
		数量	1	共3张	第1张
制图			技师训练试题		
审核					

件2

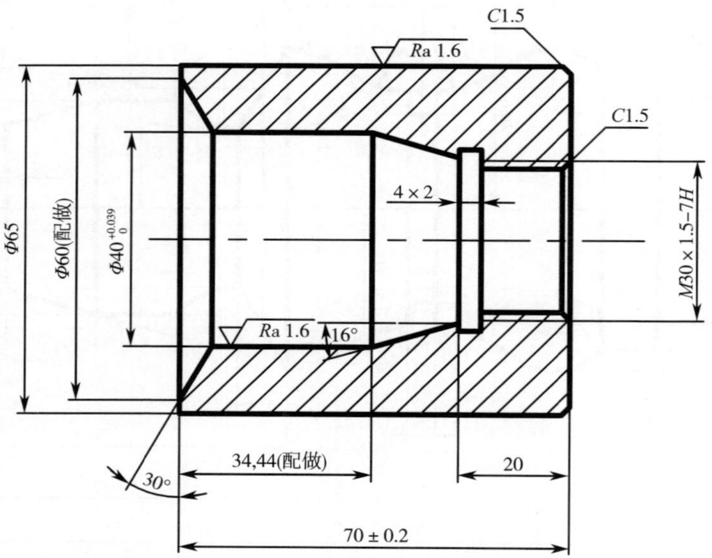

$\sqrt{Ra\ 3.2}$ (√)

技术要求

1.未注倒角*C*0.5;

2.未注公差尺寸按GB 1804–*M*;

3.不允许使用砂布、锉刀等修饰加工面。

技师–30			材料	45	比例	1:1
			数量	1	共3张	第2张
制图			技师训练试题			
审核						

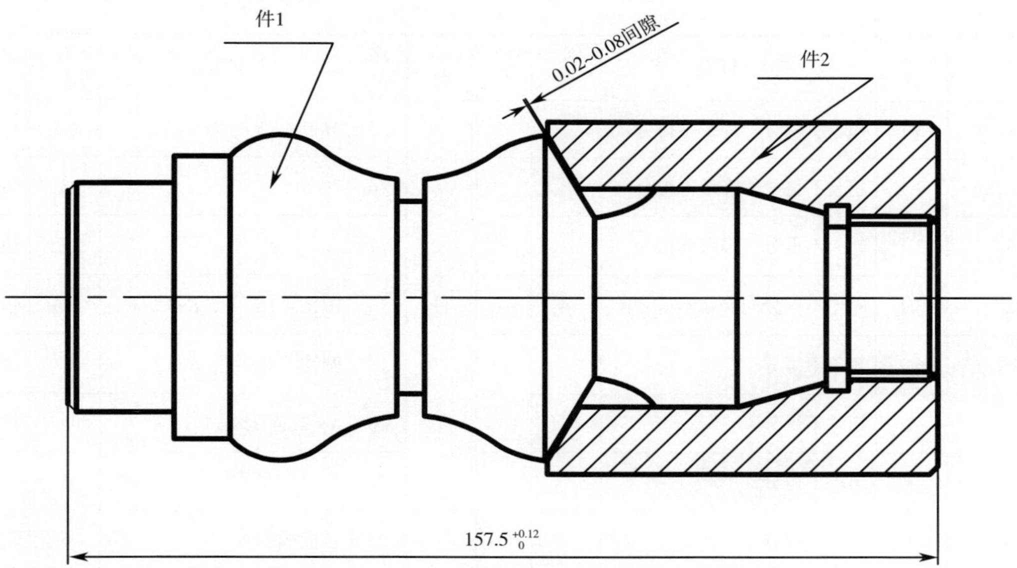

技术要求

1.件1、件2两件配合后30° 斜面，间隙0.02~0.08；

2.件1、件2两件配合前需要清除金属屑并涂机油。

技师-30			材料	45	比例	1:1
			数量	1	共3张	第3张
制图			技师训练试题			
审核						

1.3.30 技师训练试题 -30 评分标准

项目	序号	技术要求	占分	评分标准	实测	得分	项目	序号	技术要求	占分	评分标准	实测	得分
零件2	1	$\Phi40^{0}_{-0.025}$，粗糙度 $Ra1.6$	3/1	超差不得分，降级不得分			零件3	15	$M30\times1.5-7H$ 中径	6/2	超差不得分，降级不得分		
	2	$\Phi42^{0}_{-0.025}$，粗糙度 $Ra1.6$	3/1	超差不得分，降级不得分				16	70 ± 0.2	3	超差不得分		
	3	$\Phi52$，粗糙度 $Ra1.6$	3/1	超差不得分，降级不得分				17	20	3	超差不得分		
	4	$\Phi60$，粗糙度 $Ra3.2$	3/1	超差不得分，降级不得分				18	圆锥（16°），$Ra3.2$	3/1	超差不得分，降级不得分		
	5	$M30\times1.5-6g$ 中径	6/2	超差不得分，降级不得分				19	圆锥（30°），$Ra3.2$	3/1	超差不得分，降级不得分		
	6	156 ± 0.2	3	超差不得分				20	4×2 退刀槽	2	超差不得分		
	7	126.944 ± 0.15	3	超差不得分				21	$C1.5$	1	不合格不得分		
	8	5	3	超差不得分			配合	22	装配成型	5	超差不得分		
	9	椭圆，$Ra1.6$	3/1	超差不得分，降级不得分				23	$157.5^{+0.12}_{0}$	4	超差不得分		
	10	圆锥（30°），$Ra3.2$	3/1	超差不得分，降级不得分				24	间隙在 0.02~0.08	4	超差不得分		
	11	圆锥（16°），$Ra3.2$	3/1	超差不得分，降级不得分				25	螺纹配合	4	松紧适宜		
	12	4×2 退刀槽	2	超差不得分				26	端面槽配	3	超差不得分		
零件3	13	$\Phi40^{+0.039}_{0}$，粗糙度 $Ra1.6$	3/1	超差不得分，降级不得分			注意事项		工件必须完整，工件局部无缺陷（如夹伤、划痕等）				
	14	$\Phi65$，粗糙度 $Ra1.6$	3/1	超差不得分，降级不得分			总计						

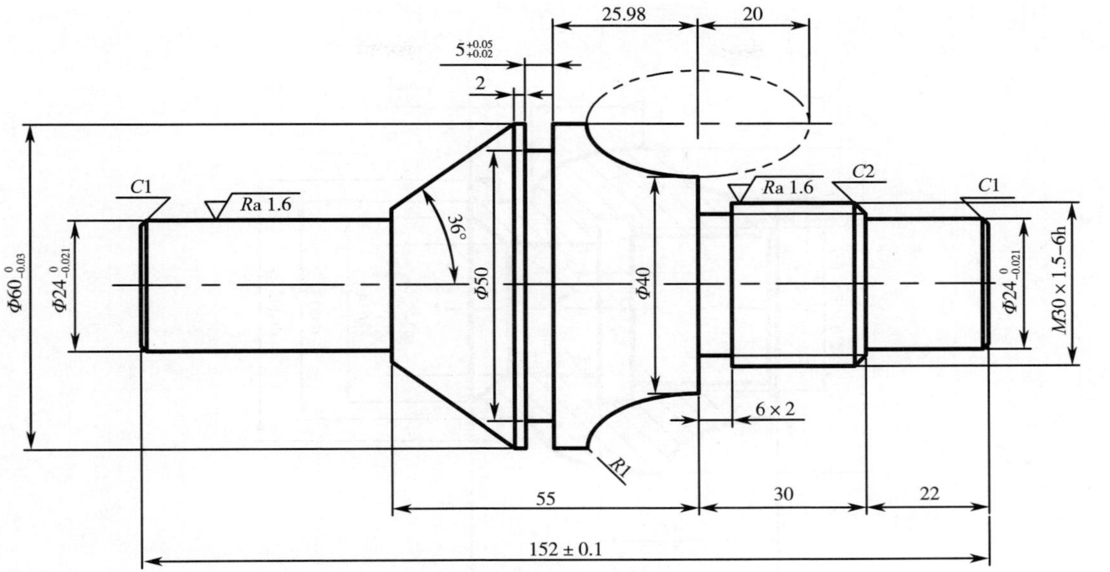

Ra 3.2 (√)

技术要求

1.未注倒角C1；
2.未注公差尺寸按GB 1804-M;
3.不允许使用砂布、锉刀等修饰加工面；
4.断面允许打中心孔。

技师-31		材料	45	比例	1:1
		数量	1	共4张	第1张
制图		技师训练试题			
审核					

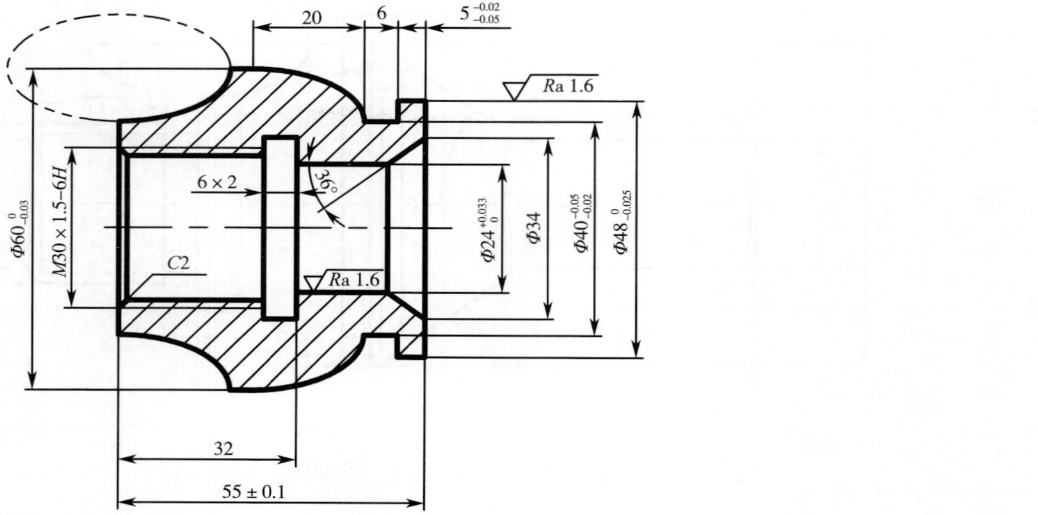

技术要求

1.未注倒角C1；
2.未注公差尺寸按GB 1804-M;
3.不允许使用砂布、锉刀等修饰加工面。

技师-31		材料	45	比例	1:1
		数量	1	共4张	第2张
制图		技师训练试题			
审核					

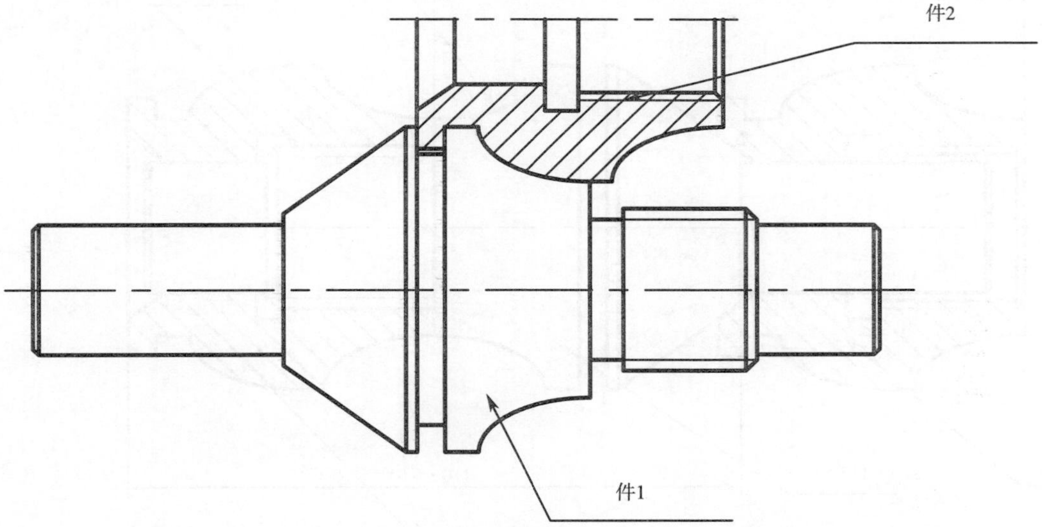

技术要求

1.未注倒角$C1$；

2.未注公差尺寸按GB 1804–M;

3.不允许使用砂布、锉刀等修饰加工面。

技师–31		材料	45	比例	1:1
		数量	1	共4张	第3张
制图		技师训练试题			
审核					

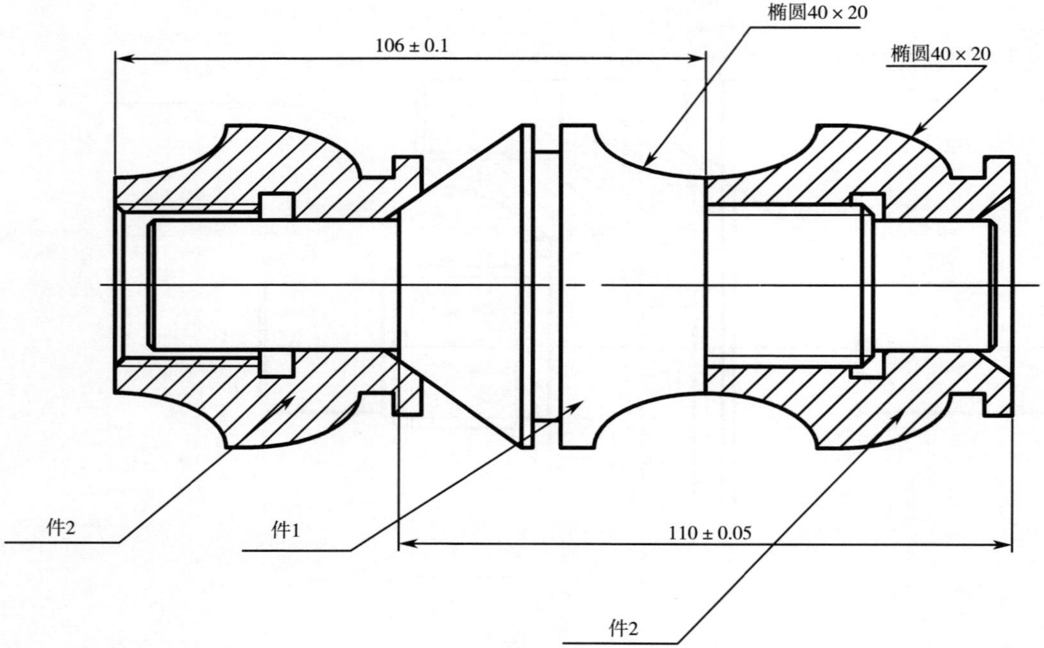

技术要求

1.未注倒角$C1$;
2.未注公差尺寸按GB 1804–M;
3.不允许使用砂布、锉刀等修饰加工面。

技师–31		材料	45	比例	1:1
		数量	1	共4张	第4张
制图			技师训练试题		
审核					

1.3.31 技师训练试题 –31 评分标准

项目	序号	技术要求	占分	评分标准	实测	得分	项目	序号	技术要求	占分	评分标准	实测	得分
零件1	1	$\Phi24^{0}_{-0.021}$，粗糙度 $Ra1.6$	3/1	超差不得分，降级不得分			零件2	15	$M30\times1.5-6H$	10	超差不得分，降级不得分		
	2	$\Phi60^{0}_{-0.03}$，粗糙度 $Ra3.2$	3/1	超差不得分，降级不得分				16	圆锥（36°）	3	超差不得分		
	3	$M30\times1.5-6g$	10	超差不得分，降级不得分				17	退刀槽 6×2	3	超差不得分		
	4	椭圆弧	4	超差不得分				18	55 ± 0.15	2	超差不得分		
	5	外圆锥	3	超差不得分				19	32 ± 0.1	2	超差不得分		
	6	退刀槽 6×2	3	超差不得分				20	$5^{-0.05}_{-0.02}$	2	超差不得分		
	7	152 ± 0.15	3	超差不得分				21	椭圆弧（两处）	4	超差不得分，降级不得分		
	8	61 ± 0.1	2	超差不得分				22	倒角 $C2$	2	不合格不得分		
	9	$5^{+0.05}_{+0.02}$	2	超差不得分			配合	23	配合总长 106 ± 0.1	3	超差不得分		
	10	2—倒角 $C1$	4	不合格不得分				24	配合总长 110 ± 0.2	3	超差不得分		
	11	倒角 $C2$	1	不合格不得分				25	螺纹配合	3	松紧适宜得分		
零件2	12	$\Phi48^{0}_{-0.025}$，粗糙度 $Ra1.6$	3/1	超差不得分，降级不得分				26	圆处平滑连接	3	光滑连接得分		
	13	$\Phi40$，粗糙度 $Ra3.2$	3/1	超差不得分，降级不得分				27	总装成型	5	完全装配得分		
	14	$\Phi24^{+0.033}_{0}$，粗糙度 $Ra1.6$	3/1	超差不得分，降级不得分			总计						

件1

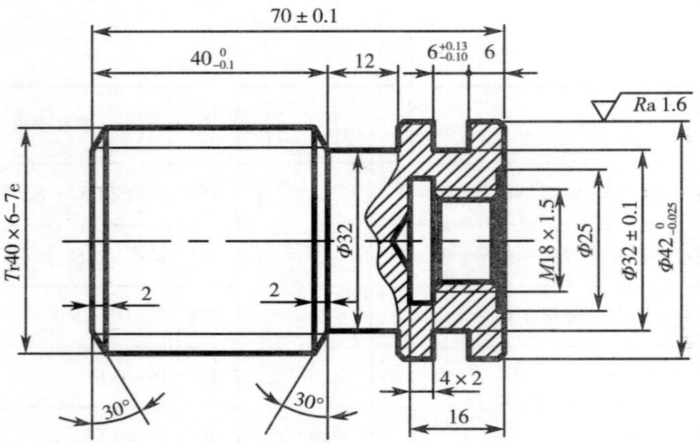

1:2

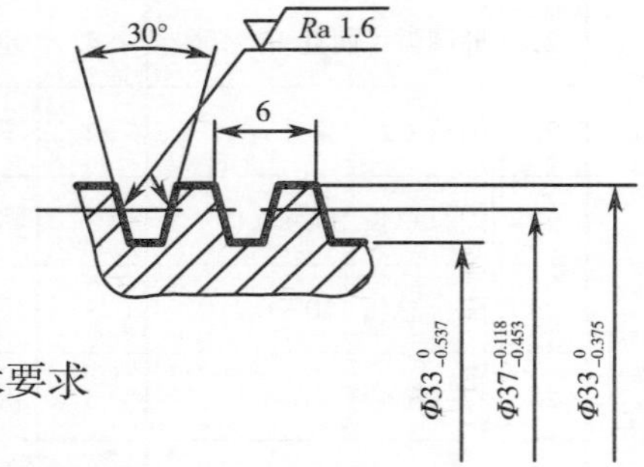

Ra 3.2 (√)

技术要求

1.未注倒角*C*1;

2.未注公差尺寸按GB 1804–*M*;

3.不允许使用砂布、锉刀等修饰加工面。

技师–32		材料	45	比例	1:1
		数量	1	共5张	第1张
制图		技师训练试题			
审核					

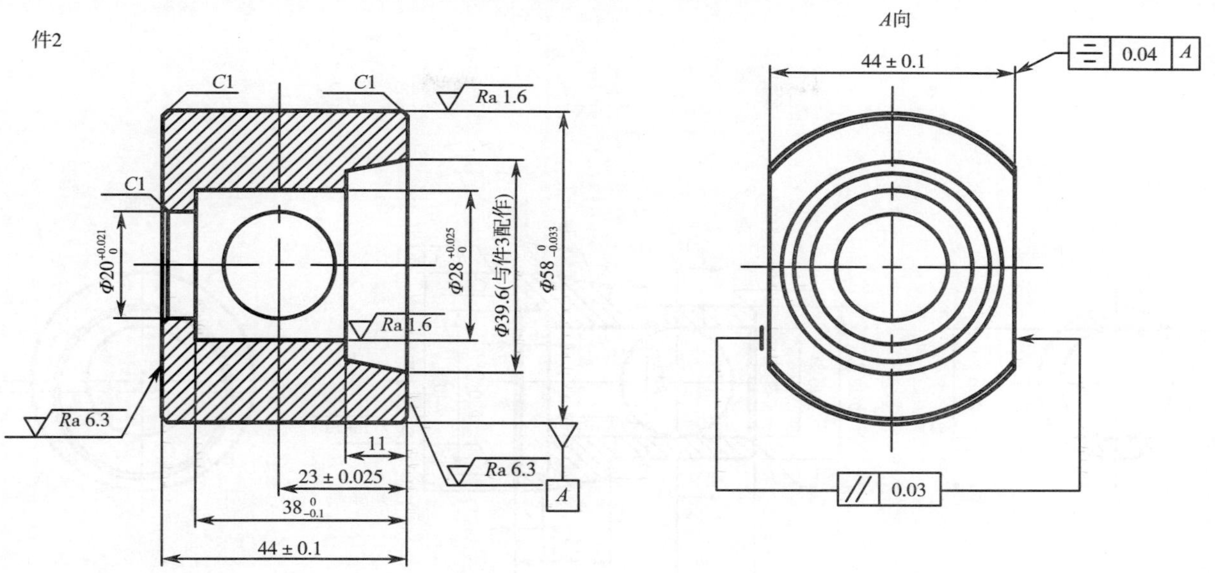

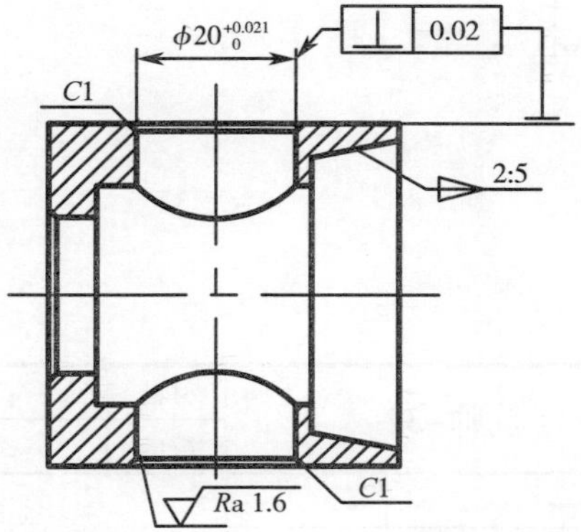

技术要求

1.未注倒角*C*0.5；
2.未注公差尺寸按GB 1804–*M*;
3.不允许使用砂布、锉刀等修饰加工面。

Ra 3.2（√）

技师–32	材料	45	比例	1:1
	数量	1	共5张	第2张
制图			技师训练试题	
审核				

件3

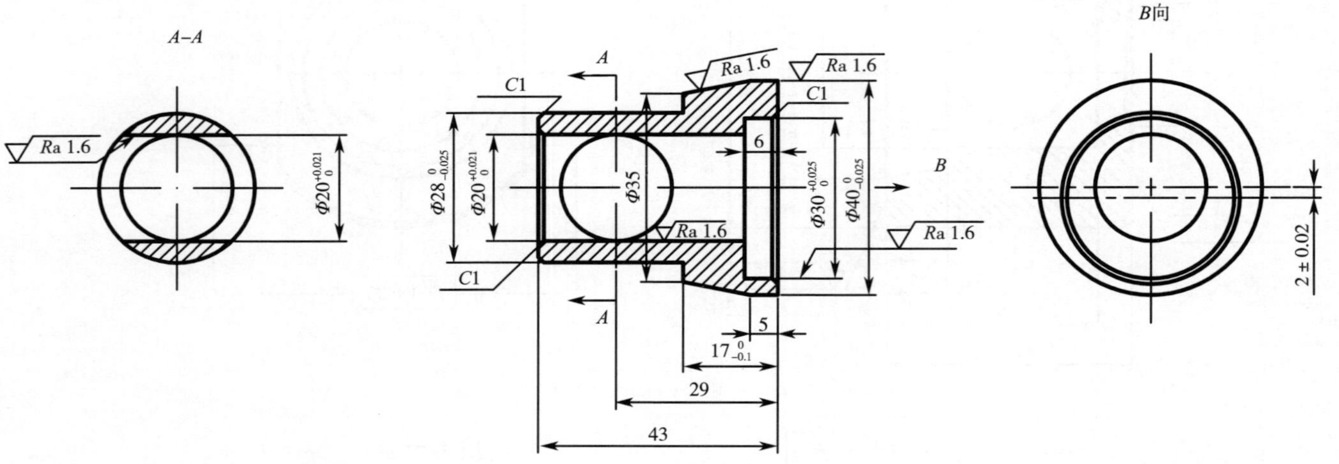

Ra 3.2 (√)

技术要求

1.未注倒角C0.5；
2.未注公差尺寸按GB 1804–M;
3.不允许使用砂布、锉刀等修饰加工面。

技师–32	材料	45	比例	1:1	
	数量	1	共5张	第3张	
制图			技师训练试题		
审核					

件4

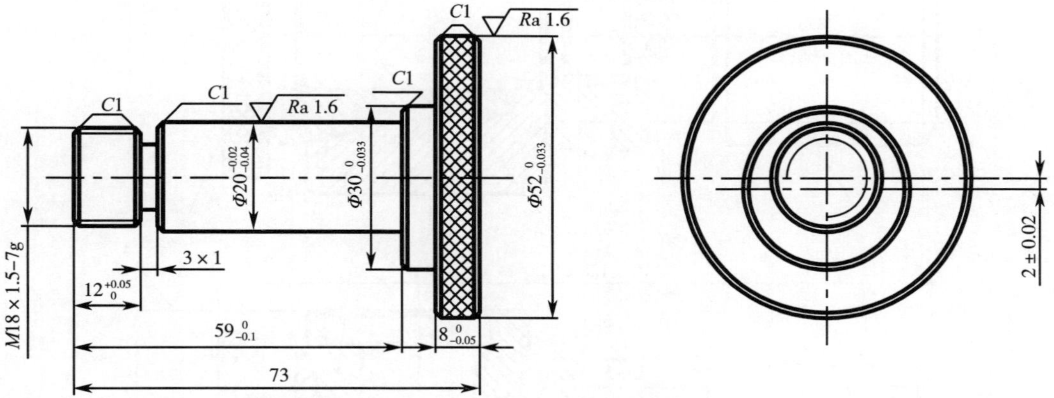

Ra 3.2 (√)

技术要求

1.未注公差尺寸按GB 1804–*M*;

2.不允许使用砂布、锉刀等修饰加工面。

技师-32		材料	45	比例	1:1
		数量	1	共5张	第4张
制图		技师训练试题			
审核					

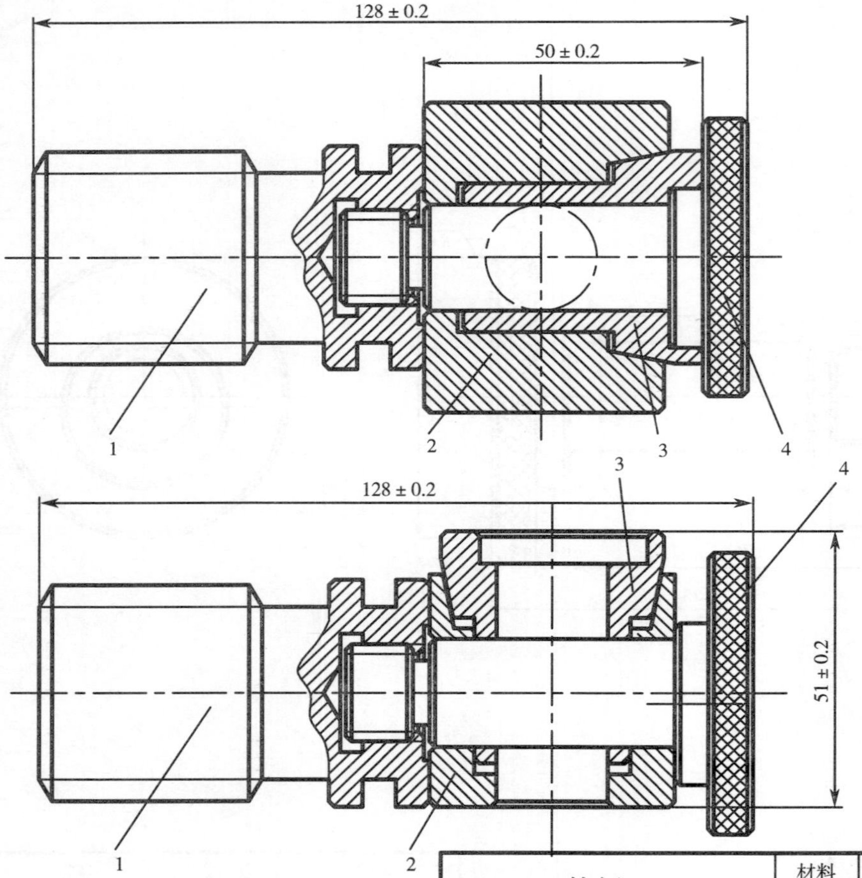

技师-32		材料	45	比例	1:1
		数量	1	共5张	第5张
制图			技师训练试题		
审核					

1.3.32 技师训练试题 -32 评分标准

项目	序号	技术要求	占分	评分标准	实测	得分	项目	序号	技术要求	占分	评分标准	实测	得分
零件1	1	Tr40 × 6–7*e* 大径	2/1	超差不得分，降级不得分			零件3	26	$\Phi40^{0}_{-0.025}$，粗糙度 *R*a1.6	1/1	超差不得分，降级不得分		
	2	Tr40 × 6–7*e* 中径	2/1	超差不得分，降级不得分				27	$\Phi28^{0}_{-0.025}$，*R*a3.2	1/1	超差不得分，降级不得分		
	3	Tr40 × 6–7*e* 小径	2/1	超差不得分，降级不得分				28	$\Phi20^{+0.021}_{0}$，*R*a1.6	1/1	超差不得分，降级不得分		
	4	沟槽（$6^{+0.13}_{-0.10}$）	1	超差不得分				29	$\Phi20^{+0.021}_{0}$ 横向，*R*a1.6	1/1	超差不得分，降级不得分		
	5	$\Phi42^{0}_{-0.025}$，*R*a1.6	1/1	超差不得分，降级不得分				30	偏心孔外 $\Phi30^{+0.025}_{0}$	1	超差不得分		
	6	$\Phi32 \pm 0.1$，*R*a3.2	1/1	超差不得分，降级不得分				31	偏心距 2 ± 0.02	1	超差不得分		
	7	台阶孔 $\Phi25 \times 1$	1	超差不得分				32	锥度与件 2 配，接触面≥ 60%	1	符合要求则得分		
	8	*M*18 × 1.5 配合适中	2/1	超差不得分，降级不得分				33	43，$17^{0}_{-0.1}$	2	超差不得分		
	9	*M*18 × 1.5 中径	2/1	超差不得分，降级不得分				34	3 — *C*1	3	超差不得分		
	10	沟槽 4 × 2	1	超差不得分			零件4	35	外径槽 $\Phi52^{0}_{-0.033}$	1	超差不得分		
	11	长度尺寸（3 处）	3	超差不得分				36	偏心外 $\Phi30^{0}_{-0.033}$	1	超差不得分		
	12	Tr40 × 6	2/1	超差不得分，降级不得分				37	偏心距 2 ± 0.02	1	超差不得分		
	13	沟槽 12 × $\Phi32$	1	超差不得分				38	$\Phi20^{+0.02}_{-0.04}$，*R*a1.6	2/1	超差不得分，降级不得分		
	14	2–*C*2	2	不合格不得分				39	*M*18 × 1.5 中经	2/1	超差不得分，降级不得分		
零件2	15	2 — 30° 倒角	2	不合格不得分				40	槽 3 × 1	1	超差不得分		
	16	$\Phi58^{0}_{-0.03}$，*R*a1.6	1/1	超差不得分，降级不得分				41	73，$2^{+0.05}_{0}$	2	超差不得分		
	17	锥度，*R*a3.2	1/1	超差不得分，降级不得分				42	2 — *C*1	1	不合格不得分		
	18	$\Phi58$，粗糙度 *R*a1.6	1/1	超差不得分，降级不得分			配合	43	装配 *A*，配 *B*	4	超差不得分		
	19	$\Phi20^{+0.021}_{0}$，*R*a3.2	1/1	超差不得分，降级不得分				44	50 ± 0.2，28 ± 0.2，28 ± 0.2	6	超差不得分		
	20	$\Phi20^{+0.021}_{0}$ 横向 *R*a1.6	1/1	超差不得分，降级不得分				45	51 ± 0.2	2	超差不得分		
	21	平行度	2	超差 0.01mm 扣 1 分				46	总装配成型	2	完全配好则得分		
	22	垂直度	2	超差 0.01mm 扣 1 分			注意事项		工件必须完整，工件局部无缺陷（如夹伤、划痕等）				
	23	对称度	2	超差 0.01mm 扣 1 分					程序中严重违反工艺规程的取消考试资格；其他问题酌情扣分				
	24	44 ± 0.1，23 ± 0.025，$38^{0}_{-0.1}$	3	超差不得分			合计						
	25	5 — *C*1	5	不合格不得分									

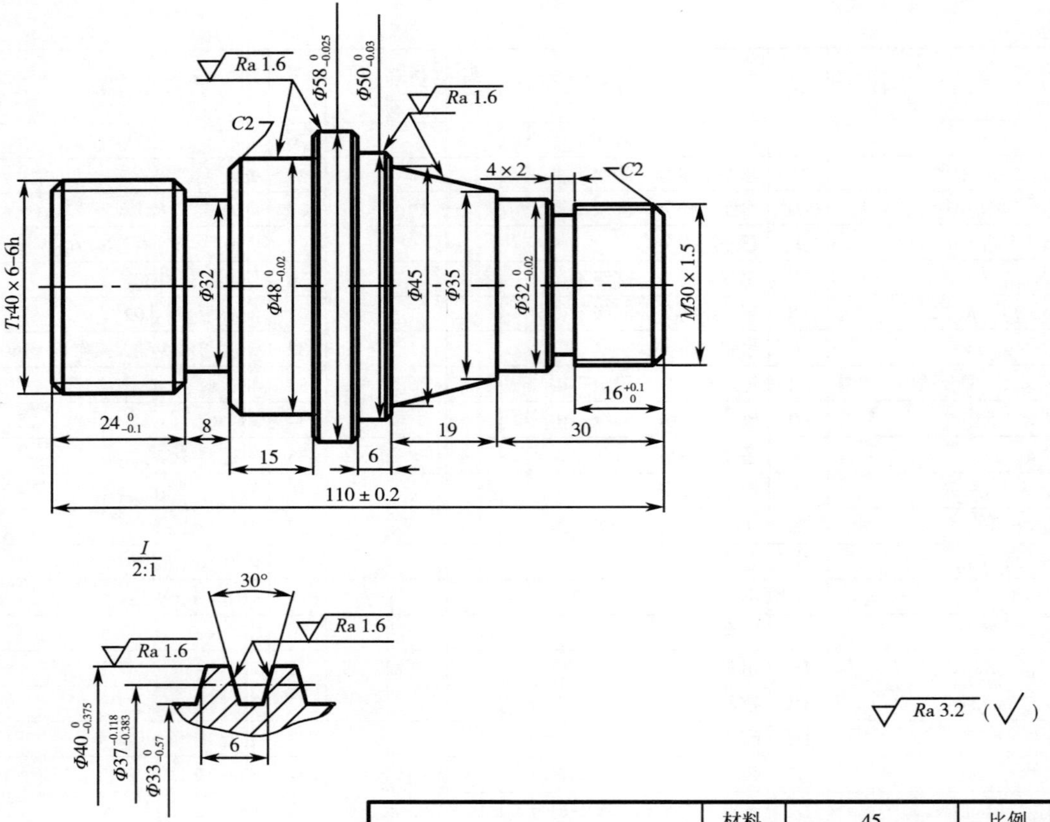

技术要求

1.未注倒角*C*1；

2.未注公差尺寸按GB 1804–*M*;

3.不允许使用砂布、锉刀等修饰加工面。

技师–33			材料	45	比例	1:1
			数量	1	共4张	第1张
制图			技师训练试题			
审核						

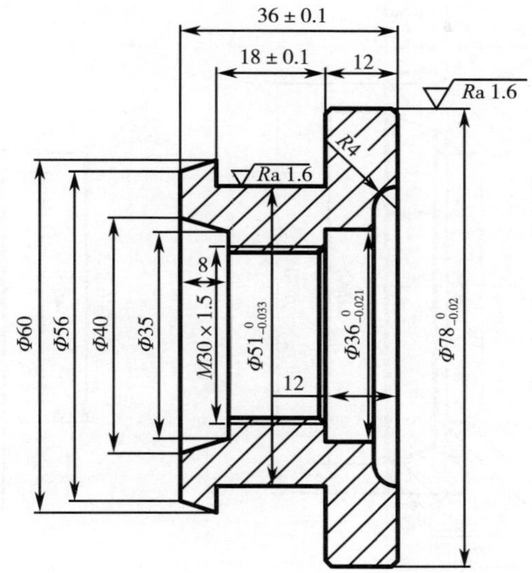

Ra 3.2 (√)

技术要求

1.未注倒角C1；
2.未注公差尺寸按GB 1804–M;
3.不允许使用砂布、锉刀等修饰加工面。

技师–33		材料	45	比例	1:1
		数量	1	共4张	第2张
制图			技师训练试题		
审核					

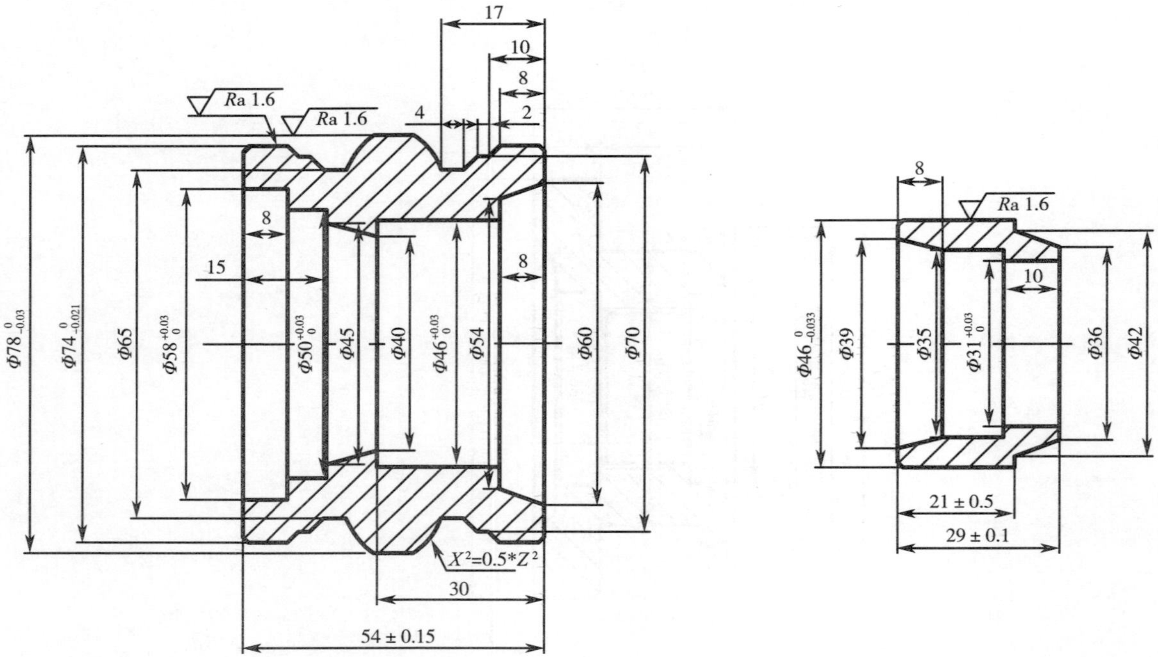

Ra 3.2 (√)

技术要求

1.未注倒角C1；
2.未注公差尺寸按GB 1804–M;
3.不允许使用砂布、锉刀等修饰加工面。

技师–33			材料	45	比例	1:1
			数量	1	共4张	第3张
制图			技师训练试题			
审核						

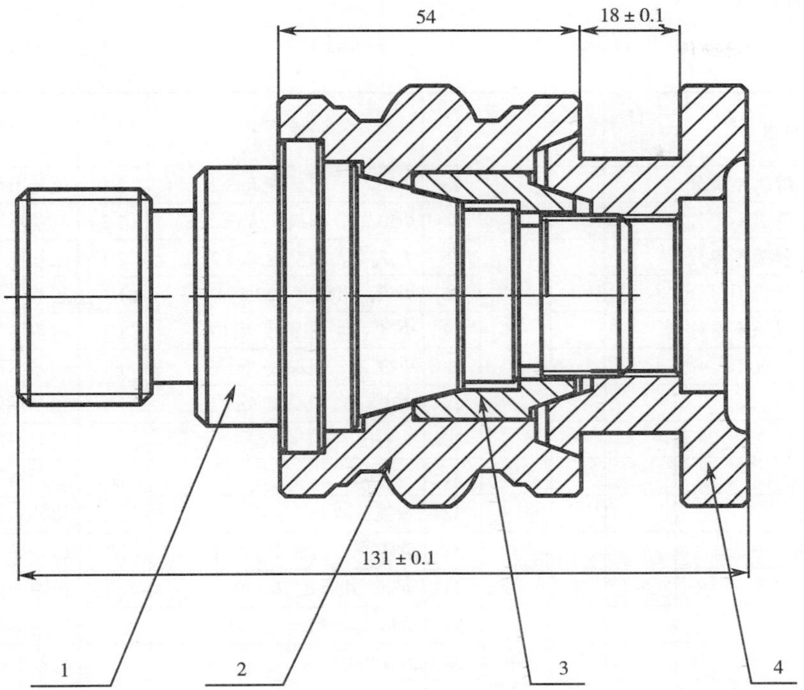

技术要求

1.保证件1、件2与件4配合尺寸；
2.件1、件2、件3与件4配合成型。

技师-33		材料	45	比例	1:1
		数量	1	共4张	第4张
制图			技师训练试题		
审核					

1.3.33 技师训练试题 -33 评分标准

项目	序号	技术要求	占分	评分标准	实测	得分
零件1	1	$\Phi 32^{0}_{-0.02}$，粗糙度 $Ra3.2$	1/1	超差不得分，降级不得分		
	2	$\Phi 48^{0}_{-0.02}$，粗糙度 $Ra1.6$	1/1	超差不得分，降级不得分		
	3	$\Phi 50^{0}_{-0.03}$，粗糙度 $Ra1.6$	2/1	超差不得分，降级不得分		
	4	$\Phi 58^{0}_{-0.025}$，粗糙度 $Ra1.6$	1/1	超差不得分，降级不得分		
	5	$M30\times1.5$ 中径	3/1	超差不得分，降级不得分		
	6	Tr40 × 6 － 6H，$Ra3.2$	5/2	超差不得分，降级不得分		
	7	110 ± 0.2	1	超差不得分		
	8	30	1	超差不得分		
	9	$24^{0}_{-0.1}$	1	超差不得分		
	10	2 － $C2$	1	不合格不得分		
	11	6 － $C1$	3	不合格不得分		
	12	外圆锥，$Ra1.6$	2/1	超差不得分，降级不得分		
	13	退刀槽 4 × 2，$Ra3.2$	1/1	超差不得分，降级不得分		
零件2	14	$\Phi 36^{0}_{-0.021}$，粗糙度 $Ra3.2$	1/1	超差不得分，降级不得分		
	15	$\Phi 78^{0}_{-0.02}$，粗糙度 $Ra1.6$	1/1	超差不得分，降级不得分		
	16	$\Phi 51^{0}_{-0.033}$，粗糙度 $Ra1.6$	2/1	超差不得分，降级不得分		
	17	$M30\times1.5$ 中径	3/1	超差不得分，降级不得分		
	18	36 ± 0.1	1	超差不得分		
	19	18 ± 0.1	1	超差不得分		
	20	3 － $C1$	1.5	不合格不得分		
	21	圆锥（两处），$Ra3.2$	2/1	超差不得分，降级不得分		
	22	$R4$，$Ra3.2$	1/1	超差不得分，降级不得分		

项目	序号	技术要求	占分	评分标准	实测	得分
零件3	23	$\Phi 46^{+0.03}_{0}$，粗糙度 $Ra3.2$	2/1	超差不得分，降级不得分		
	24	$\Phi 50^{+0.03}_{0}$，粗糙度 $Ra3.2$	2/1	超差不得分，降级不得分		
	25	$\Phi 58^{+0.03}_{0}$，粗糙度 $Ra3.2$	2/1	超差不得分，降级不得分		
	26	$\Phi 65$，粗糙度 $Ra3.2$	1/1	超差不得分，降级不得分		
	27	$\Phi 74^{0}_{-0.021}$，粗糙度 $Ra1.6$	1/1	超差不得分，降级不得分		
	28	$\Phi 78^{0}_{-0.03}$，粗糙度 $Ra1.6$	1/1	超差不得分，降级不得分		
	29	$\Phi 70^{0}_{-0.03}$，粗糙度 $Ra3.2$	1/1	超差不得分，降级不得分		
	30	54 ± 0.15	1	超差不得分		
	31	2 － $C1$	1	不合格不得分		
	32	圆锥（两处），$Ra3.2$	2/1	超差不得分，降级不得分		
零件4	33	$\Phi 31^{+0.03}_{0}$，粗糙度 $Ra3.2$	1/1	超差不得分，降级不得分		
	34	$\Phi 35$，粗糙度 $Ra3.2$	2/1	超差不得分，降级不得分		
	35	$\Phi 46^{0}_{-0.03}$，粗糙度 $Ra1.6$	1/1	超差不得分，降级不得分		
	36	21 ± 0.05	1	超差不得分		
	37	10	1	超差不得分		
	38	$C1$	0.5	不合格不得分		
	39	圆锥（两处），$Ra3.2$	2/1	超差不得分，降级不得分		
配合	40	装配成型	5	超差不得分		
	41	131 ± 0.1	3	超差不得分		
	42	螺纹配合	3	配合松紧适中		
	43	端面槽配	3	超差不得分		
总计						

第二章

数控车技能大赛试题精选

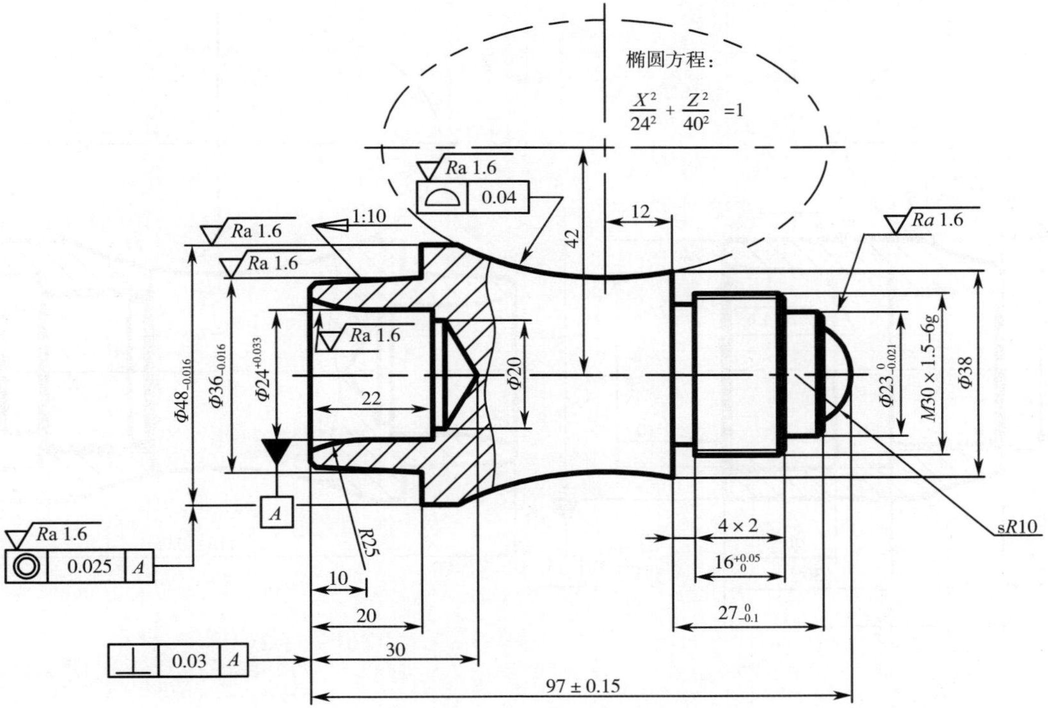

Ra 3.2 (√)

技术要求

1.未注倒角$C1$；
2.未注公差尺寸按GB 1804-M；
3.不允许使用砂布、锉刀等修饰加工。

大赛-01		材料	45	比例	1:1
		数量	1	共2张 第1张	
制图			技能大赛试题		
审核					

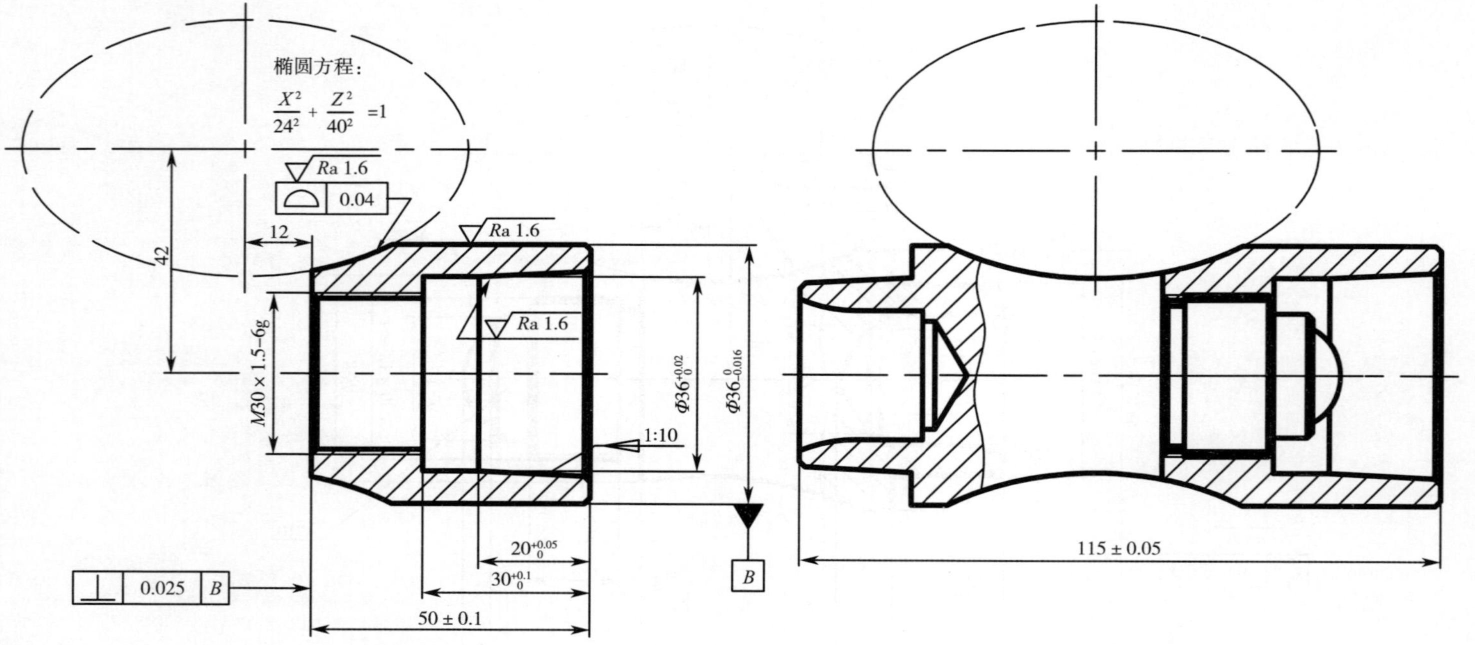

Ra 3.2 (√)

技术要求

1.未注倒角*C*1；
2.未注公差尺寸按GB 1804−*M*；
3.不允许使用砂布、锉刀等修饰加工。

大赛−01		材料	45	比例	1:1
		数量	1	共2张　第2张	
制图		技能大赛试题			
审核					

2.1 大赛试题 -01 评分标准

项目	序号	技术要求	占分	评分标准	实测	得分	项目	序号	技术要求	占分	评分标准	实测	得分
零件1	1	$\Phi48^{0}_{-0.016}$，粗糙度 $Ra1.6$	3/1	超差不得分，降级不得分			零件2	15	$\Phi48^{0}_{-0.016}$，粗糙度 $Ra1.6$	3/1	超差不得分，降级不得分		
	2	$\Phi36^{0}_{-0.016}$，粗糙度 $Ra1.6$	3/1	超差不得分，降级不得分				16	$\Phi36^{+0.02}_{0}$，粗糙度 $Ra1.6$	3/1	超差不得分，降级不得分		
	3	$\Phi23^{0}_{-0.021}$，粗糙度 $Ra1.6$	3/1	超差不得分，降级不得分				17	$30^{+0.1}_{0}$	2	超差不得分		
	4	$\Phi24^{+0.033}_{0}$，粗糙度 $Ra1.6$	3/1	超差不得分，降级不得分				18	$20^{+0.05}_{0}$	2	超差不得分		
	5	a =40；b=24，粗糙度 $Ra1.6$	4/2	超差不得分，降级不得分				19	12	2	超差不得分		
	6	$SR10$	4	超差不得分				20	50 ± 0.1	3	超差不得分		
	7	97 ± 0.15	3	超差不得分				21	$M30\times1.5$	9/3	超差不得分，降级不得分		
	8	10	2	超差不得分				22	锥度 1∶10	4	超差不得分		
	9	20	2	超差不得分			配合	23	总装成型	4	超差不得分		
	10	30	2	超差不得分				24	螺纹配合	3	不合格不得分		
	11	20	2	超差不得分				25	间隙配合 <1mm	4	不合格不得分		
	12	$27^{0}_{-0.1}$	2	超差不得分				26	未注公差 IT14	3	超差不得分		
	13	12	2	超差不得分				27	工件必须完整，工件局部无缺陷（如夹伤、划痕等）				
	14	$M30\times1.5$	9/3	不合格不得分			合计						

件1

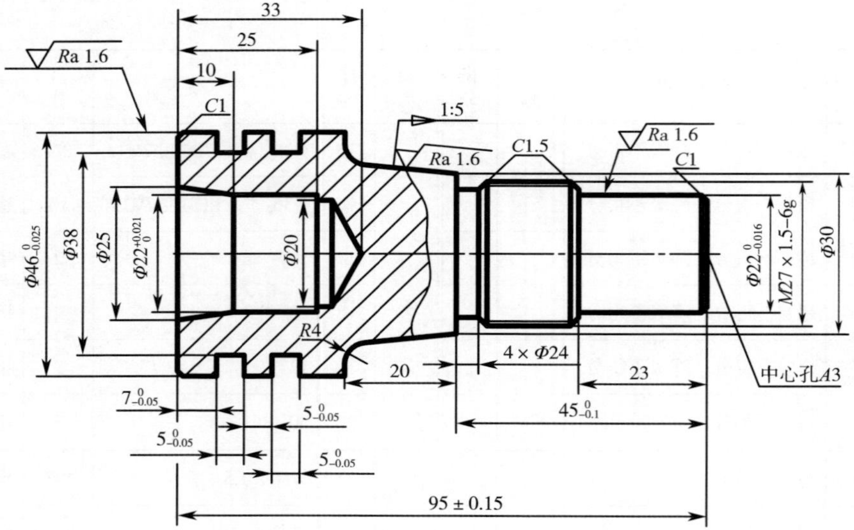

Ra 3.2 (√)

技术要求

1.锐边倒角C0.5;
2.未注公差尺寸按GB 1804-M;
3.不允许使用砂布、锉刀等修饰加工面。

大赛-02		材料	45	比例	1:1
		数量	1	共2张	第1张
制图			技能大赛试题		
审核					

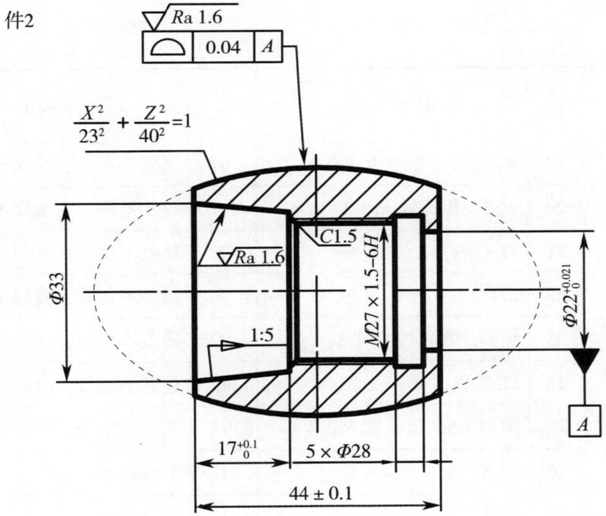

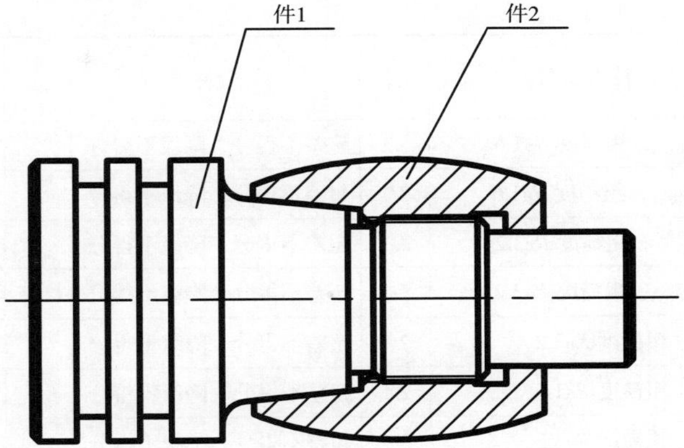

$\sqrt{Ra\ 3.2}$ ($\sqrt{}$)

技术要求

1.锐边倒角*C*0.5；
2.未注公差尺寸按GB 1804–*M*；
3.锥面配合涂色检查接触面≥60%；
4.圆锥与圆弧过渡光滑。

大赛–02	材料	45	比例	1:1
	数量	1	共2张	第2张
制图			技能大赛试题	
审核				

2.2 大赛试题 -02 评分标准

项目	序号	技术要求	占分	评分标准	实测	得分
零件1	1	$\Phi46^{0}_{-0.025}$，粗糙度 $Ra1.6$	3/1	超差不得分，降级不得分		
	2	$\Phi22^{0}_{-0.016}$，粗糙度 $Ra1.6$	3/1	超差不得分，降级不得分		
	3	$\Phi22^{+0.021}_{0}$，粗糙度 $Ra3.2$	3/1	超差不得分，降级不得分		
	4	$\Phi38^{0}_{-0.033}$，粗糙度 $Ra3.2$	3/1	超差不得分，降级不得分		
	5	$\Phi20$，粗糙度 $Ra3.2$	2/1	超差不得分，降级不得分		
	6	$\Phi30$，粗糙度 $Ra1.6$	2/1	超差不得分，降级不得分		
	7	$\Phi25$，粗糙度 $Ra3.2$	2/1	超差不得分，降级不得分		
	8	$M27\times1.5$–6g	6/2	超差不得分，降级不得分		
	9	95 ± 0.15	2	超差不得分		
	10	23	1	超差不得分		
	11	$45^{0}_{-0.1}$	2	超差不得分		
	12	$5^{0}_{-0.05}$	2	超差不得分		
	13	$7^{0}_{-0.05}$	2	超差不得分		
	14	$R4$	1	不合格不得分		
	15	退刀槽 $4\times\Phi24$	2	超差不得分		
	16	圆锥 1:5，粗糙度 $Ra3.2$	4/2	超差不得分，降级不得分		
	17	2–$C1.5$	2	不合格不得分		
	18	$C1.5$	1	不合格不得分		

项目	序号	技术要求	占分	评分标准	实测	得分
零件2	19	$\Phi22^{+0.021}_{0}$，粗糙度 $Ra3.2$	3/1	超差不得分，降级不得分		
	20	$\Phi33$，粗糙度 $Ra3.2$	2/1	超差不得分，降级不得分		
	21	41 ± 0.1	2	超差不得分，降级不得分		
	22	$17^{+0.021}_{0}$	2	超差不得分，降级不得分		
	23	椭圆，粗糙度 $Ra1.6$	4/2	超差不得分，降级不得分		
	24	$M27\times1.5$–$6H$	6/2	超差不得分，降级不得分		
	25	圆锥 1:5，粗糙度 $Ra1.6$	4/2	超差不得分，降级不得分		
	26	$C1.5$	1	不合格不得分		
	27	$C0.5$	1	不合格不得分		
	28	退刀槽 $5\times\Phi28$	2	超差不得分		
配合	29	总装成型	3	超差不得分，降级不得分		
	30	螺纹配合	4	松紧适宜得分		
	31	锐边毛刺	2	不去不得分		
	32	未注公差 IT14	2	不合格不得分		
注意事项	按照有关规定每违反一项从总分中扣除 5 分					
	工件必须完整，工件局部无缺陷（如夹伤、划痕等）					
	程序中严重违反工艺规程的取消考试资格；其他问题酌情扣分					
合计						

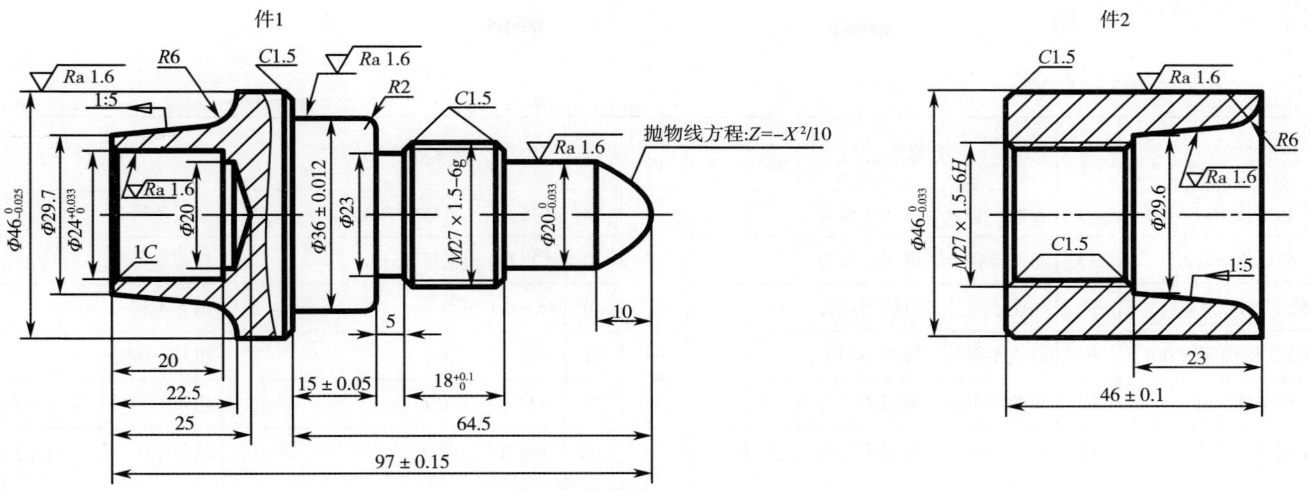

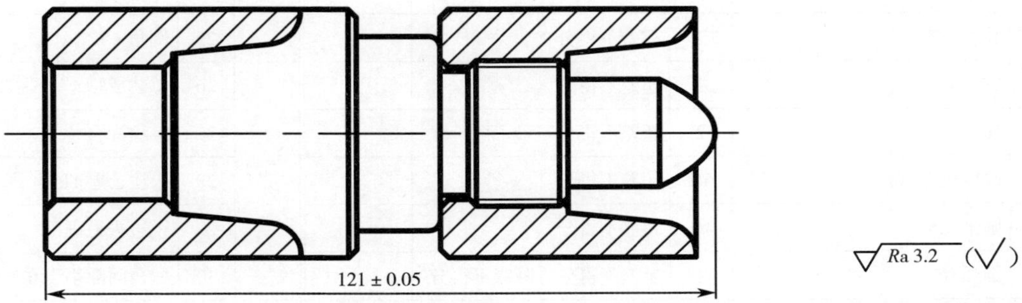

技术要求

1.锐边倒角C0.5；
2.未注公差尺寸按GB 1804-M；
3.锥面配合涂色检查接触面≥60%；
4.圆锥与圆弧过渡光滑。

大赛-03		材料	45	比例	1:1
		数量	1	共1张	第1张
制图			技能大赛试题		
审核					

2.3 大赛试题 -03 评分标准

项目	序号	技术要求	占分	评分标准	实测	得分
零件1	1	$\Phi46^{0}_{-0.025}$，粗糙度 $Ra1.6$	3/1	超差不得分，降级不得分		
	2	$\Phi24^{+0.033}_{0}$，粗糙度 $Ra1.6$	3/1	超差不得分，降级不得分		
	3	$\Phi20$，粗糙度 $Ra3.2$	3/1	超差不得分，降级不得分		
	4	$\Phi36\pm0.012$，粗糙度 $Ra1.6$	3/1	超差不得分，降级不得分		
	5	$\Phi20^{0}_{-0.033}$，粗糙度 $Ra1.6$	3/1	超差不得分，降级不得分		
	6	$\Phi29.7$，粗糙度 $Ra3.2$	3/1	超差不得分，降级不得分		
	7	97 ± 0.15	2	超差不得分，降级不得分		
	8	$18^{+0.1}_{0}$	2	超差不得分		
	9	15 ± 0.05	2	超差不得分		
	10	20	2	超差不得分		
	11	$M27\times1.5$–6g	6/2	超差不得分		
	12	圆锥 1:5	4/1	超差不得分		
	13	圆弧 $R6$	2	超差不得分，降级不得分		
	14	抛物线	4/1	不合格不得分		
	15	倒圆角 $R2$	1	不合格不得分		
	16	倒角 3—$C1.5$	3	不合格不得分		
	17	刀槽 $5\times\Phi23$	2	超差不得分，降级不得分		

项目	序号	技术要求	占分	评分标准	实测	得分
零件2	18	$\Phi46^{0}_{-0.033}$，粗糙度 $Ra1.6$	3/1	超差不得分		
	19	$\Phi29.6$，粗糙度 $Ra1.6$	3/1	超差不得分		
	20	46 ± 0.1	2	超差不得分		
	21	23	2	超差不得分		
	22	$M27\times1.5$—$6H$	6/2	超差不得分，降级不得分		
	23	圆锥 1:5	4/1	超差不得分，降级不得分		
	24	圆弧 $R6$	2	超差不得分，降级不得分		
	25	倒角 $C1.5$	1	超差不得分，降级不得分		
配合	26	总装成型	3	超差不得分，降级不得分		
	27	螺纹配合	4	超差不得分，降级不得分		
	28	未注公差 IT14	2	超差不得分，降级不得分		
	29	锐边去毛刺	2	超差不得分		
	30	配合间隙小于 0.2mm	3	超差不得分，降级不得分		
注意事项		按照有关规定每违反一项从总分中扣除 5 分				
		工件必须完整，工件局部无缺陷（如夹伤、划痕等）				
		严重违反工艺规程的取消考试资格；其他问题酌情扣分				
合计						

件1

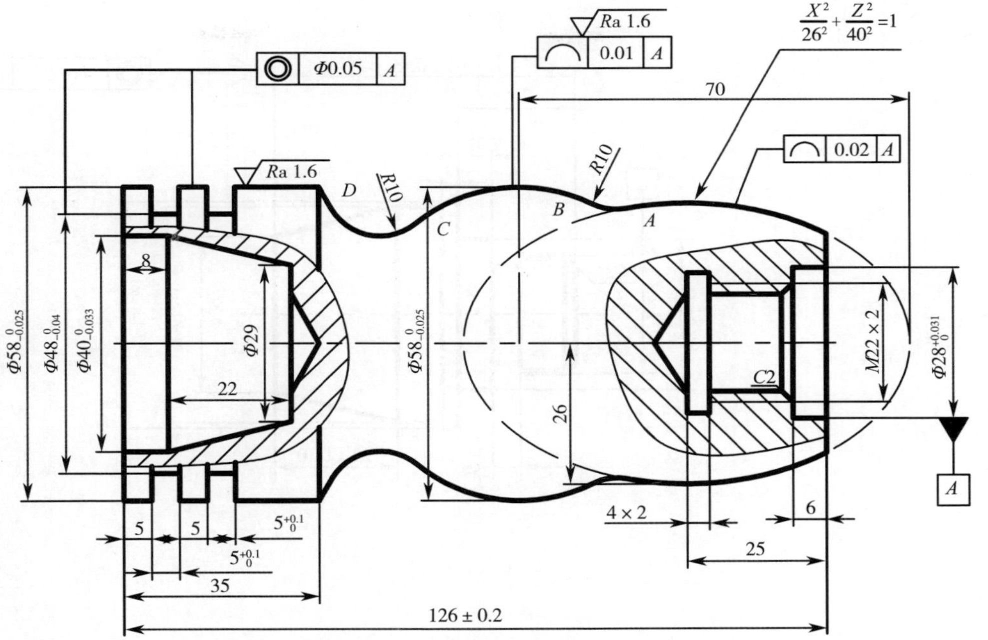

$$\frac{X^2}{26^2}+\frac{Z^2}{40^2}=1$$

切点坐标

A	*X*=−35.7655	*Y*=25.0406
B	*X*=−42.0263	*Y*=25.9362
C	*X*=−73.5856	*Y*=22.2615
D	*X*=−88.6547	*Y*=24.937

Ra 3.2 (√)

技术要求

1.未注倒角*C*1；
2.未注公差尺寸按GB 1804−*M*；
3.不允许使用砂布、锉刀等修饰加工面。

大赛−04	材料	45	比例	1:1
	数量	1	共3张　第1张	
制图			技能大赛试题	
审核				

件2

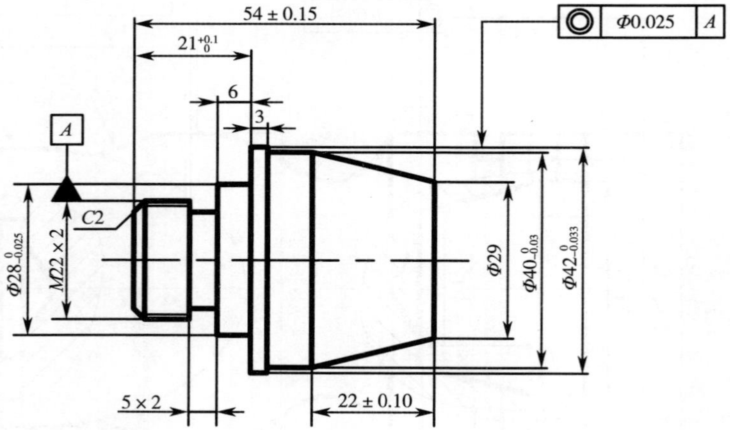

$\sqrt{Ra\ 3.2}$ ($\sqrt{}$)

技术要求

1.未注倒角*C*1；
2.未注公差尺寸按GB 1804–*M*;
3.不允许使用砂布、锉刀等修饰加工面。

大赛–04		材料	45	比例	1:1
		数量	1	共3张　第2张	
制图		技能大赛试题			
审核					

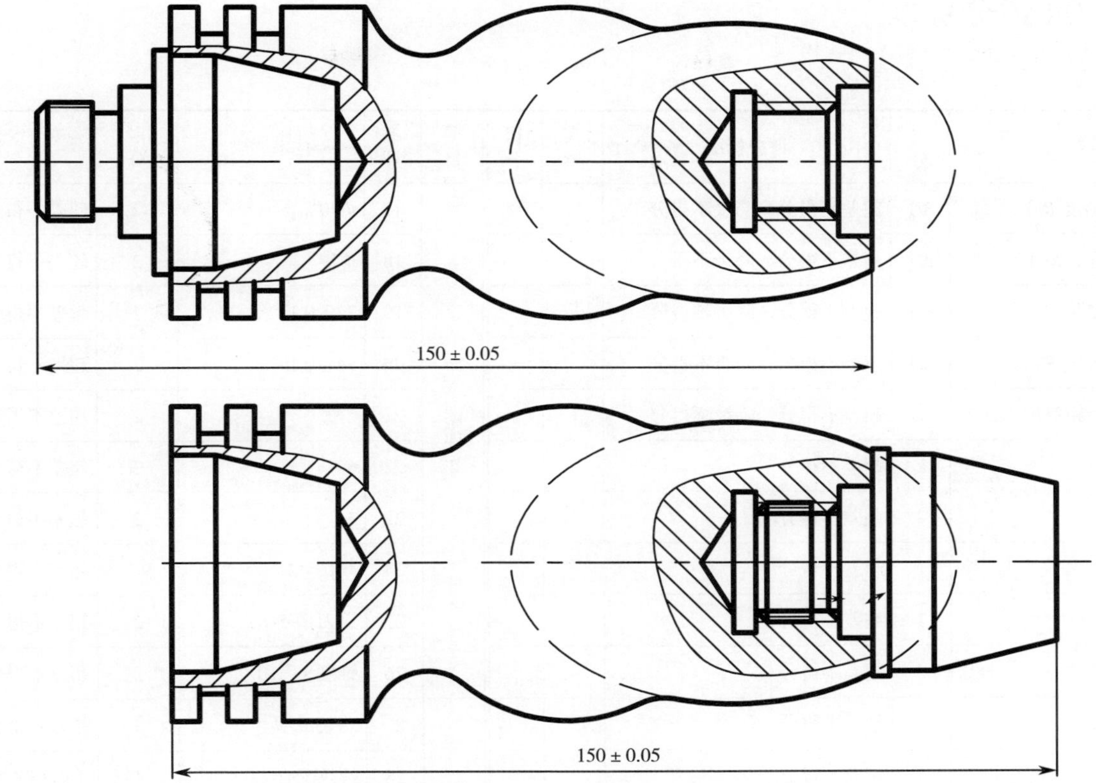

大赛-04		材料	45	比例	1:1
		数量	1	共3张　第3张	
制图		技能大赛试题			
审核					

2.4 大赛试题 –04 评分标准

项目	序号	技术要求	占分	评分标准	实测	得分
零件1	1	$\Phi58^{0}_{-0.025}$，粗糙度 $Ra1.6$	3/1	超差不得分，降级不得分		
	2	$\Phi48^{0}_{-0.04}$，粗糙度 $Ra3.2$	3/1	超差不得分，降级不得分		
	3	$\Phi40^{0}_{-0.033}$，粗糙度 $Ra3.2$	3/1	超差不得分，降级不得分		
	4	$\Phi28^{+0.031}_{0}$，粗糙度 $Ra3.2$	3/1	超差不得分，降级不得分		
	5	a =40；b=26，粗糙度 $Ra3.2$	4/1	超差不得分，降级不得分		
	6	$R10$	2	超差不得分		
	7	126 ± 0.2	2	超差不得分		
	8	$5^{+0.1}_{0}$	2	超差不得分		
	9	25	2	超差不得分		
	10	35	2	超差不得分		
	11	6	2	超差不得分		
	12	8	2	超差不得分		
	13	22	2	超差不得分		
	14	$M22 \times 2$	9/3	不合格不得分，降级不得分		
零件2	15	$\Phi28^{0}_{-0.025}$，粗糙度 $Ra3.2$	3/1	不合格不得分		
	16	$\Phi42^{0}_{-0.033}$，粗糙度 $Ra3.2$	3/1	不合格不得分		

项目	序号	技术要求	占分	评分标准	实测	得分
零件2	17	$\Phi40^{0}_{-0.03}$	2	超差不得分		
	18	$\Phi29$	2	超差不得分		
	19	22 ± 0.1	2	超差不得分		
	20	54 ± 0.15	2	超差不得分		
	21	$21^{+0.1}_{0}$	2	超差不得分		
	22	6	2	超差不得分		
	23	3	2	超差不得分		
	24	$M22 \times 2$	9/3	超差不得分，降级不得分		
	25	退刀槽 5×2	2	超差不得分		
	26	锥度 1：10	2	超差不得分		
配合	27	总装成型	3	超差不得分		
	28	螺纹配合	4	不合格不得分		
	29	配合间隙 <1mm	3	不合格不得分		
	30	未注公差 IT14	3	不合格不得分		
	31	发生重大安全事故取消考试资格；按照有关规定每违反一项，从总分中扣除 5 分				
合计						

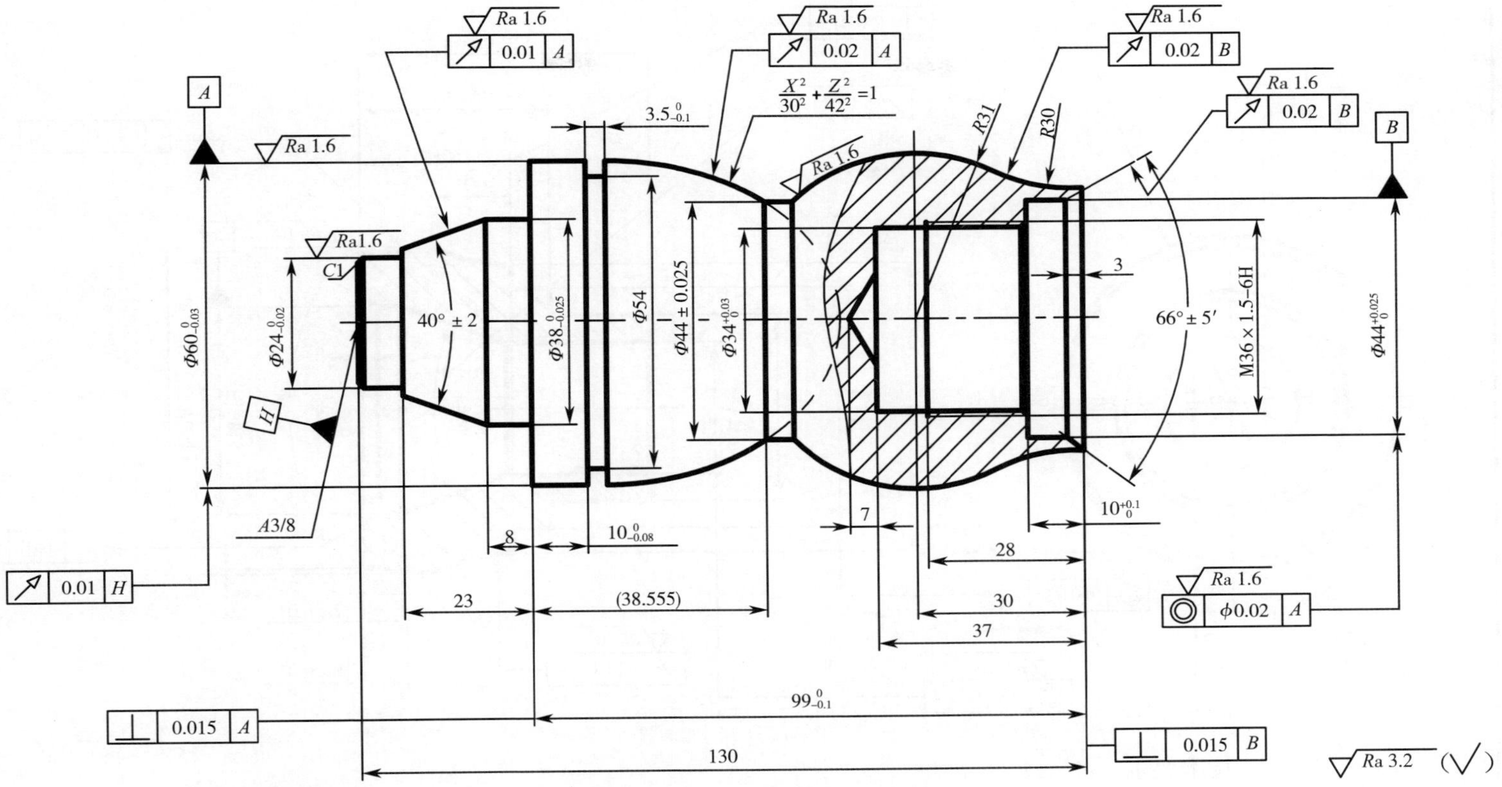

技术要求

1.未注倒角C0.5;
2.未注公差尺寸按GB 1804–M;
3.不允许使用砂布、锉刀等修饰加工面。

大赛–05	材料	45	比例	1:1
	数量	1	共3张 第1张	
制图			技能大赛试题	
审核				

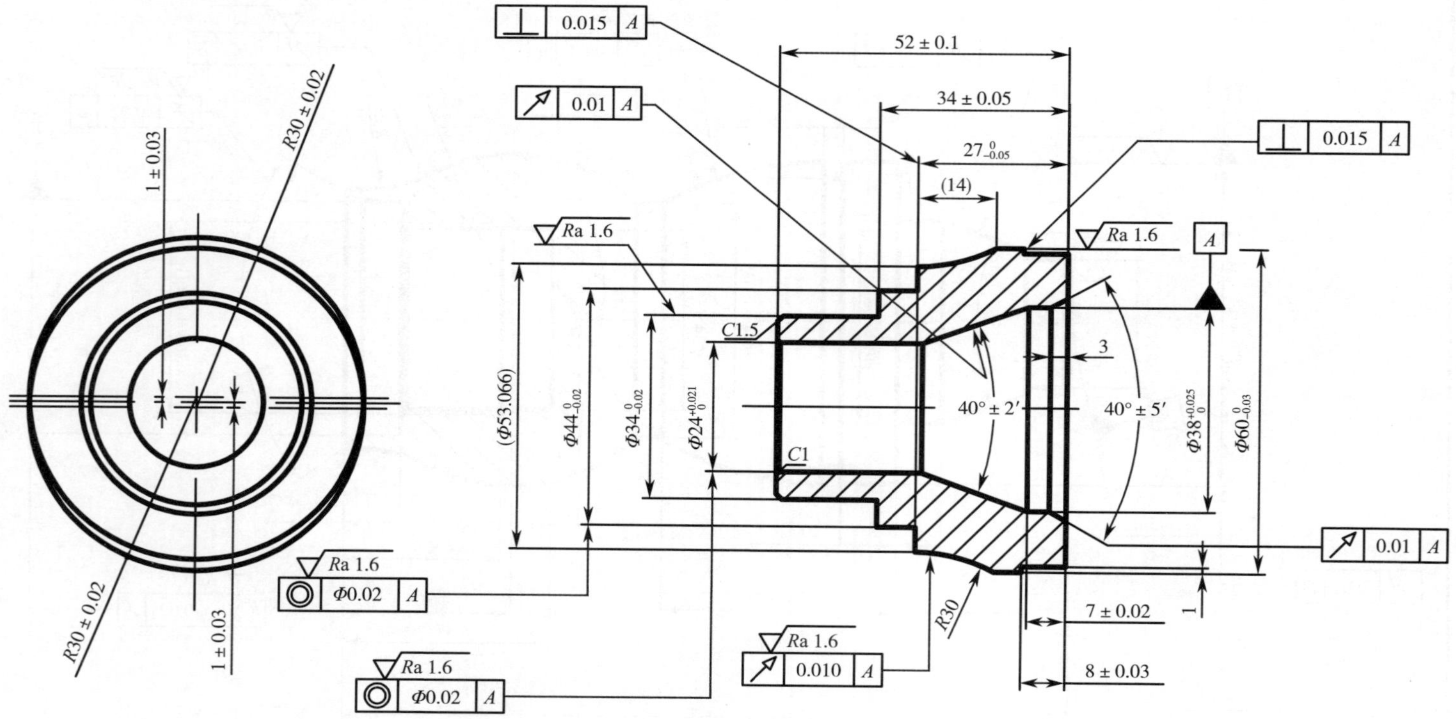

Ra 3.2 (√)

技术要求

1.未注倒角$C1$；
2.未注公差尺寸按GB 1804–M;
3.不允许使用砂布、锉刀等修饰加工面。

大赛–05		材料	45	比例	1:1
		数量	1	共3张　第2张	
制图			技能大赛试题		
审核					

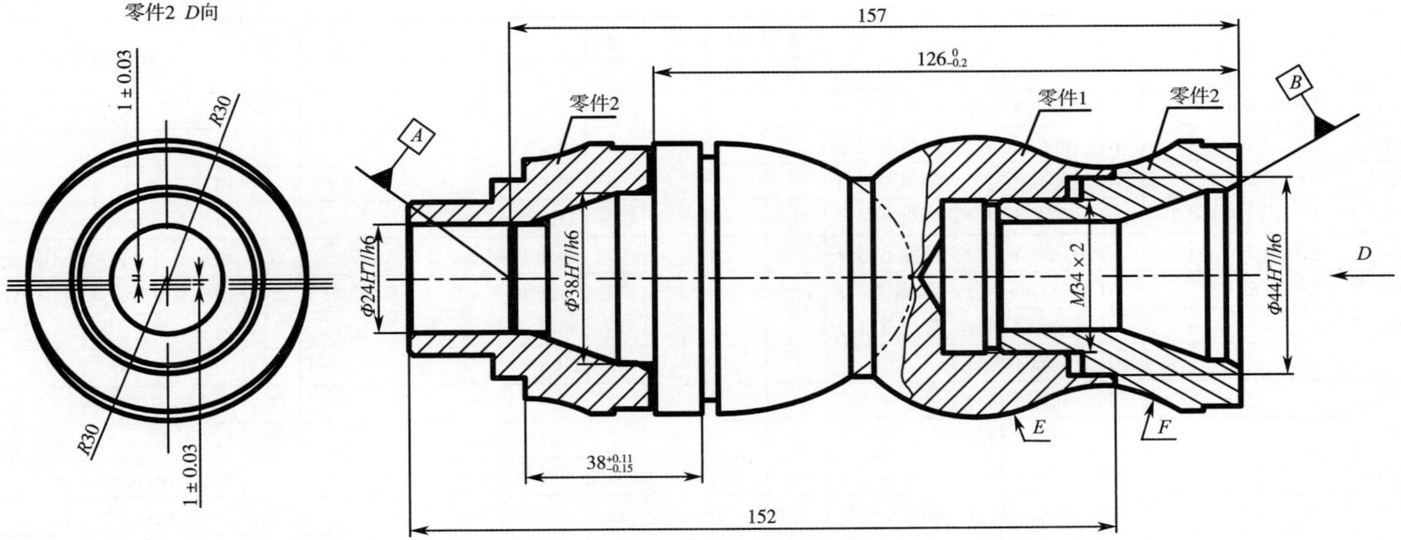

技术要求

1.未注倒角*C*1；
2.未注公差尺寸按GB 1804–*M*；
3.不允许使用砂布、锉刀等修饰加工面；
4.装配后零件1的*E*处和零件2的*F*处轮廓按整体轮廓要求，要求与基准*A*—*B*的跳动不大于0.05mm。

大赛–05			材料	45	比例	1:1
			数量	1	共3张	第3张
制图			技能大赛试题			
审核						

2.5　大赛试题 -05 评分标准

项目	序号	技术要求	占分	评分标准	实测	得分
零件1	1	$\Phi24^{0}_{-0.02}$，粗糙度 $Ra1.6$	1/1	超差不得分，降级不得分		
	2	$\Phi38^{0}_{-0.025}$，粗糙度 $Ra3.2$	1/1	超差不得分，降级不得分		
	3	$\Phi60^{0}_{-0.03}$，粗糙度 $Ra1.6$	1/1	超差不得分，降级不得分		
	4	$\Phi44\pm0.025$，粗糙度 $Ra3.2$	1/1	超差不得分，降级不得分		
	5	$\Phi44^{+0.025}_{0}$，粗糙度 $Ra1.6$	1/1	超差不得分，降级不得分		
	6	$\Phi34^{+0.03}_{0}$，粗糙度 $Ra3.2$	1/1	超差不得分，降级不得分		
	7	130，$Ra3.2$	1/1	超差不得分，降级不得分		
	8	$99^{0}_{-0.033}$	1	超差不得分		
	9	$3.5^{0}_{-0.025}$	1	超差不得分		
	10	$10^{0}_{-0.033}$	1	超差不得分		
	11	$M36\times1.5-6H$ 中径	8/3	超差不得分，降级不得分		
	12	椭圆，$Ra1.6$	1/1	超差不得分，降级不得分		
	13	$S\Phi62$，$Ra1.6$	1/1	超差不得分，降级不得分		
	14	$R31$，$Ra1.6$	1/1	超差不得分，降级不得分		
	15	圆锥（$40\pm2'$），$Ra1.6$	1/1	超差不得分，降级不得分		
	16	圆锥（$60\pm5'$），$Ra3.2$	1/1	超差不得分，降级不得分		
	17	$C1$	1	不合格不得分		
	18	五处原跳动	5	超差 0.01mm 扣 1 分		
	19	两处垂直度	2	超差 0.01mm 扣 1 分		
	20	一处同轴度	1	超差 0.01mm 扣 1 分		
零件2	21	$\Phi24^{0}_{-0.033}$，$Ra1.6$	2/1	超差不得分，降级不得分		
	22	$\Phi34^{0}_{-0.025}$，粗糙度 $Ra1.6$	2/1	超差不得分，降级不得分		
	23	$\Phi60^{0}_{-0.03}$，粗糙度 $Ra1.6$	2/1	超差不得分，降级不得分		
	24	52 ± 0.1	1	超差不得分		
	25	34 ± 0.05	1	超差不得分		
	26	$27^{0}_{-0.05}$	1	超差不得分		
	27	圆锥（$40°\pm2'$），$Ra3.2$	2/1	超差不得分，降级不得分		
	28	圆锥（$60°\pm5'$），$Ra3.2$	2/1	超差不得分，降级不得分		
	29	$R30$，$Ra3.2$	2/1	超差不得分，降级不得分		
	30	$C1.5$	1	不合格不得分		
	31	$C1$	1	不合格不得分		
	32	一处原跳动	2	超差 0.01mm 扣 1 分		
	33	一处垂直度	2	超差 0.01mm 扣 1 分		
	34	一处同轴度	2	超差 0.01mm 扣 1 分		
	35	$\Phi44^{0}_{-0.02}$，粗糙度 $Ra1.6$	2/1	超差不得分，降级不得分		
	36	$\Phi38^{+0.025}_{-0}$，粗糙度 $Ra3.2$	2/1	超差不得分，降级不得分		
配合	37	装配成型	3	超差不得分		
	38	152	3	超差不得分		
	39	157	3	超差不得分		
	40	螺纹配合	3	松紧适宜得分		
	41	$38^{+0.11}_{-0.15}$	3	超差不得分		
	42	$126^{0}_{-0.02}$	3	超差不得分		
	43	工件必须完整，工件局部无缺陷（如夹伤、划痕等）				
合计						

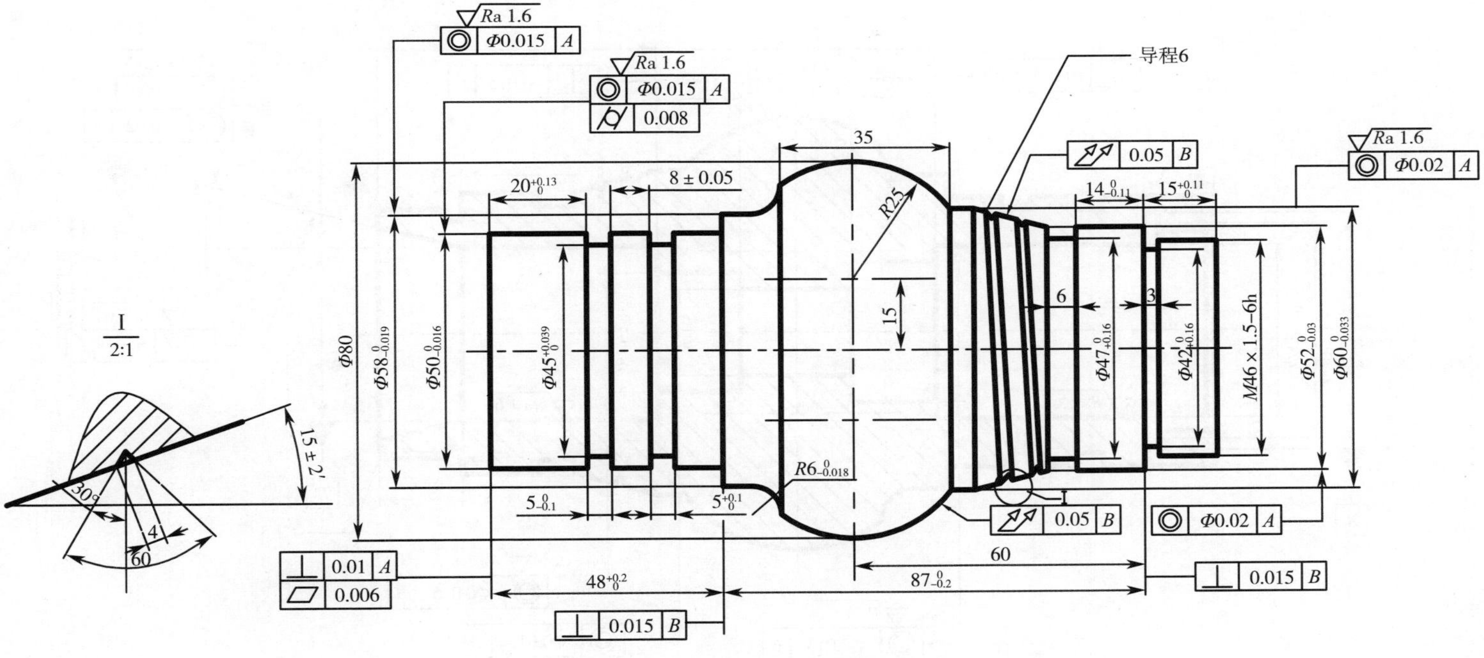

Ra 3.2 (√)

技术要求

1.未注倒角*C*1；
2.未注公差尺寸按GB 1804–*M*；
3.不允许使用砂布、锉刀等修饰加工面。

大赛–06	材料	45	比例	1:1
	数量	1	共2张	第1张
制图			技能大赛试题	
审核				

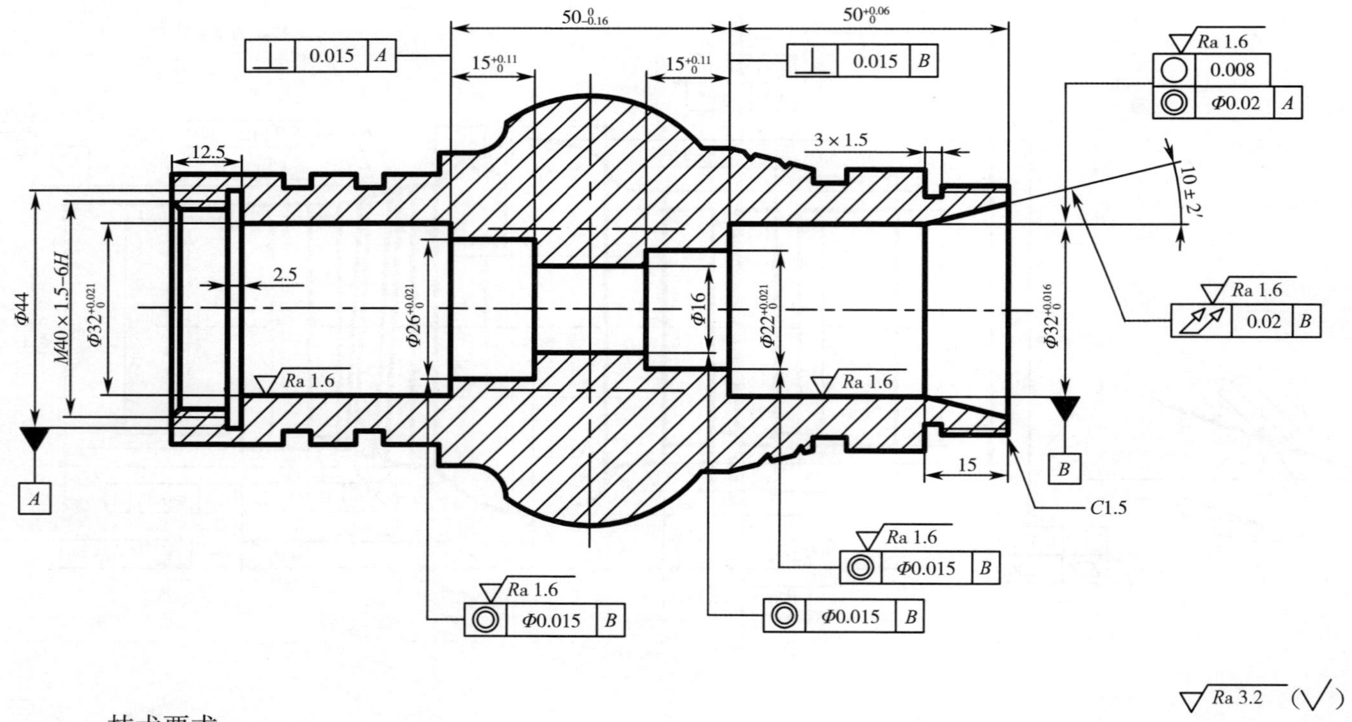

技术要求

1.未注倒角*C*0.5；
2.未注公差尺寸按GB 1804–*M*；
3.不允许使用砂布、锉刀等修饰加工面。

大赛-06		材料	45	比例	1:1
		数量	1	共2张 第2张	
制图		技能大赛试题			
审核					

2.6　大赛试题 –06 评分标准

序号	项目	技术要求	占分	评分标准	实测	得分
1	外圆	$\Phi45_{0}^{+0.039}$，粗糙度 $Ra3.2$	2/1	超差不得分，降级不得分		
2	外圆	$\Phi47_{-0.016}^{0}$，粗糙度 $Ra3.2$	2/1	超差不得分，降级不得分		
3	外圆	$\Phi50_{-0.016}^{0}$，粗糙度 $Ra1.6$	2/1	超差不得分，降级不得分		
4	外圆	$\Phi52_{-0.02}^{0}$，粗糙度 $Ra3.2$	2/1	超差不得分，降级不得分		
5	外圆	$\Phi58_{-0.019}^{0}$，粗糙度 $Ra1.6$	2/1	超差不得分，降级不得分		
6	外圆	$\Phi60_{-0.033}^{0}$，粗糙度 $Ra1.6$	2/1	超差不得分，降级不得分		
7	外圆	$\Phi80$，粗糙度 $Ra3.2$	2/1	超差不得分，降级不得分		
8	$M46\times1.5-6H$		6/1	超差不得分，降级不得分		
9	成型面	$R25$	2	超差不得分		
10	成型面	$R6_{-0.018}^{0}$	2	超差不得分		
11	锥螺纹		3	超差不得分		
12	长度	$5_{0}^{+0.1}$	2	超差不得分		
13	长度	$48_{0}^{+0.2}$	2	超差不得分		
14	长度	$87_{-0.2}^{0}$	2	超差不得分		
15	长度	8 ± 0.05	2	超差不得分		
16	长度	$14_{-0.11}^{0}$	2	超差不得分		
17	长度	$20_{0}^{+0.13}$	2	超差不得分		
18	长度	$50_{0}^{+0.06}$	2	超差不得分		

序号	项目	技术要求	占分	评分标准	实测	得分
19	长度	$15_{0}^{0.11}$	2	超差不得分		
20	内螺纹 $M40\times1.5-6H$		6/1	超差不得分，降级不得分		
21	内孔	$\Phi32_{0}^{0.021}$，粗糙度 $Ra1.6$	2/1	超差不得分，降级不得分		
22	内孔	$\Phi26_{0}^{0.021}$，粗糙度 $Ra1.6$	2/1	超差不得分，降级不得分		
23	内孔	$\Phi22_{0}^{0.021}$，粗糙度 $Ra1.6$	2/1	超差不得分，降级不得分		
24	内孔	$\Phi32_{0}^{0.016}$，粗糙度 $Ra1.6$	2/1	超差不得分，降级不得分		
25	内圆锥 $10°\pm2'$ ，$Ra1.6$		2	超差不得分，降级不得分		
26	倒角	$C1.5$	1	不合格不得分		
27	倒角	未注倒角 $C0.5$	1	不合格不得分		
28	刀槽	2.5×2	1	不合格不得分		
29	刀槽	3×1.5	1	不合格不得分		
30	形位公差	⊥ | 0.015 | A	6	超差 0.01mm 扣 2 分		
31	形位公差	◎ | Ø0.015 | A	6	超差 0.01mm 扣 2 分		
32	形位公差	⊥ | 0.015 | B	6	超差 0.01mm 扣 2 分		
33	形位公差	⌰ | 0.05 | B	6	超差 0.01mm 扣 2 分		
注意事项		工件必须完整，工件局部无缺陷（如夹伤、划痕等）				
注意事项		程序中严重违反工艺规程则取消考试资格；其他问题酌情扣分				
合计						

节点	X坐标	Z坐标
a1	Φ72	23
a2	Φ82.022	12.267
a3	Φ82.022	−12.267
a4	Φ72	−23
a5	Φ84	−34.489

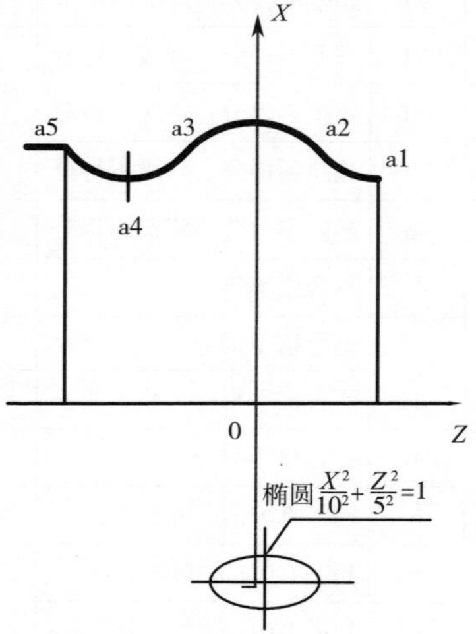

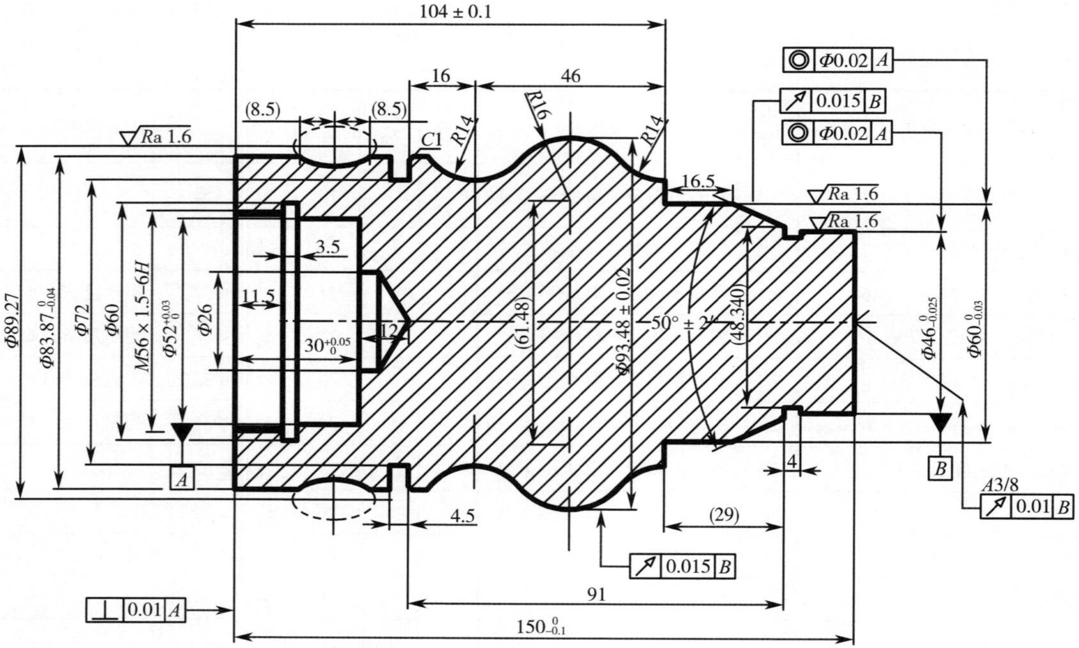

技术要求

1.未注倒角C0.5，未注倒圆R0.5；
2.未注公差尺寸按GB 1804–M；
3.不允许使用砂布、锉刀等修饰加工面。

Ra 3.2 (√)

大赛–07		材料	45	比例	1:1
		数量	1	共4张	第1张
制图			技能大赛试题		
审核					

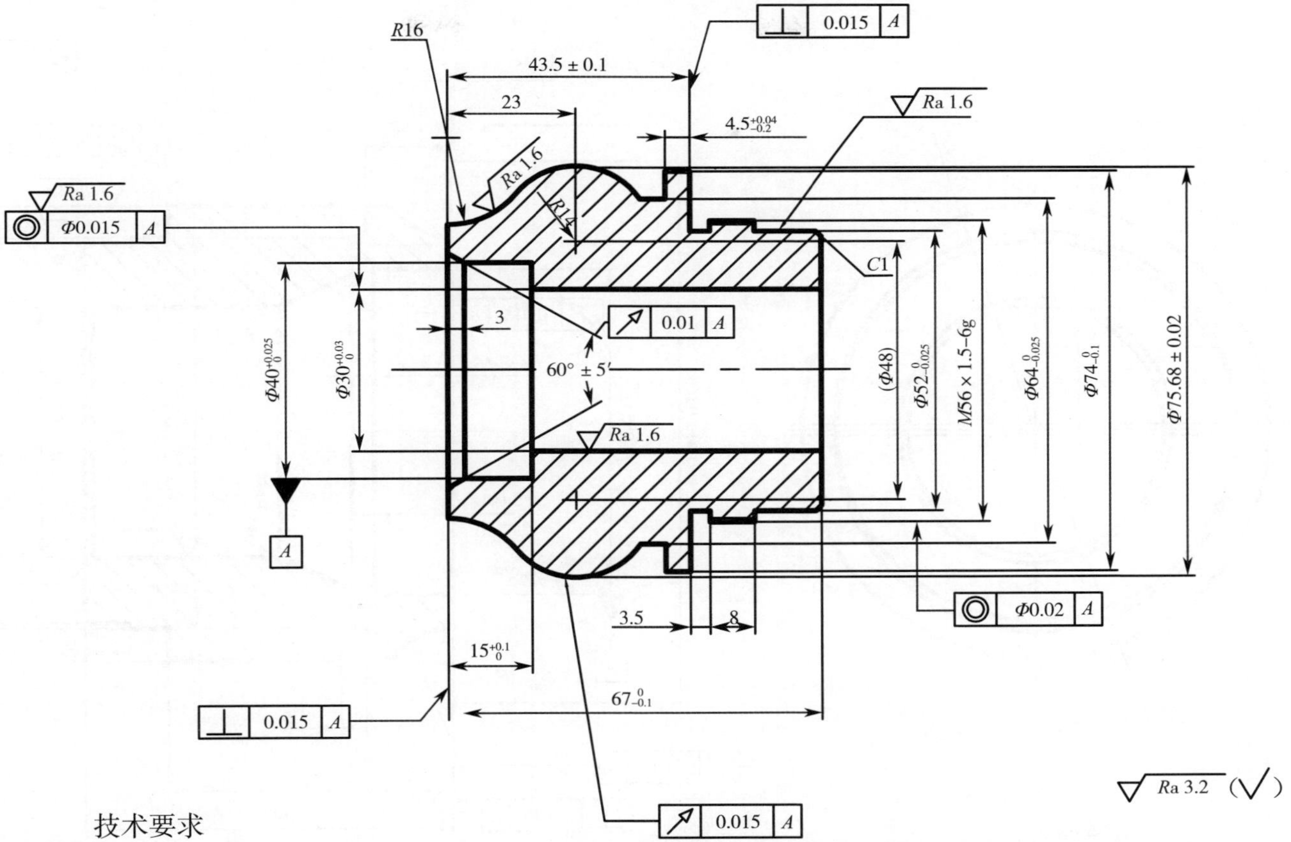

技术要求

1.锐边倒角C0.5；
2.未注公差尺寸按GB 1804–M;
3.不允许使用砂布、锉刀等修饰加工面。

大赛–07	材料	45	比例	1:1
	数量	1	共4张　第2张	
制图			技能大赛试题	
审核				

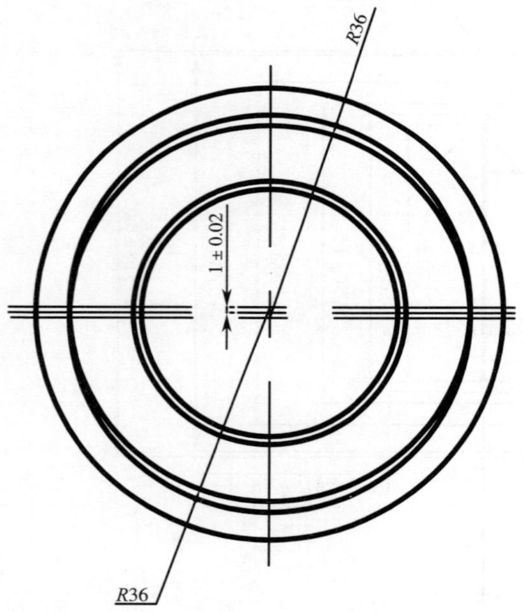

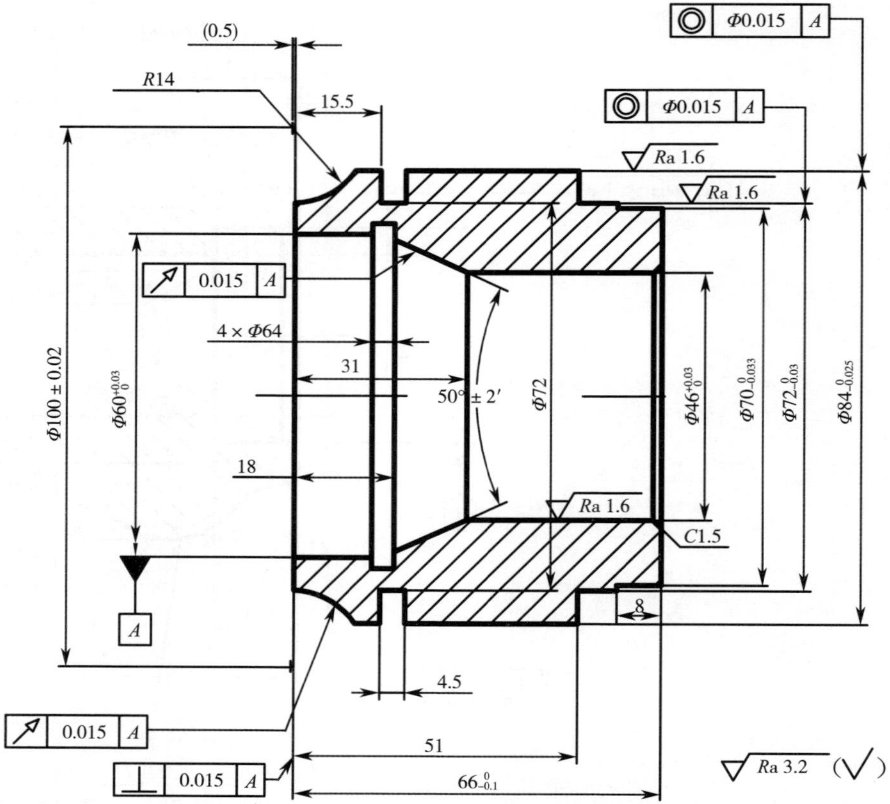

技术要求

1.锐边倒角$C0.5$;
2.未注公差尺寸按GB 1804–M;
3.不允许使用砂布、锉刀等修饰加工面。

大赛–07		材料	45	比例	1:1
		数量	1	共4张　第3张	
制图		技能大赛试题			
审核					

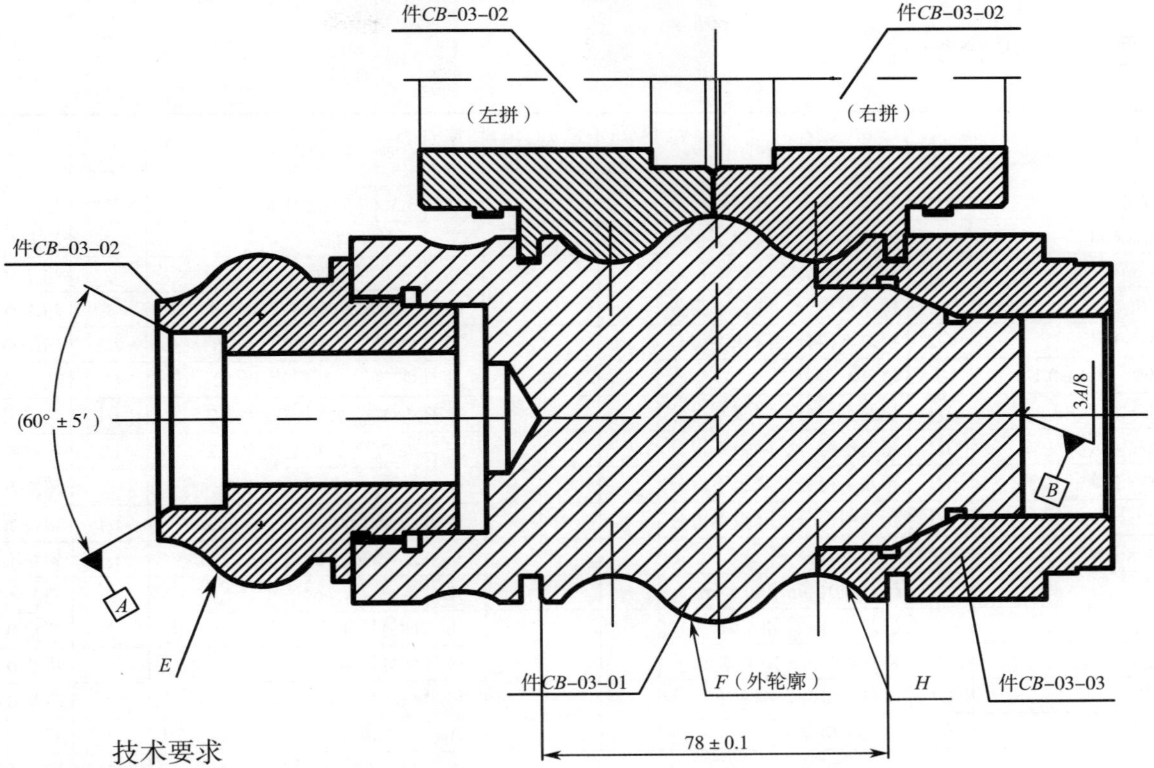

技术要求

1.零件*CB*–03–01与*CB*–03–03装配后，长度尺寸要求78 ± 0.1mm;
2.三件装配后要求零件*CB*–03–02的*E*处,零件*CB*–03–01的*F*处和零件*ZC*–03–03的*H*处，与基准*A*—*B*的圆跳动不大于0.08mm;
3.拧出零件*CB*–03–02，将其与零件*CB*–03–01左拼（如图示）后，要求件*CB*–03–02的*E*处与件*CB*–03–01的*F*处的间隙≤0.04mm;
4.拆下件*CB*–03–02将其与零件*CB*–03–01与*CB*–03–03右拼装后，要求件*CB*–03–02的*E*处与件*CB*–03–01的*F*处和零件*CB*–03–03的*H*处间隙不大于0.06mm。

大赛–07		材料	45	比例	1:1
		数量	1	共4张	第4张
制图		技能大赛试题			
审核					

2.7 大赛试题 –07 评分标准

项目	序号	技术要求	占分	评分标准	实测	得分
零件1	1	$\Phi52^{+0.03}_{0}$，$Ra3.2$	1/1	超差不得分，降级不得分		
	2	$\Phi83.87^{0}_{-0.04}$，$Ra3.2$	1/1	超差不得分，降级不得分		
	3	$\Phi46^{0}_{-0.025}$，$Ra1.6$	1/1	超差不得分，降级不得分		
	4	$\Phi60^{0}_{-0.03}$，$Ra1.6$	1/1	超差不得分，降级不得分		
	5	$M56\times1.5-6H$	6/2	超差不得分，降级不得分		
	6	$150^{0}_{-0.01}$，91，104 ± 0.1	3	超差不得分		
	7	$R14$（2 处），$Ra3.2$	1/1	超差不得分，降级不得分		
	8	$R16$，$Ra3.2$	1/1	超差不得分，降级不得分		
	9	锥面（50° ± 2′），$Ra3.2$	1/1	超差不得分，降级不得分		
	10	椭圆，$Ra3.2$	1/1	超差不得分，降级不得分		
	11	退刀槽 3.5 × $\Phi60$	1	超差不得分		
	12	一处垂直度	1	超差 0.01mm 扣 0.5 分		
	13	两处同轴度	2	超差 0.01mm 扣 1 分		
	14	三处圆跳动	3	超差 0.01mm 扣 1 分		
零件2	15	$\Phi30^{+0.03}_{0}$，$Ra1.6$	1/1	超差不得分，降级不得分		
	16	$\Phi40^{+0.025}_{0}$，$Ra3.2$	1/1	超差不得分		
	17	$\Phi52^{0}_{-0.025}$，$Ra1.6$	1/1	超差不得分，降级不得分		
	18	$\Phi64^{0}_{-0.03}$，$Ra3.2$	1/1	超差不得分，降级不得分		
	19	$\Phi74^{0}_{-0.1}$，$Ra3.2$	1/1	超差不得分，降级不得分		
	20	$M56\times1.5-6g$ 中径	6/2	超差不得分，降级不得分		
	21	$67^{0}_{-0.1}$，$Ra3.2$	1	超差不得分，降级不得分		
	22	$15^{+0.1}_{0}$，$4.5^{+0.04}_{-0.2}$	2	超差不得分		
	23	$R16$，$Ra1.6$	1/1	超差不得分，降级不得分		
	24	$R14$，$Ra1.6$	1/1	超差不得分，降级不得分		
	25	$C1$	1	不合格不得分		
零件2	26	3.5 × $\Phi52$ 退刀槽	1	超差不得分		
	27	一处垂直度	1	超差 0.01mm 扣 0.5 分		
零件3	28	两处同轴度	2	超差 0.01mm 扣 0.5 分		
	29	一处圆跳动	1	超差 0.01mm 扣 0.5 分		
	30	$\Phi46^{+0.03}_{0}$，粗糙度 $Ra1.6$	1/1	超差不得分，降级不得分		
	31	$\Phi72^{0}_{-0.03}$，粗糙度 $Ra3.2$	1/1	超差不得分，降级不得分		
	32	$\Phi84^{0}_{-0.025}$，粗糙度 $Ra3.2$	1/1	超差不得分，降级不得分		
	33	$\Phi60^{+0.021}_{0}$，粗糙度 $Ra3.2$	1/1	超差不得分，降级不得分		
	34	$66^{0}_{-0.1}$，51，15.5，8	2	超差不得分		
	35	圆锥（50° ± 2′），$Ra3.2$	1/1	超差不得分，降级不得分		
	36	$R14$，$Ra3.2$	1/1	超差不得分，降级不得分		
	37	沟槽 4 × $\Phi64$	2	超差不得分		
配合	38	两处同轴度	2	超差 0.01mm 扣 0.5 分		
	39	两处原跳动	2	超差 0.01mm 扣 0.5 分		
	40	一处垂直度	2	超差 0.01mm 扣 0.5 分		
	41	装配成型	3	超差不得分		
	42	78 ± 0.1	3	超差不得分		
	43	间隙符合技术要求	1	不合格不得分		
	44	螺纹配合	3	不合格不得分		
	45	端面槽配	3	超差不得分		
注意事项	按照有关安全操作规程每违反一项，从总分中扣除 5 分					
	工件必须完整，工件局部无缺陷（如夹伤、划痕等）					
	程序中严重违反工艺规程的取消考试资格；其他问题酌情扣分					
合计						

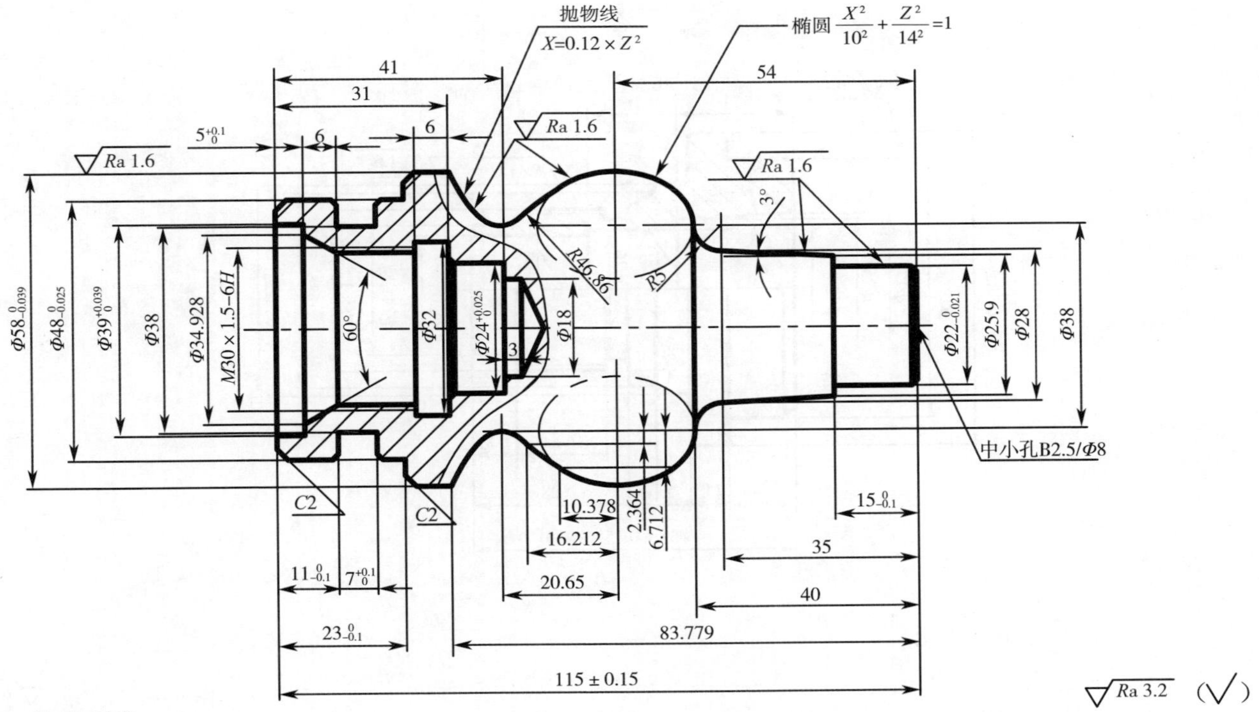

技术要求

1.未注倒角$C1$;
2.未注公差尺寸按GB 1804–M;
3.不允许使用砂布、锉刀等修饰加工面。

大赛–08		材料	45	比例	1:1
		数量	1	共3张 第1张	
制图		技能大赛试题			
审核					

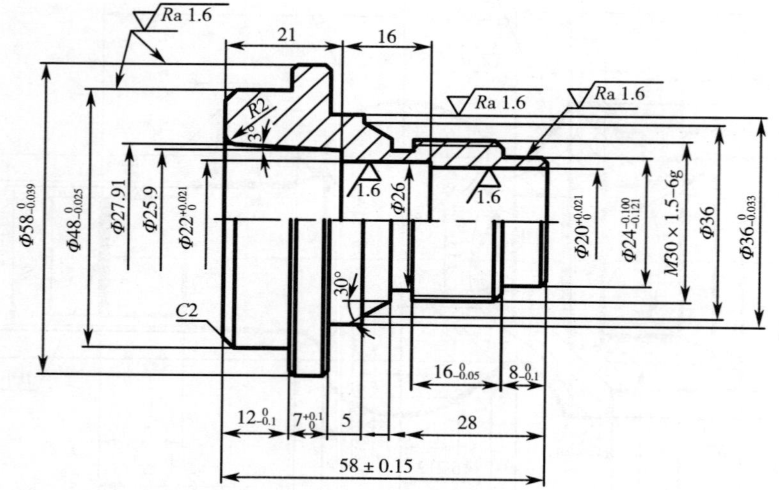

技术要求

1.未注倒角$C1$；
2.未注公差尺寸按GB 1804–M；
3.不允许使用砂布、锉刀等修饰加工面。

大赛–08		材料	45	比例	1:1
		数量	1	共3张 第2张	
制图		技能大赛试题			
审核					

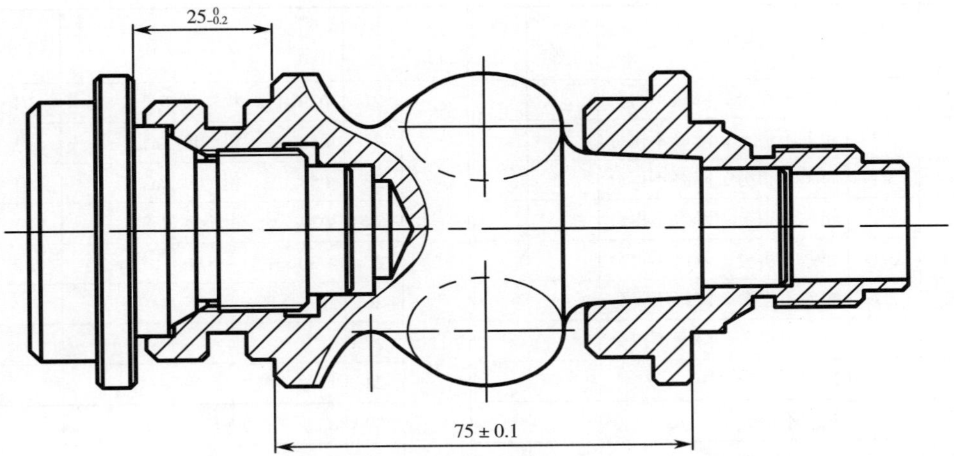

技术要求

1.未注倒角$C1$；
2.未注公差尺寸按GB 1804–M；
3.不允许使用砂布、锉刀等修饰加工面。

大赛–08		材料	45	比例	1:1
		数量	1	共3张　第3张	
制图		技能大赛试题			
审核					

2.8 大赛试题 -08 评分标准

项目	序号	技术要求	占分	评分标准	实测	得分
零件1	1	$\Phi22^{0}_{-0.021}$，粗糙度 $Ra1.6$	3/1	超差不得分，降级不得分		
	2	$\Phi58^{0}_{-0.039}$，粗糙度 $Ra1.6$	2/1	超差不得分，降级不得分		
	3	$\Phi48^{0}_{-0.025}$，粗糙度 $Ra1.6$	3/1	超差不得分，降级不得分		
	4	$\Phi39^{+0.039}_{0}$，粗糙度 $Ra3.2$	2/1	超差不得分，降级不得分		
	5	$\Phi38$，粗糙度 $Ra3.2$	3/1	超差不得分，降级不得分		
	6	$\Phi24^{+0.025}_{0}$，粗糙度 $Ra3.2$	3/1	超差不得分，降级不得分		
	7	$M30\times1.5-6H$ 中径	6/2	超差不得分，降级不得分		
	8	115 ± 0.15	1	超差不得分		
	9	$15^{0}_{-0.1}$	1	超差不得分		
	10	40	1	超差不得分		
	11	$11^{0}_{-0.1}$	1	超差不得分		
	12	$7^{+0.1}_{0}$	1	超差不得分		
	13	$23^{0}_{-0.1}$	1	超差不得分		
	14	椭圆，$Ra1.6$	1/1	超差不得分，降级不得分		
	15	圆锥（3°），$Ra1.6$	1/1	超差不得分，降级不得分		
	16	圆弧 $R5$，$Ra3.2$	1/1	超差不得分，降级不得分		
	17	$6\times\Phi32$ 退刀槽	1	超差不得分		
	18	$2-C2$	1	不合格不得分		
零件2	19	$\Phi2^{+0.021}_{0}$，粗糙度 $Ra1.6$	3/1	超差不得分，降级不得分		
	20	$\Phi24^{-0.100}_{-0.121}$，粗糙度 $Ra1.6$	2/1	超差不得分，降级不得分		
	21	$\Phi39^{0}_{-0.039}$，粗糙度 $Ra1.6$	3/1	超差不得分，降级不得分		
	22	$\Phi48^{0}_{-0.025}$，粗糙度 $Ra1.6$	3/1	超差不得分，降级不得分		
	23	$\Phi58^{0}_{-0.039}$，粗糙度 $Ra1.6$	2/1	超差不得分，降级不得分		
	24	$\Phi22^{+0.021}_{0}$，粗糙度 $Ra3.2$	3/1	超差不得分，降级不得分		
	25	$M30\times1.5-6g$	6/2	超差不得分，降级不得分		
	26	58 ± 0.15	1	超差不得分		
	27	$7^{+0.1}_{0}$	1	超差不得分		
	28	$12^{0}_{-0.1}$	1	超差不得分		
	29	$8^{0}_{-0.08}$	1	超差不得分		
	30	圆锥（30°），$Ra3.2$	1/1	超差不得分，降级不得分		
	31	$4\times\Phi26$ 退刀槽	1	超差不得分		
	32	$C2$	0.5	不合格不得分		
	33	未注倒角 $C0.5$	1.5	不合格不得分		
配合	34	装配成型	4	超差不得分		
	35	75 ± 0.1	3	超差不得分		
	36	$25^{0}_{-0.2}$	3	超差不得分		
	37	螺纹配合	4	松紧适宜得分		
	38	端面槽配	3	不合格不得分		
注意事项		工件必须完整，工件局部无缺陷（如夹伤、划痕等）				
合计						

件1

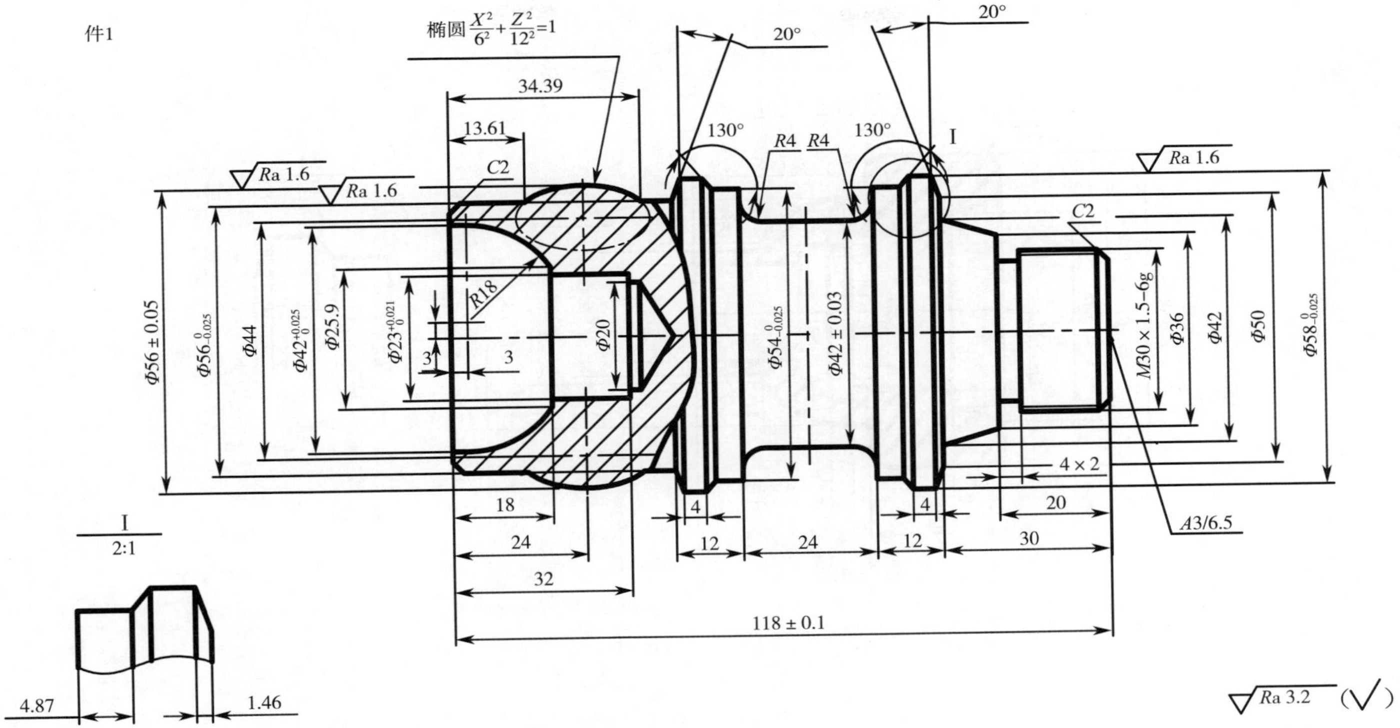

技术要求

1.锐边倒角$C1$；
2.未注公差尺寸按GB 1804−M；
3.不允许使用砂布、锉刀等修饰加工面。

大赛−09		材料	45	比例	1:1
		数量	1	共3张 第1张	
制图			技能大赛试题		
审核					

件2

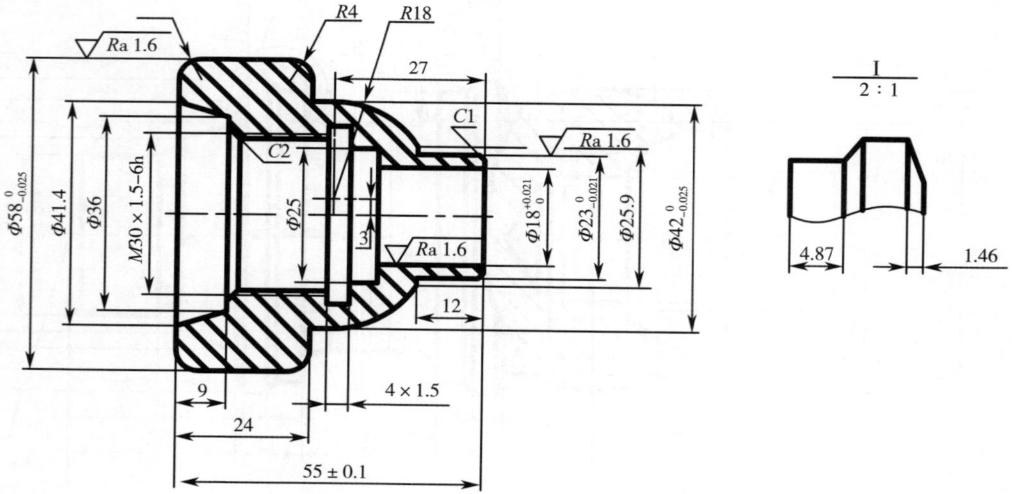

Ra 3.2 (√)

技术要求

1.锐边去毛刺;

2.未注公差尺寸按GB 1804—*M*;

3.不允许使用砂布、锉刀等修饰加工面。

大赛-09		材料	45	比例	1:1
		数量	1	共3张 第2张	
制图			技能大赛试题		
审核					

配合1

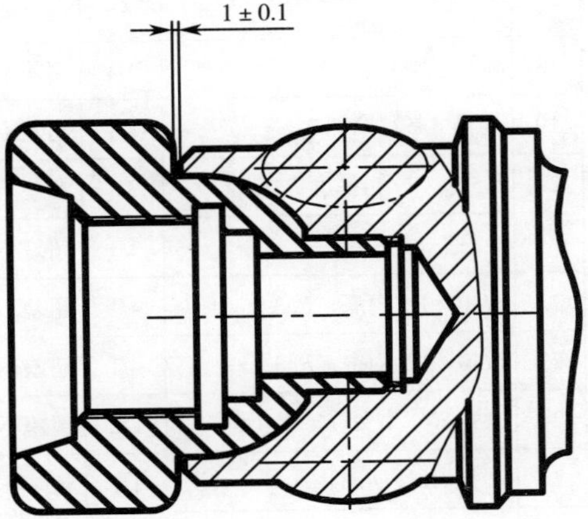

配合2

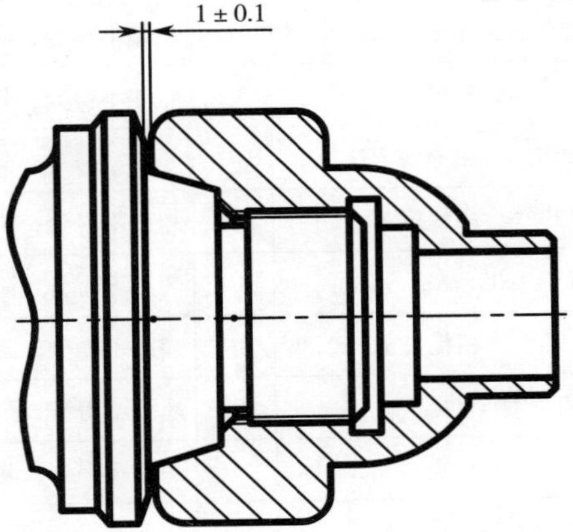

大赛-09		材料	45	比例	1:1
		数量	1	共3张 第3张	
制图			技能大赛试题		
审核					

2.9 大赛试题 -09 评分标准

项目	序号	技术要求	占分	评分标准	实测	得分
零件1	1	$\Phi58^{0}_{-0.025}$，粗糙度 $Ra1.6$	3/1	超差不得分，降级不得分		
	2	$\Phi54^{0}_{-0.025}$，粗糙度 $Ra3.2$	3/1	超差不得分，降级不得分		
	3	$\Phi50^{0}_{-0.025}$，粗糙度 $Ra1.6$	3/1	超差不得分，降级不得分		
	4	$\Phi42^{+0.025}_{0}$，粗糙度 $Ra3.2$	3/1	超差不得分，降级不得分		
	5	$\Phi56\pm0.05$，$Ra1.6$	3/1	超差不得分，降级不得分		
	6	$\Phi23^{+0.021}_{0}$，粗糙度 $Ra3.2$	3/1	超差不得分，降级不得分		
	7	$\Phi42\pm0.03$，$Ra3.2$	3/1	超差不得分，降级不得分		
	8	$M30\times1.5$ 大径	1	超差不得分，降级不得分		
	9	$M30\times1.5$ 中径，$Ra3.2$	5/1	超差不得分，降级不得分		
	10	牙型角	1	不合格不得分		
	11	118 ± 0.1，$Ra3.2$	1/1	超差不得分，降级不得分		
	12	24，30，12	6	超差不得分		
	13	椭圆轮廓度，$Ra3.2$	4/1	超差不得分，降级不得分		
	14	圆弧 $R4$（2 处），$Ra3.2$	4/2	超差不得分，降级不得分		
	15	圆弧 $R18$，$Ra3.2$	1/1	超差不得分，降级不得分		
	16	倒角 $C2$（2 处）	2	不合格不得分		
	17	$\Phi50\pm0.1$	1	超差不得分		
零件1	18	锥度（$\Phi42$、$\Phi36$）	1/1	超差不得分		
	19	沟槽 4×2，$Ra3.2$	1/1	超差不得分，降级不得分		
	20	$\Phi58^{0}_{-0.025}$，粗糙度 $Ra1.6$	3/1	超差不得分，降级不得分		
零件2	21	$\Phi23^{0}_{-0.021}$	1/1	超差不得分		
	22	$M30\times1.5$ 内底，$Ra3.2$	4/1	超差不得分，降级不得分		
	23	$M30\times1.5$ 内中，$Ra3.2$	4/1	超差不得分，降级不得分		
	24	圆弧 $R4$（2 处），$Ra1.6$	2/2	超差不得分，降级不得分		
	25	圆弧 $R18$，$Ra3.2$	1/1	超差不得分，降级不得分		
	26	55 ± 0.1	1/1	超差不得分		
	27	24	1	超差不得分		
	28	9	1	超差不得分		
	29	倒角 $C1$	1	不合格不得分		
	30	配合 1 接触面积≥85%	4	符合要求得分		
配合	31	1 ± 0.1、2 ± 0.1	4	超差不得分		
	32	棱边倒钝	1	不倒不得分		
	工件必须完整，工件局部无缺陷（如夹伤、划痕等）					
合计						

件1

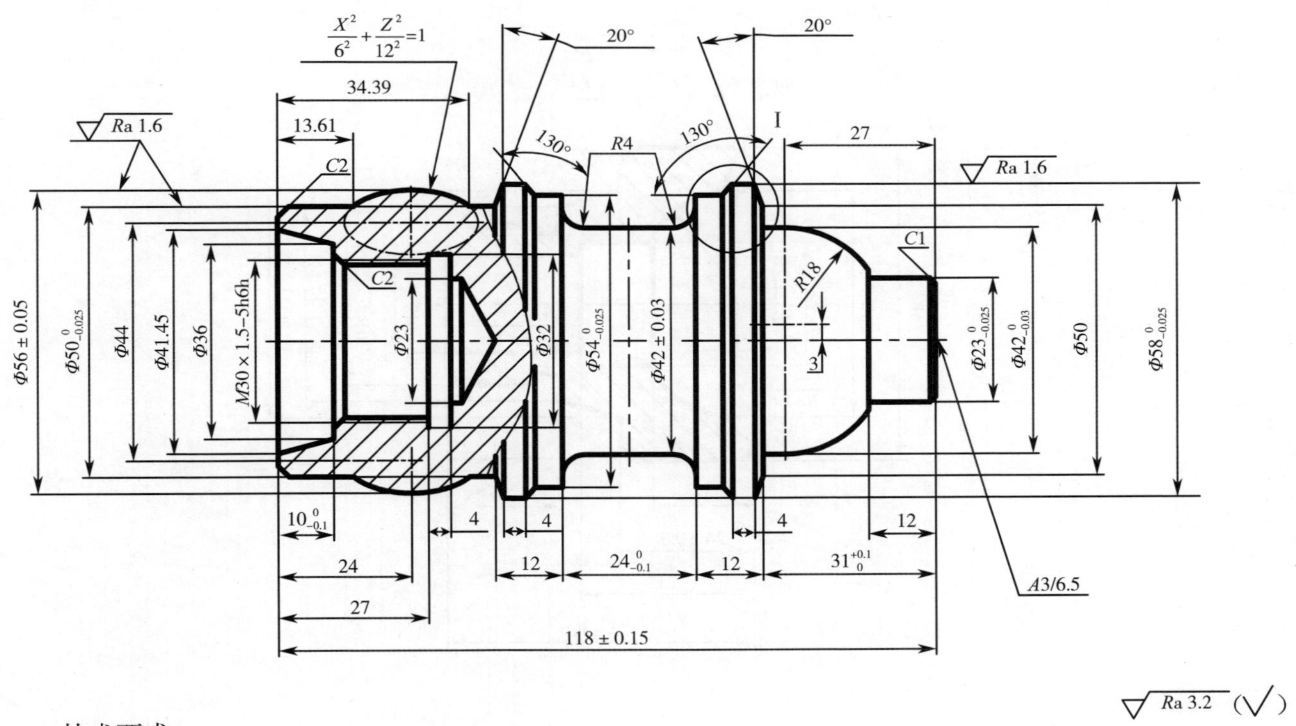

技术要求

1.未注倒角C0.5；

2.未注公差尺寸按GB 1804—M;

3.不允许使用砂布、锉刀等修饰加工面。

大赛–10		材料	45	比例	1:1
		数量	1	共3张　第1张	
制图			技能大赛试题		
审核					

件 2

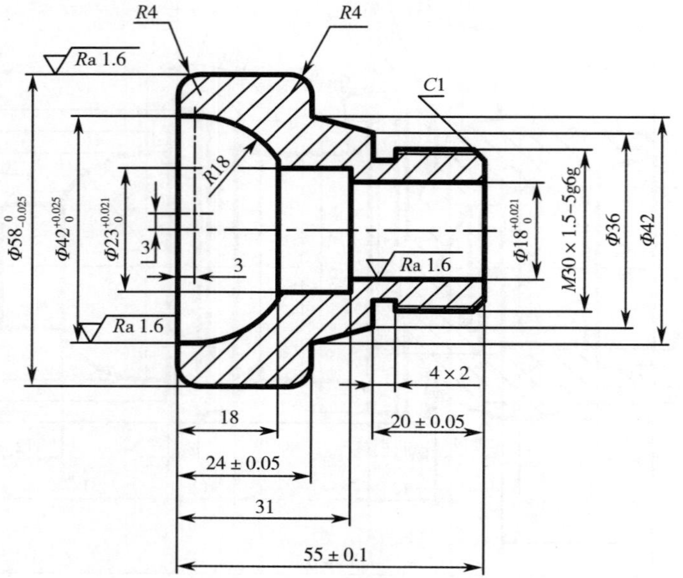

技术要求

1.锐边去毛刺；

2.未注公差尺寸按GB 1804—*M*；

3.不允许使用砂布、锉刀等修饰加工面。

大赛-10			材料	45	比例	1:1
			数量	1	共3张	第2张
制图			技能大赛试题			
审核						

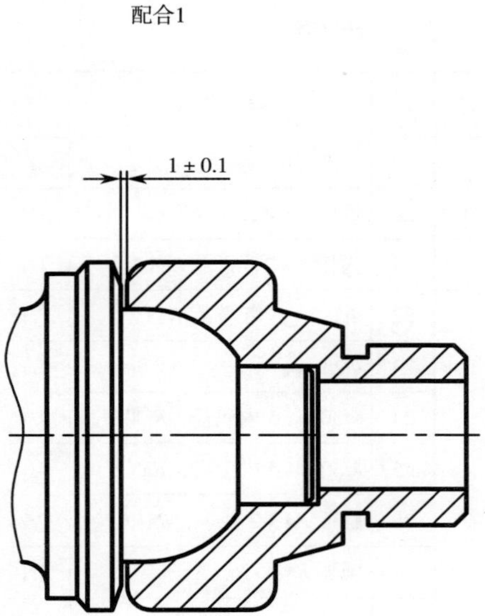

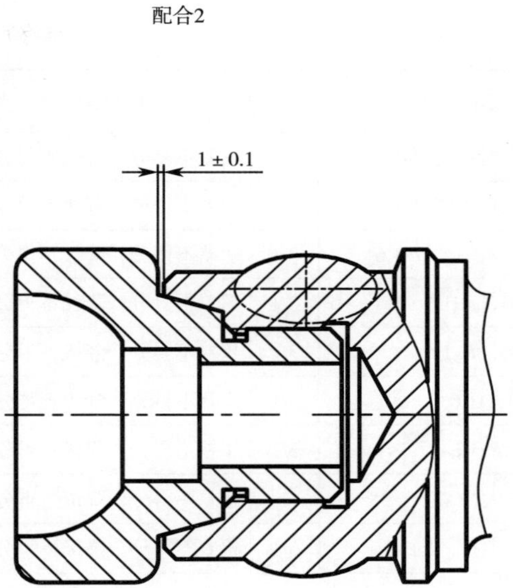

技术要求

1.未注倒角*C*1；
2.未注公差尺寸按GB 1804—*M*；
3.不允许使用砂布、锉刀等修饰加工面。

大赛-10		材料	45	比例	1:1
		数量	1	共3张　第3张	
制图			技能大赛试题		
审核					

2.10 大赛试题 -10 评分标准

项目	序号	技术要求	占分	评分标准	实测	得分
零件1	1	$\Phi58^{0}_{-0.025}$，粗糙度 $Ra1.6$	3/1	超差不得分，降级不得分		
	2	$\Phi54^{0}_{-0.025}$，粗糙度 $Ra1.6$	3/1	超差不得分，降级不得分		
	3	$\Phi50^{0}_{-0.025}$，粗糙度 $Ra1.6$	3/1	超差不得分，降级不得分		
	4	$\Phi43\pm0.03$，$Ra1.6$	3/1	超差不得分，降级不得分		
	5	$\Phi56\pm0.05$，$Ra1.6$	3/1	超差不得分，降级不得分		
	6	$\Phi23^{+0.021}_{0}$，$Ra1.6$	3/1	超差不得分，降级不得分		
	7	$\Phi42^{+0.025}_{0}$，$Ra1.6$	3/1	超差不得分，降级不得分		
	8	$M30\times1.5$ 大径	1	超差不得分，降级不得分		
	9	$M30\times1.5$ 中径，$Ra3.2$	5/1	超差不得分，降级不得分		
	10	牙型角	1	不合格不得分		
	11	118 ± 0.05，$Ra3.2$	1/1	超差不得分，降级不得分		
	12	24 ± 0.03	2	超差不得分		
	13	20 ± 0.03	2	超差不得分		
	14	32 ± 0.03	2	超差不得分		
	15	椭圆轮廓度，$Ra1.6$	4/1	超差不得分，降级不得分		
	16	圆弧 $R4$（2 处），$Ra3.2$	4/2	超差不得分，降级不得分		
	17	圆弧 $R18$，$Ra1.6$	1/1	超差不得分，降级不得分		
	18	倒角 $C2$（2 处）	2	不合格不得分		

项目	序号	技术要求	占分	评分标准	实测	得分
零件1	19	$\Phi50\ \pm0.1$	1	超差不得分		
	20	锥度（$\Phi42$、$\Phi36$）	1/1	超差不得分		
	21	沟槽 4×2，粗糙 $Ra3.2$	1/1	超差不得分，降级不得分		
零件2	22	$\Phi58^{0}_{-0.025}$，粗糙度 $Ra3.2$	3/1	超差不得分，降级不得分		
	23	$\Phi23^{0}_{-0.021}$	1/1	超差不得分		
	24	$M30\times1.5$ 内底径，$Ra3.2$	4/1	超差不得分，降级不得分		
	25	$M30\times1.5$ 内中径，$Ra3.2$	4/1	超差不得分，降级不得分		
	26	圆弧 $R4$（2 处），$Ra1.6$	2/2	超差不得分，降级不得分		
	27	圆弧 $R18$，$Ra1.6$	1/1	超差不得分，降级不得分		
	28	55 ± 0.05，$Ra3.2$	1/1	超差不得分，降级不得分		
	29	24 ± 0.03	1	超差不得分		
	30	12 ± 0.03	1	超差不得分		
	31	倒角 $C1$	1	不合格不得分		
配合	32	配合 1 接触面积≥85%	4	不合格不得分		
	33	1 ± 0.1、2 ± 0.1	4	超差不得分		
	34	棱边倒钝	1	不合格不得分		
注意事项	工件必须完整，工件局部无缺陷（如夹伤、划痕等）					
总计						

件1

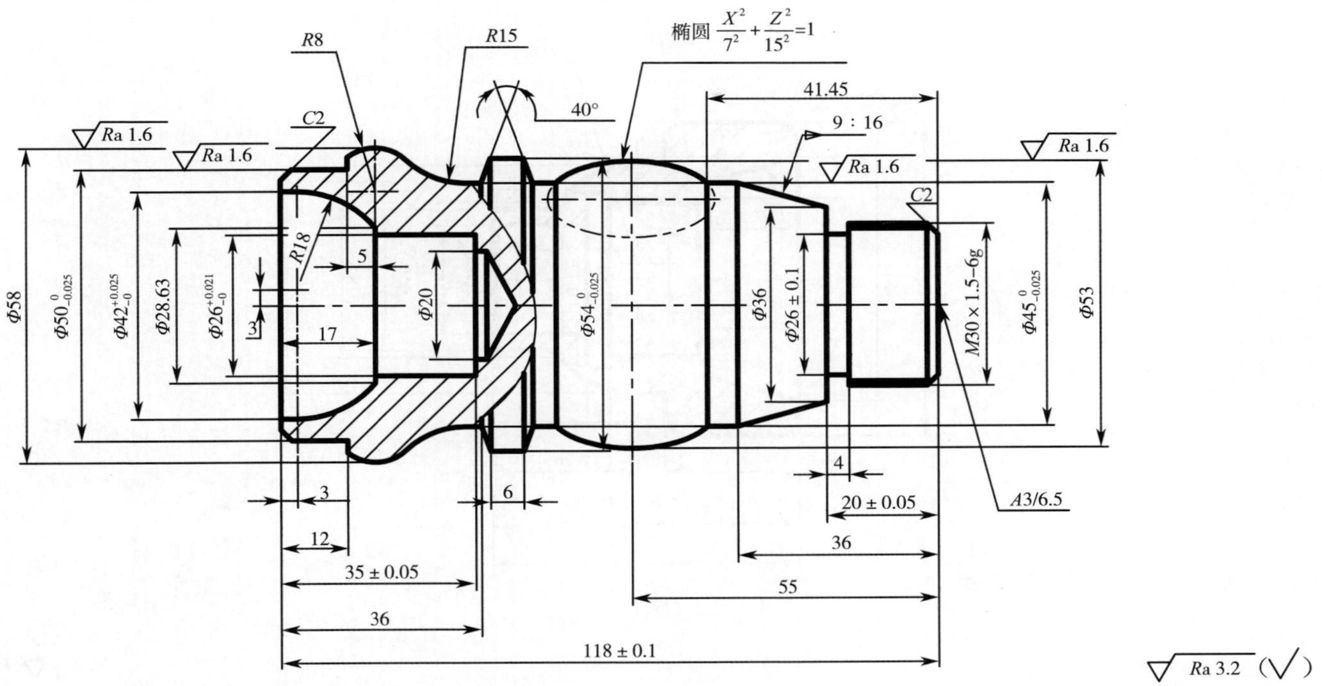

技术要求

1.未注倒角*C*1;

2.未注公差尺寸按GB 1804—*M*;

3.不允许使用砂布、锉刀等修饰加工面。

大赛–11		材料	45	比例	1:1
		数量	1	共3张	第1张
制图			技能大赛试题		
审核					

件 2

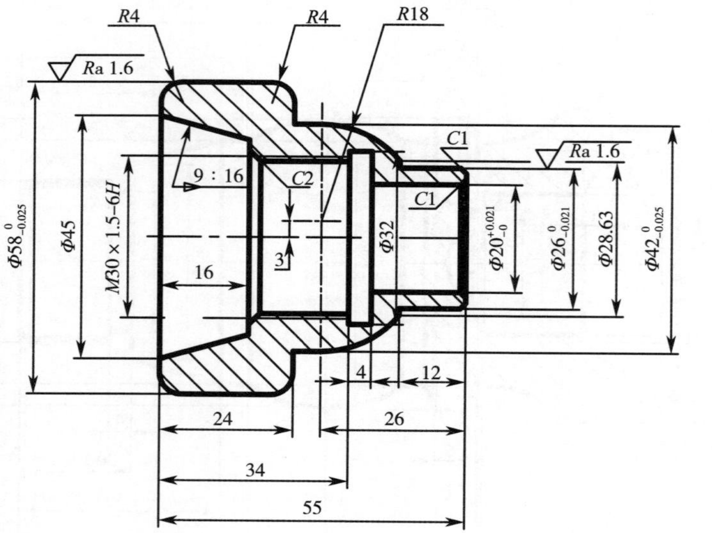

技术要求

1.未注倒角$C1$；

2.未注公差尺寸按GB 1804—M;

3.不允许使用砂布、锉刀等修饰加工面。

大赛-12		材料	45	比例	1:1
		数量	1	共3张	第2张
制图			技能大赛试题		
审核					

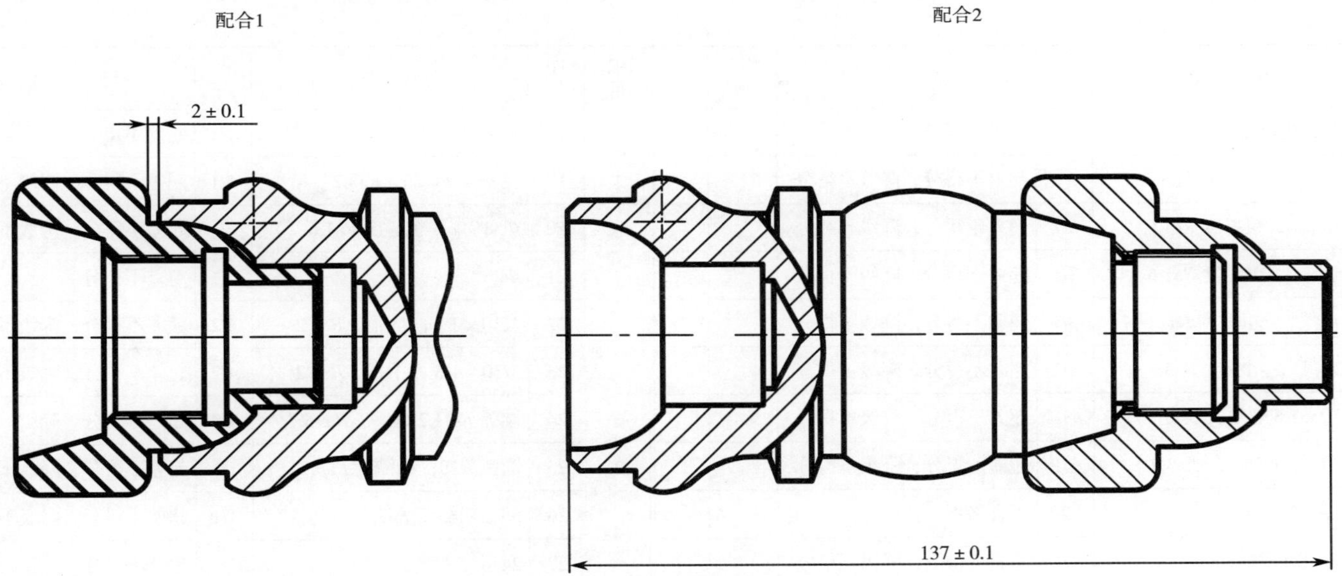

技术要求

1.未注倒角$C1$；

2.未注公差尺寸按GB 1804—M;

3.不允许使用砂布、锉刀等修饰加工面。

大赛-11		材料	45	比例	1:1
		数量	1	共3张　第3张	
制图		技能大赛试题			
审核					

2.11 大赛试题 –11 评分标准

项目	序号	技术要求	占分	评分标准	实测	得分	项目	序号	技术要求	占分	评分标准	实测	得分
零件1	1	$\Phi58$，粗糙度 $Ra1.6$	3/1	超差不得分，降级不得分			零件1	18	锥度（$\Phi45$、$\Phi36$）	1/1	超差不得分		
	2	$\Phi54^{0}_{-0.025}$，粗糙度 $Ra3.2$	3/1	超差不得分，降级不得分				19	沟槽 $4\times\Phi26$，$Ra3.2$	1/1	超差不得分，降级不得分		
	3	$\Phi50^{0}_{-0.025}$，粗糙度 $Ra1.6$	3/1	超差不得分，降级不得分			零件2	20	$\Phi58^{0}_{-0.025}$，粗糙度 $Ra1.6$	3/1	超差不得分，降级不得分		
	4	$\Phi45^{0}_{-0.025}$，粗糙度 $Ra1.6$	3/1	超差不得分，降级不得分				21	$\Phi26^{0}_{-0.021}$	1/1	超差不得分		
	5	$\Phi42^{+0.025}_{0}$，粗糙度 $Ra1.6$	3/1	超差不得分，降级不得分				22	$M30\times1.5$ 内底径，$Ra3.2$	4/2	超差不得分，降级不得分		
	6	$\Phi26^{+0.021}_{0}$，粗糙度 $Ra3.2$	3/1	超差不得分，降级不得分				23	$M30\times1.5$ 内中径，$Ra3.2$	4/2	超差不得分，降级不得分		
	7	$M30\times1.5$ 螺纹大径	1	超差不得分，降级不得分				24	圆弧 $R4$（2 处），$Ra3.2$	2/2	超差不得分，降级不得分		
	8	$M30\times1.5$ 中径，$Ra3.2$	5/1	超差不得分，降级不得分				25	圆弧 $R18$，粗糙度 $Ra3.2$	1/1	超差不得分，降级不得分		
	9	牙型角	2	不合格不得分				26	55，粗糙度 $Ra3.2$	1/1	超差不得分，降级不得分		
	10	118 ± 0.1，$Ra3.2$	1/1	超差不得分，降级不得分				27	24	1	超差不得分		
	11	20 ± 0.05	1	超差不得分				28	12	1	超差不得分		
	12	35 ± 0.05	1	超差不得分				29	倒角 $C1$	1	不合格不得分		
	13	椭圆轮廓度，$Ra3.2$	4/2	超差不得分，降级不得分			配合	30	配合 1 接触面积≥85%	4	不合格不得分		
	14	圆弧 18，$Ra3.2$	4/2	超差不得分，降级不得分				31	1 ± 0.1、2 ± 0.1	4	超差不得分		
	15	圆弧 $R8$，粗糙度 $Ra3.2$	1/1	超差不得分，降级不得分				32	配合 3 接触面积≤0.05	4	超差不得分		
	16	倒角 $C2$（2 处）	2	不合格不得分				33	棱边倒钝	1	不倒不得分		
	17	36	1	超差不得分，降级不得分			总计						

件1

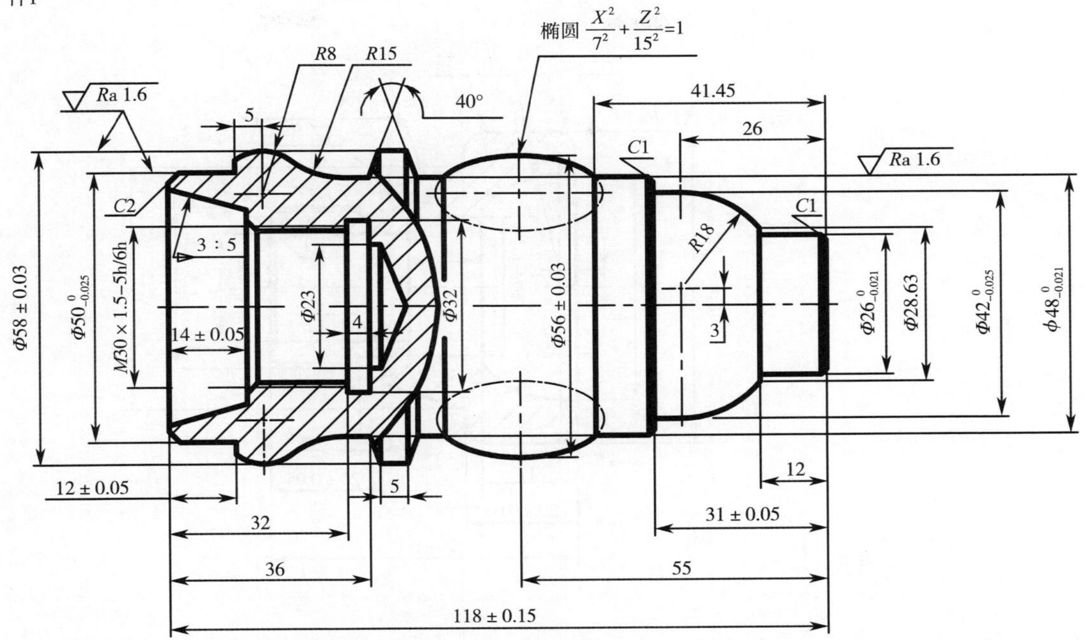

技术要求

1.未注倒角C1；

2.未注公差尺寸按GB 1804—M；

3.不允许使用砂布、锉刀等修饰加工面。

大赛−12			材料	45	比例	1:1
			数量	1	共3张	第1张
制图			技能大赛试题			
审核						

件 2

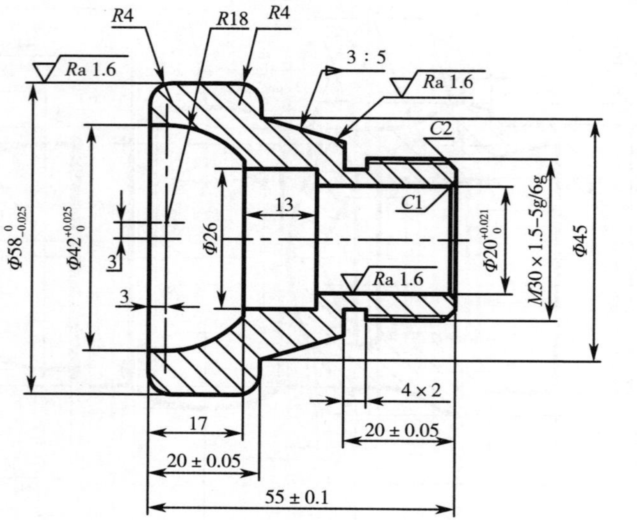

Ra 3.2 (√)

技术要求

1.未注倒角*C*0.5；

2.未注公差尺寸按GB 1804—*M*;

3.不允许使用砂布、锉刀等修饰加工面。

大赛–12		材料	45	比例	1:1
		数量	1	共3张　第2张	
制图			技能大赛试题		
审核					

配合1

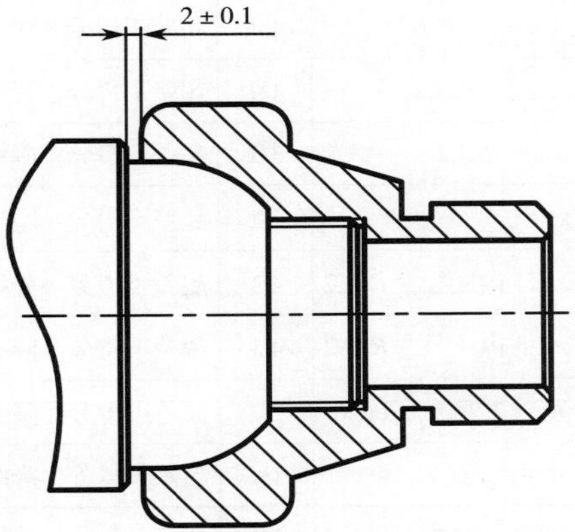

配合2

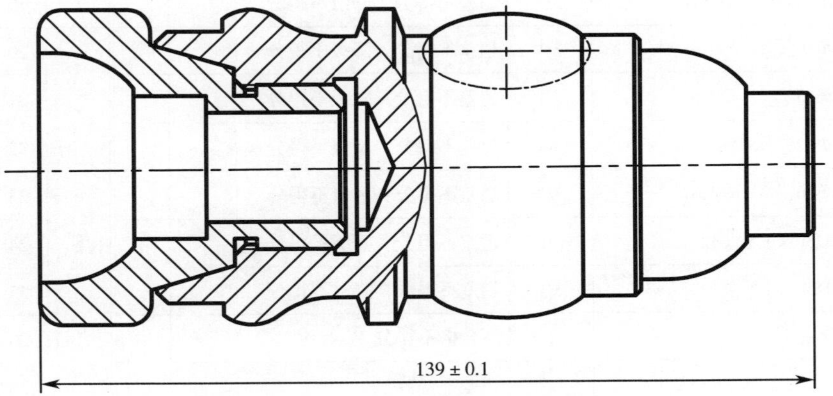

大赛-12			材料	45	比例	1:1
			数量	1	共3张　第3张	
制图			技能大赛试题			
审核						

2.12 大赛试题 -12 评分标准

项目	序号	技术要求	占分	评分标准	实测	得分
零件1	1	$\Phi58\pm0.05$，$Ra1.6$	3/1	超差不得分，降级不得分		
	2	$\Phi53\pm0.05$，$Ra1.6$	3/1	超差不得分，降级不得分		
	3	$\Phi50^{0}_{-0.025}$，$Ra1.6$	3/1	超差不得分，降级不得分		
	4	$\Phi45^{0}_{-0.025}$，$Ra1.6$	3/1	超差不得分，降级不得分		
	5	$\Phi42^{+0.025}_{0}$，$Ra1.6$	3/1	超差不得分，降级不得分		
	6	$\Phi26^{+0.021}_{0}$，$Ra1.6$	3/1	超差不得分，降级不得分		
	7	$M30\times1.5$ 大径	1	超差不得分，降级不得分		
	8	$M30\times1.5$ 中径，$Ra3.2$	3/1	超差不得分，降级不得分		
	9	牙型角	1	不合格不得分		
	10	118 ± 0.05，$Ra3.2$	1/1	超差不得分		
	11	20 ± 0.05	1	超差不得分		
	12	35 ± 0.03	1	超差不得分		
	13	椭圆轮廓度，$Ra1.6$	4/1	超差不得分，降级不得分		
	14	圆弧 $R4$（2 处），$Ra3.2$	4/2	超差不得分，降级不得分		
	15	圆弧 $R8$，粗糙度 $Ra1.6$	1/1	超差不得分，降级不得分		
	16	倒角 $C2$（2 处）	2	不合格不得分		
	17	$\Phi50$	1	超差不得分		

项目	序号	技术要求	占分	评分标准	实测	得分
零件1	18	锥度（$\Phi42$、$\Phi36$）	1/1	超差不得分		
	19	沟槽 4×2，$Ra3.2$	1/1	超差不得分，降级不得分		
零件2	20	$\Phi58^{0}_{-0.025}$，$Ra3.2$	3/1	超差不得分，降级不得分		
	21	$\Phi23^{0}_{-0.021}$	1/1	超差不得分		
	22	$M30\times1.5$ 内底径，$Ra3.2$	4/1	超差不得分，降级不得分		
	23	$M30\times1.5$ 内中径，$Ra3.2$	4/1	超差不得分，降级不得分		
	24	圆弧 $R4$（2 处），$Ra1.6$	2/2	超差不得分，降级不得分		
	25	圆弧 $R18$，$Ra1.6$	1/1	超差不得分，降级不得分		
	26	55 ± 0.05，$Ra3.2$	1/1	超差不得分，降级不得分		
	27	24 ± 0.03	1	超差不得分		
	28	12 ± 0.03	1	超差不得分		
	29	倒角 $C1$	1	不合格不得分		
配合	30	配合 1 接触面积≥85%	4	超差不得分		
	31	1 ± 0.1、2 ± 0.1	4	超差不得分		
	32	配合 3 接触面积≤0.05	4	不合格不得分		
	33	棱边倒钝	1	不倒不得分		
总计						

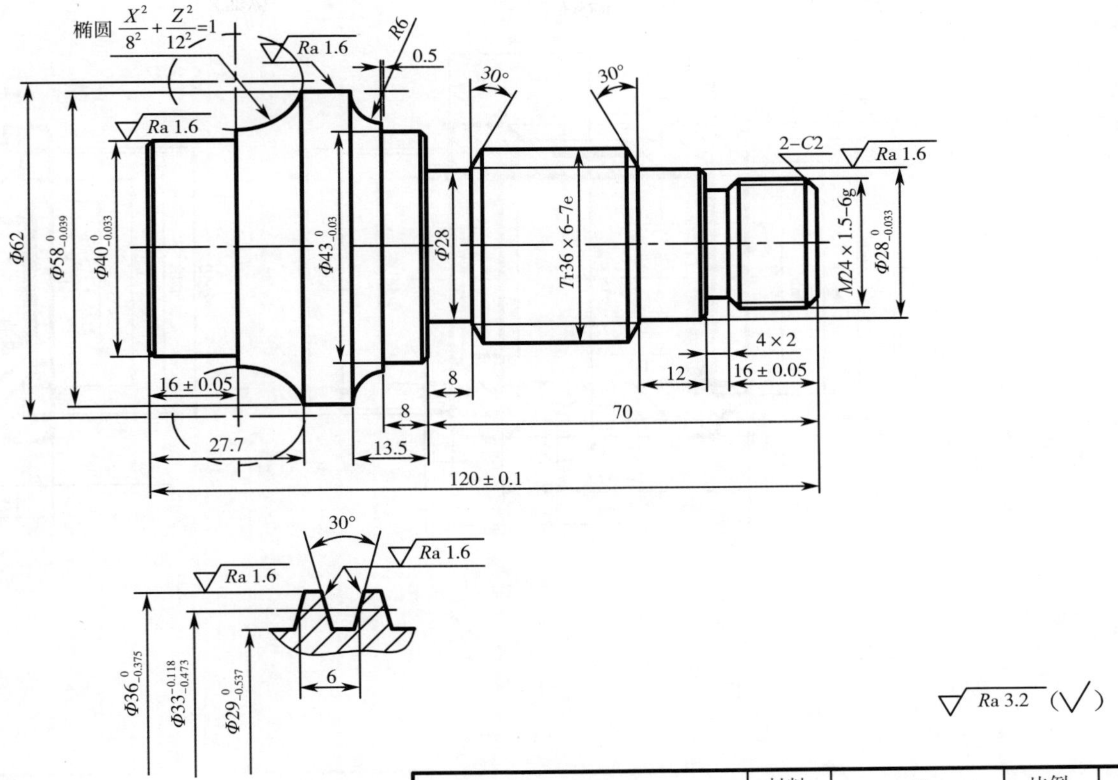

技术要求

1.未注倒角*C*1；

2.未注公差尺寸按GB 1804—*M*;

3.不允许使用砂布、锉刀等修饰加工面。

大赛–13	材料	45	比例	1:1
	数量	1	共3张 第1张	
制图			技能大赛试题	
审核				

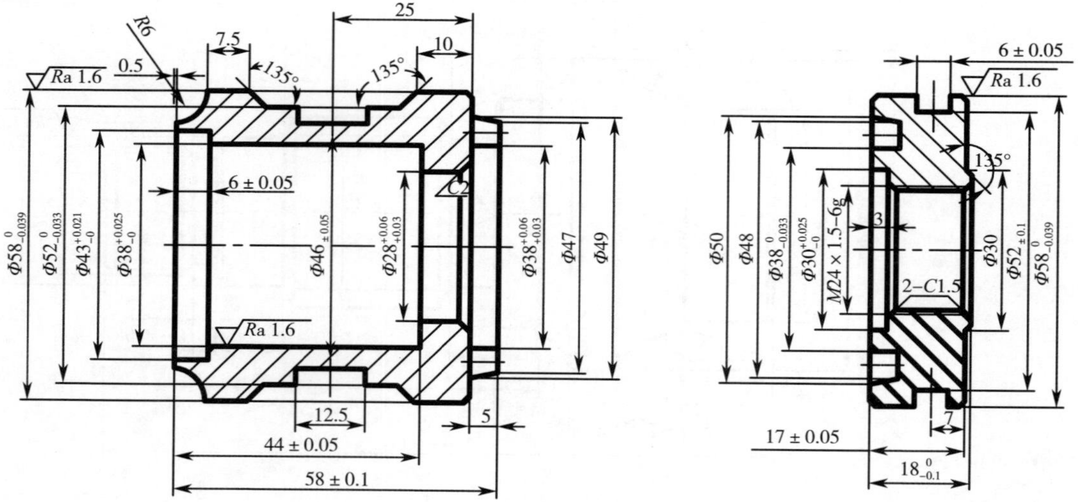

Ra 3.2（√）

技术要求

1.未注倒角C1；

2.未注公差尺寸按GB 1804—M；

3.不允许使用砂布、锉刀等修饰加工面。

大赛-13			材料	45	比例	1:1
			数量	1	共3张　第2张	
制图			技能大赛试题			
审核						

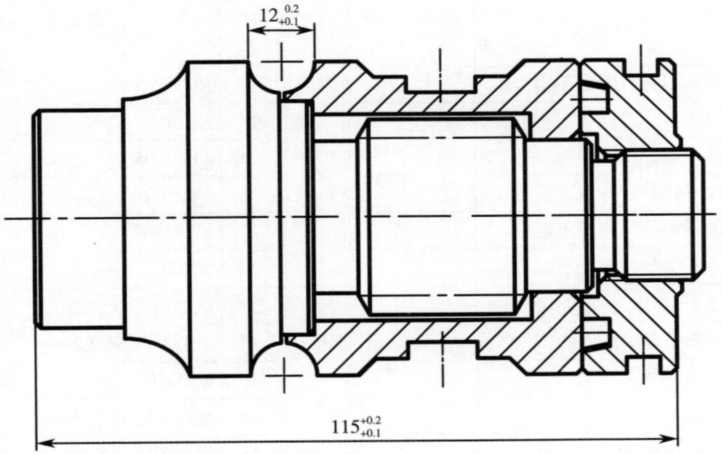

大赛-13	材料	45	比例	1:1
	数量	1	共3张　第3张	
制图			技能大赛试题	
审核				

2.13 大赛试题 -13 评分标准

项目	序号	技术要求	占分	评分标准	实测	得分	项目	序号	技术要求	占分	评分标准	实测	得分
零件1	1	$\Phi58^{0}_{-0.039}$，$Ra1.6$	2/1	超差不得分，降级不得分			零件2	23	$R6$，$Ra3.2$	1/1	超差不得分，降级不得分		
	2	$\Phi40^{0}_{-0.033}$，$Ra1.6$	2/1	超差不得分，降级不得分				24	58 ± 0.1	1	超差不得分		
	3	$\Phi43^{0}_{-0.033}$，$Ra1.6$	2/1	超差不得分，降级不得分				25	44 ± 0.05	1	超差不得分		
	4	$\Phi28^{0}_{-0.033}$，$Ra3.2$	2/1	超差不得分，降级不得分				26	$C1$，$C2$	2	超差不得分		
	5	$M24\times1.5$–6g 中径	2/1	超差不得分，降级不得分				27	零件完整	2	不加工完不得分		
	6	Tr36 × 6–7e，$Ra3.2$	4/1	超差不得分，降级不得分			零件3	28	$\Phi58^{0}_{-0.039}$，$Ra1.6$	2/1	超差不得分，降级不得分		
	7	120 ± 0.1，$Ra3.2$	2	超差不得分，降级不得分				29	$\Phi38^{0}_{-0.033}$，$Ra3.2$	2/1	超差不得分，降级不得分		
	8	16 ± 0.05	1	超差不得分				30	$\Phi30^{+0.025}_{0}$，$Ra3.2$	2/1	超差不得分，降级不得分		
	9	12	1	超差不得分				31	$\Phi52\pm0.1$	2	超差不得分		
	10	2—$C2$	2	不合格不得分				32	$M24\times1.5$–7H 中径	2/1	超差不得分，降级不得分		
	11	3—$C1$	2	不合格不得分				33	17 ± 0.05	1	超差不得分		
	12	椭圆轮廓，$Ra3.2$	4/1	超差不得分，降级不得分				34	6 ± 0.05	1	超差不得分		
	13	4 × 2 退刀槽，$Ra3.2$	1	超差不得分，降级不得分				35	端面槽	1	超差不得分		
	14	$R6$ 圆弧，$Ra3.2$	1	超差不得分，降级不得分				36	2—$C1.5$	1	不合格不得分		
	15	零件完整	2	不加工完不得分				37	未注倒角	1	不合格不得分		
零件2	16	$\Phi58^{0}_{-0.039}$，$Ra1.6$	2/1	超差不得分，降级不得分				38	零件完整	2	不加工完不得分		
	17	$\Phi52^{0}_{-0.033}$，$Ra3.2$	2/1	超差不得分，降级不得分			配合	39	装配成型	2	超差不得分		
	18	$\Phi43^{+0.021}_{0}$，$Ra3.2$	2/1	超差不得分，降级不得分				40	$115^{+0.2}_{+0.1}$	2	超差不得分		
	19	$\Phi38^{+0.025}_{0}$，$Ra1.6$	2/1	超差不得分，降级不得分				41	$12^{+0.2}_{+0.1}$	2	超差不得分		
	20	$\Phi46\pm0.05$，$Ra3.2$	2/1	超差不得分，降级不得分				42	螺纹配合	2	配合松紧适中		
	21	$\Phi28^{+0.06}_{+0.03}$，$Ra3.2$	2/1	超差不得分，降级不得分				43	端面槽配	2	符合要求的得分		
	22	$\Phi38^{+0.06}_{+0.03}$，$Ra3.2$	2/1	超差不得分，降级不得分			总计						

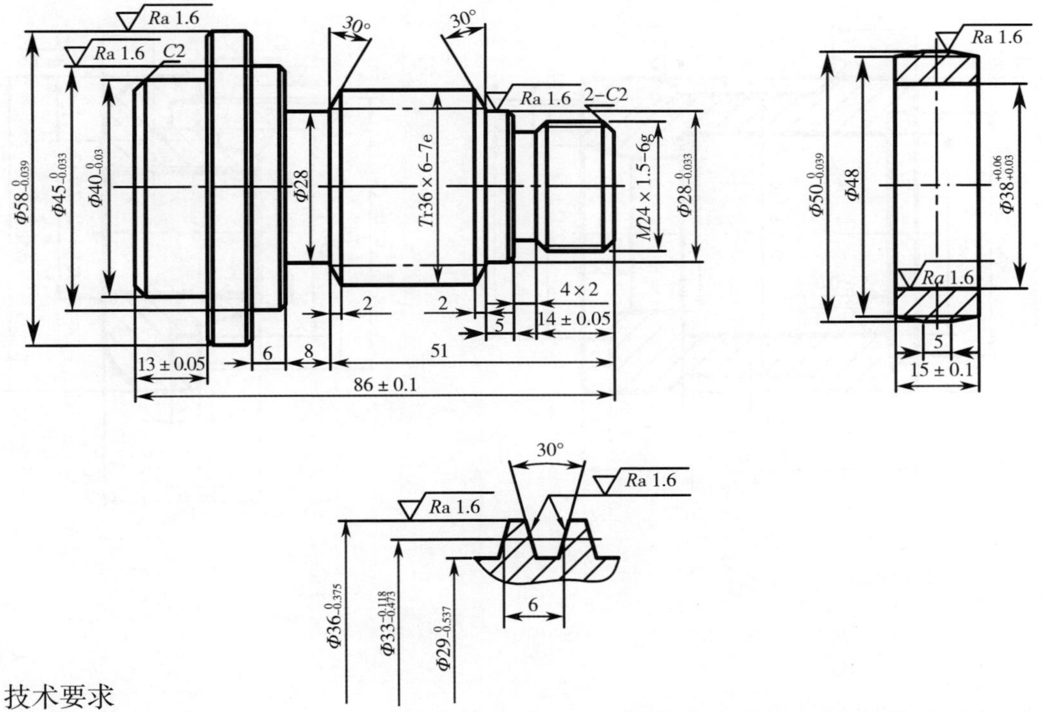

技术要求

1.未注倒角C1；
2.未注公差尺寸按GB 1804–M；
3.不允许使用砂布、挫刀等修饰加工面。

大赛–14		材料	45	比例	1:1
		数量	1	共3张　第1张	
制图			技能大赛试题		
审核					

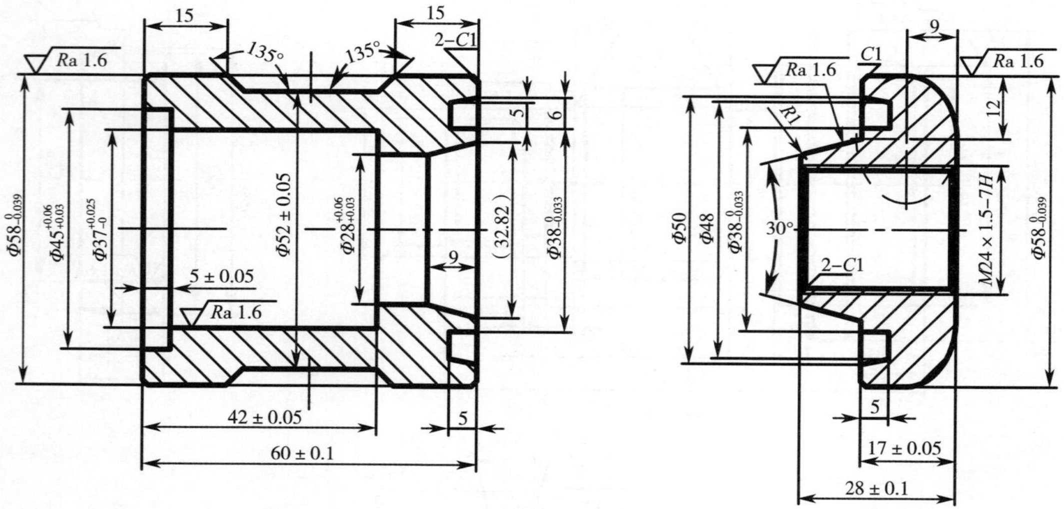

技术要求

1.锐角倒角C0.5；
2.未注公差尺寸按GB 1804–M;
3.不允许使用砂布、挫刀等修饰加工面。

$\sqrt{Ra\ 3.2}$（$\sqrt{}$）

大赛–14	材料	45	比例	1:1
	数量	1	共3张　第2张	
制图		技能大赛试题		
审核				

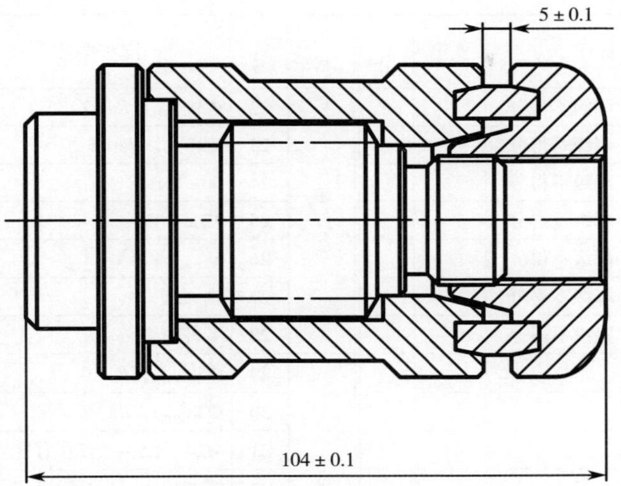

大赛-14		材料	45	比例	1:1
		数量	1	共3张	第3张
制图			技能大赛试题		
审核					

2.14 大赛试题 -14 评分标准

项目	序号	技术要求	占分	评分标准	实测	得分
零件1	1	$\Phi58^{0}_{-0.039}$，$Ra1.6$	2/1	超差不得分，降级不得分		
	2	$\Phi40^{0}_{-0.03}$，$Ra3.2$	2/1	超差不得分，降级不得分		
	3	$\Phi45^{0}_{-0.033}$，$Ra3.2$	2/1	超差不得分，降级不得分		
	4	$\Phi28^{0}_{-0.033}$，$Ra1.6$	2/1	超差不得分，降级不得分		
	5	$M24\times1.5-6g$ 中径	4/1	超差不得分，降级不得分		
	6	$Tr36\times6-7e$，$Ra3.2$	4/1	超差不得分，降级不得分		
	7	86 ± 0.1，$Ra3.2$	2/1	超差不得分，降级不得分		
	8	13 ± 0.05	1	超差不得分		
	9	14 ± 0.05	1	超差不得分		
	10	3-$C2$	2	不合格不得分		
	11	4-$C1$	2	不合格不得分		
	12	4×2 退刀槽，$Ra3.2$	1/1	超差不得分，降级不得分		
	13	零件完整	3	不加工完不得分		
零件2	14	$\Phi50^{0}_{-0.039}$，$Ra1.6$	2/1	超差不得分，降级不得分		
	15	$\Phi38^{+0.06}_{+0.03}$，$Ra1.6$	2/1	超差不得分，降级不得分		
	16	15 ± 0.1	1	超差不得分		
	17	锐边倒钝	1	不倒不得分		
零件3	18	$\Phi58^{0}_{-0.039}$，$Ra1.6$	2/1	超差不得分，降级不得分		
	19	$\Phi52\pm0.05$，$Ra3.2$	2/1	超差不得分，降级不得分		
	20	$\Phi45^{+0.06}_{+0.03}$，$Ra3.2$	2/1	超差不得分，降级不得分		
	21	$\Phi37^{+0.025}_{0}$，$Ra1.6$	2/1	超差不得分，降级不得分		
零件3	22	$\Phi38^{0}_{-0.033}$，$Ra3.2$	2/1	超差不得分，降级不得分		
	23	$\Phi28^{+0.06}_{+0.03}$，$Ra1.6$	2/1	超差不得分，降级不得分		
	24	60 ± 0.1	1	超差不得分		
	25	42 ± 0.05	1	超差不得分		
	26	5	1	超差不得分		
	27	端面槽	1	超差不得分		
	28	零件完整	3	不加工完不得分		
零件4	29	$\Phi58^{0}_{-0.039}$，$Ra1.6$	2/1	超差不得分，降级不得分		
	30	$\Phi38^{0}_{-0.033}$，$Ra3.2$	2/1	超差不得分，降级不得分		
	31	$M24\times1.5-7H$ 中径	4/1	超差不得分，降级不得分		
	32	椭圆轮廓，$Ra1.6$	2/1	超差不得分，降级不得分		
	33	$30°$ 锥度，$Ra1.6$	2/1	超差不得分，降级不得分		
	34	端面槽	2	超差不得分		
	35	零件完整	2	不加工完不得分		
配合	36	装配成型	2	超差不得分		
	37	$104^{+0.2}_{+0.1}$	2	超差不得分		
	38	$5^{+0.2}_{+0.1}$	2	超差不得分		
	39	螺纹配合	2	配合松紧适中		
	40	端面槽配	2	符合要求得分		
注意事项	工件必须完整，工件局部无缺陷（如夹伤、划痕等）					
总计						

件1

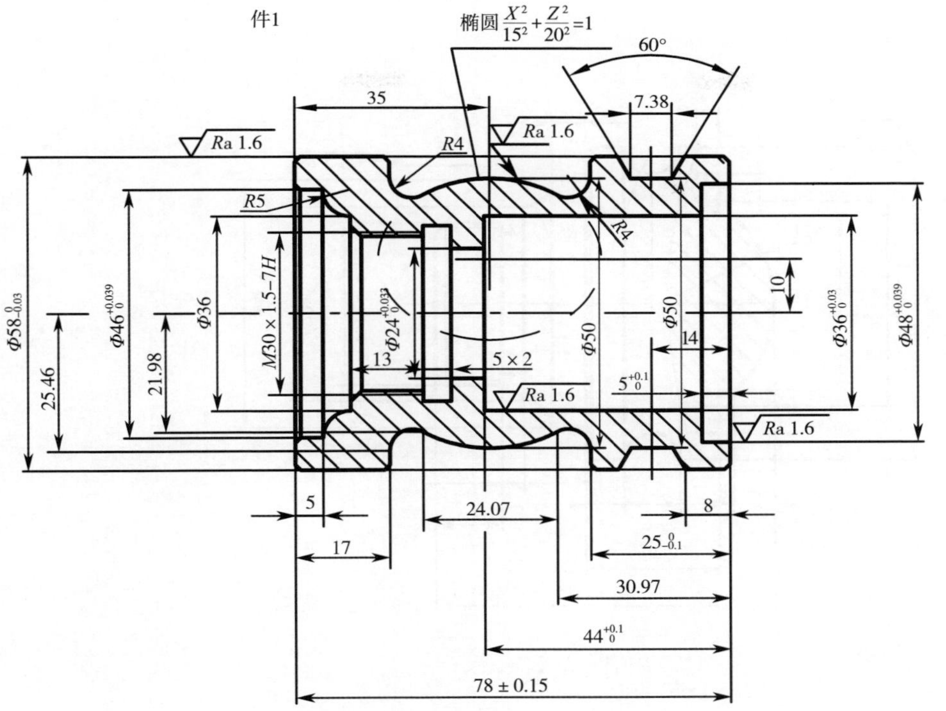

技术要求

1.未注倒角C1，锐角倒钝C0.5；
2.未注公差尺寸按GB 1804-M；
3.不允许使用砂布、挫刀等修饰加工面；
4.椭圆长轴20，短轴15。

大赛-15			材料	45	比例	1:1
			数量	1	共4张 第4张	
制图			技能大赛试题			
审核						

件2

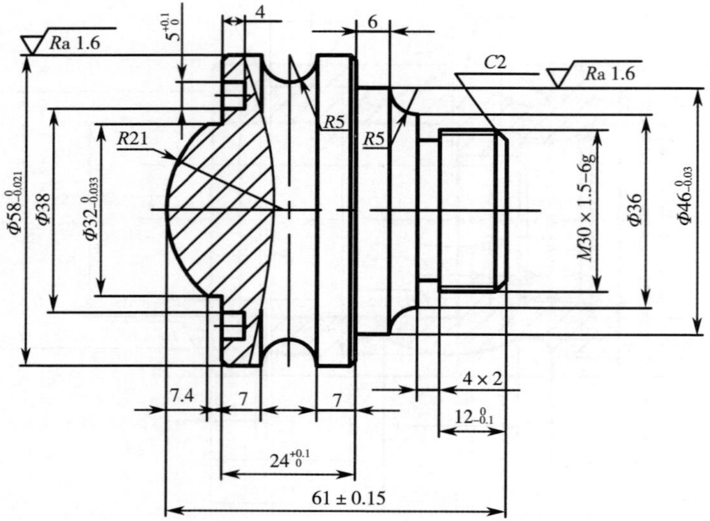

Ra 3.2 (√)

技术要求

1.未注倒角*C*1，锐角倒钝；

2.未注公差尺寸按GB 1804–*M*；

3.不允许使用砂布、挫刀等修饰加工面。

大赛–15	材料	45	比例	1:1
	数量	1	共4张 第2张	
制图			技能大赛试题	
审核				

件3

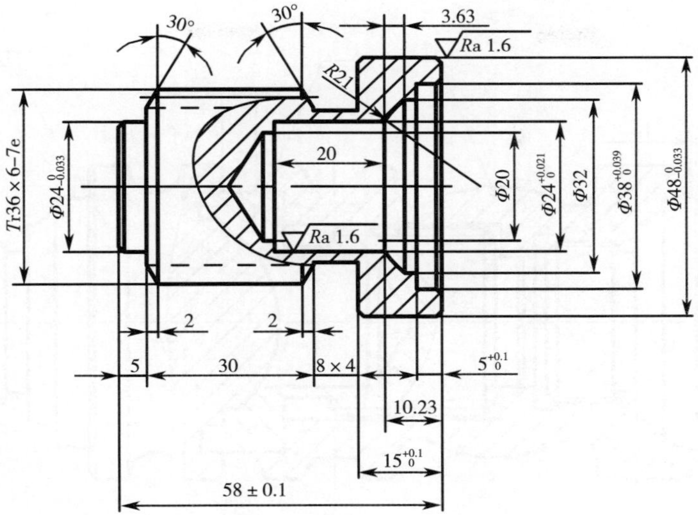

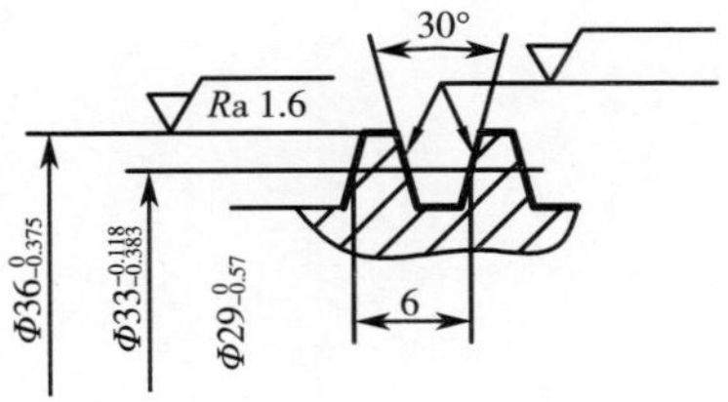

Ra 3.2 (√)

技术要求

1.未注倒角$C1$，锐角倒钝$C0.5$；

2.未注公差尺寸按GB 1804-M；

3.不允许使用砂布、挫刀等修饰加工面。

大赛-15	材料	45	比例	1:1
	数量	1	共4张 第3张	
制图			技能大赛试题	
审核				

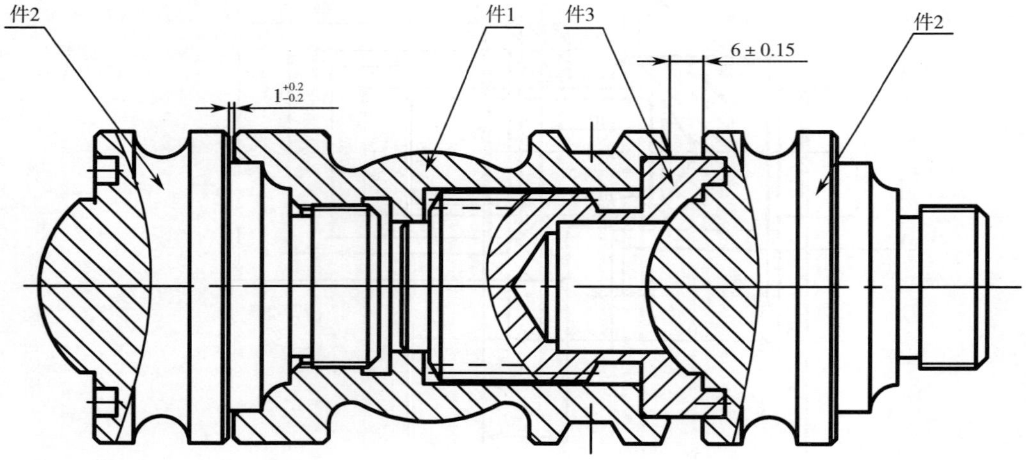

技术要求

1.件1与件2螺纹配合松紧适宜；
2.件2与件3端面槽配合；
3.件1、件2与件3配合成型。

大赛-15			材料	45	比例	1:1
			数量	1	共4张　第4张	
制图			技能大赛试题			
审核						

2.15 大赛试题 –15 评分标准

项目	序号	技术要求	占分	评分标准	实测	得分	项目	序号	技术要求	占分	评分标准	实测	得分
零件1	1	$\Phi58^{0}_{-0.03}$，粗糙度 *R*a1.6	2/1	超差不得分，降级不得分			零件2	19	端面槽 5 × 4	1	超差不得分		
	2	2 — $\Phi50$，粗糙度 *R*a1.6	2/1	超差不得分，降级不得分				20	61 ± 0.15	1	超差不得分		
	3	$\Phi48^{+0.039}_{0}$，粗糙度 *R*a1.6	2/1	超差不得分，降级不得分				21	倒角未注公差	2	不合格不得分		
	4	$\Phi46^{+0.039}_{0}$，粗糙度 *R*a1.6	2/1	超差不得分，降级不得分			零件3	22	$\Phi48^{0}_{-0.03}$，粗糙度 *R*a1.6	2/1	超差不得分，降级不得分		
	5	$\Phi36^{+0.03}_{0}$，粗糙度 *R*a1.6	2/1	超差不得分，降级不得分				23	$\Phi38^{+0.039}_{0}$，粗糙度 *R*a3.2	2/1	超差不得分，降级不得分		
	6	$\Phi24^{+0.033}_{0}$，粗糙度 *R*a1.6	2/1	超差不得分，降级不得分				24	$\Phi24^{0}_{-0.02}$，粗糙度 *R*a3.2	2/1	超差不得分，降级不得分		
	7	*R*4（2 处）	4	超差不得分				25	$\Phi24^{+0.021}_{0}$，粗糙度 *R*a1.6	2/1	超差不得分，降级不得分		
	8	*R*5	4	超差不得分				26	Tr36 × 6—7*e*	6/2	超差不得分，降级不得分		
	9	*M*30 × 1.5—7*H*	6/2	超差不得分				27	58 ± 0.1	1	超差不得分		
	10	78 ± 0.15	1	超差不得分				28	$15^{+0.1}_{0}$	1	超差不得分		
	11	$44^{+0.1}_{0}$	1	超差不得分				29	30	1	超差不得分		
	12	5	1	超差不得分			配合	30	总装成型	4	超差不得分		
	13	倒角及未注公差	2	不合格不得分				31	螺纹配合	3	配合松紧适中		
零件2	14	$\Phi58^{0}_{-0.021}$，粗糙度 *R*a1.6	2/1	超差不得分，降级不得分				32	端面槽配合	4	不合格不得分		
	15	$\Phi46^{0}_{-0.03}$，粗糙度 *R*a1.6	2/1	超差不得分，降级不得分				33	配合间隙 1mm、6mm	3	超差不得分		
	16	*M*30 × 1.5—6g	6/2	超差不得分，降级不得分				34	*A* 处跳动≤0.04mm	3	符合要求得分		
	17	*R*5（2 处）	2	超差不得分				35	工件必须完整，工件局部无缺陷（如夹伤、划痕等）				
	18	*R*21	1	超差不得分			总计						

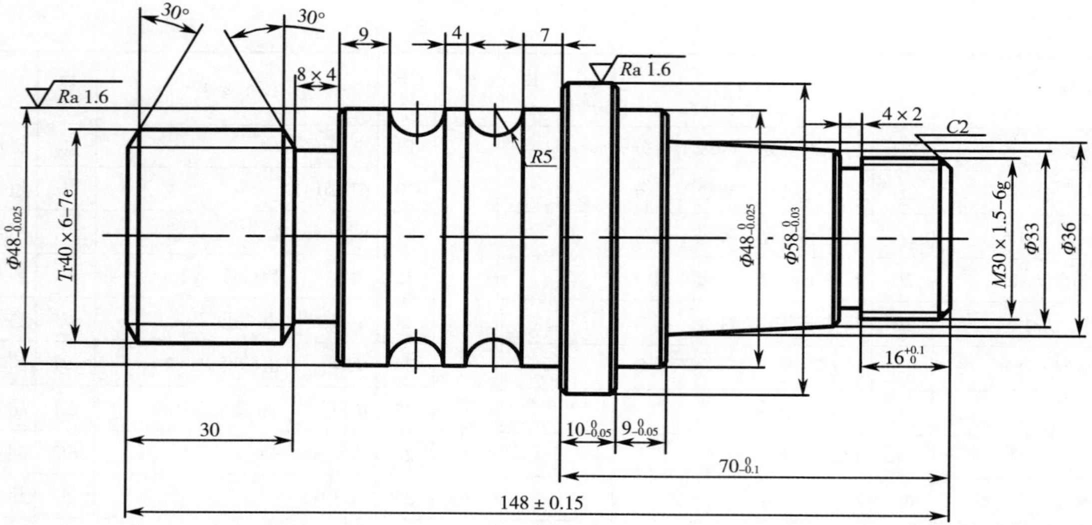

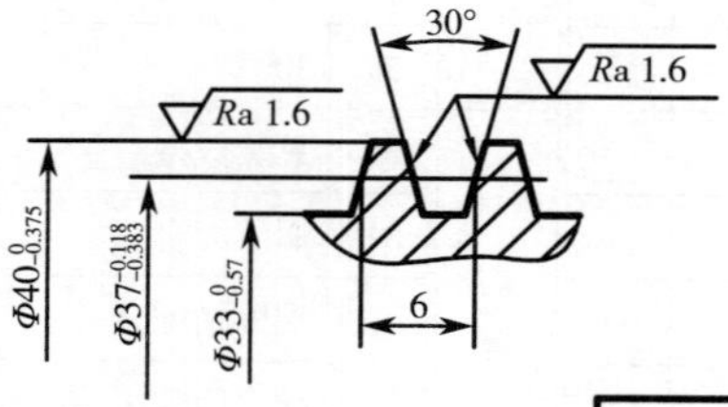

Ra 3.2 (√)

技术要求

1.未注倒角*C*1，锐角倒钝*C*0.5；

2.未注公差尺寸按GB 1804–*M*;

3.不允许使用砂布、挫刀等修饰加工面。

大赛–16			材料	45	比例	1:1
			数量	1	共4张 第1张	
制图			技能大赛试题			
审核						

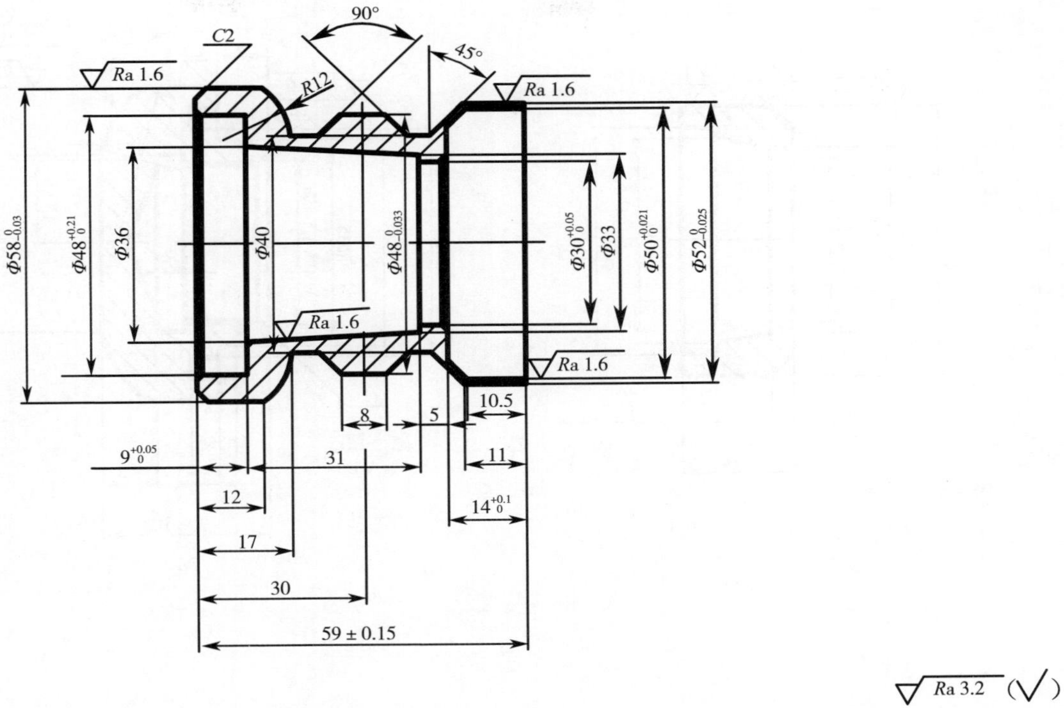

技术要求

1.未注倒角*C*1，锐角倒钝*C*0.5；

2.未注公差尺寸按GB 1804–*M*；

3.不允许使用砂布、挫刀等修饰加工面。

大赛–16		材料	45	比例	1:1
		数量	1	共4张 第2张	
制图		技能大赛试题			
审核					

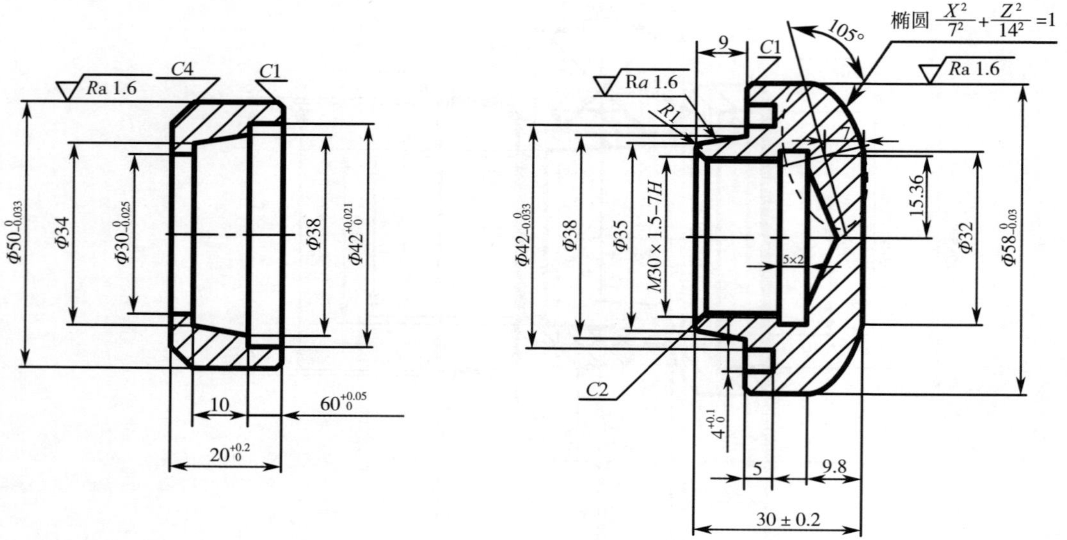

Ra 3.2 (√)

技术要求

1.未注倒角$C1$，锐角倒钝$C0.5$；

2.未注公差尺寸按GB 1804–M；

3.不允许使用砂布、挫刀等修饰加工面。

大赛–16		材料	45	比例	1:1
		数量	1	共4张　第3张	
制图			技能大赛试题		
审核					

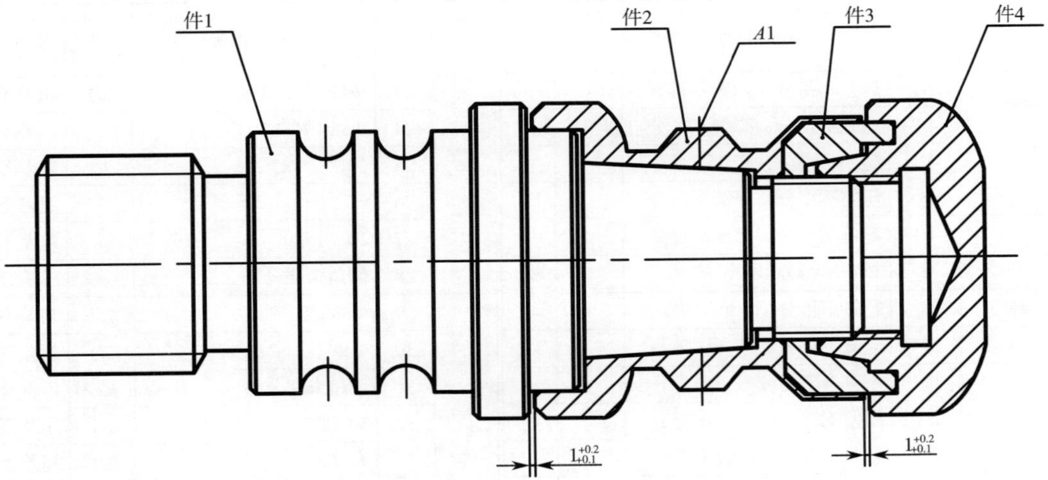

技术要求

1.件1与件4螺纹配合松紧适宜；
2.件1与件2锥面配合涂色检查接触面≥70%；
3.件1与件2装配后件2定位面A1处径向跳动不超过0.04mm。

大赛-16		材料	45	比例	1:1
		数量	1	共4张	第4张
制图		技能大赛试题			
审核					

2.16 大赛试题 -16 评分标准

项目	序号	技术要求	占分	评分标准	实测	得分	项目	序号	技术要求	占分	评分标准	实测	得分
零件1	1	$\Phi58^{0}_{-0.03}$，粗糙度 Ra1.6	2/1	超差不得分，降级不得分			零件3	23	$\Phi42^{+0.021}_{0}$，Ra3.2	2/1	超差不得分，降级不得分		
	2	2 — $\Phi48^{0}_{-0.025}$，Ra1.6	4/2	超差不得分，降级不得分				24	$\Phi38$，Ra3.2	2/1	超差不得分，降级不得分		
	3	Tr40 × 6—7e 中径	4/1	超差不得分，降级不得分				25	$20^{+0.2}_{0}$，Ra3.2	2/1	超差不得分，降级不得分		
	4	R5（2 处）	3	超差不得分，降级不得分				26	$6^{+0.05}_{0}$	1	超差不得分		
	5	M30 × 1.5—6g	4/1	超差不得分，降级不得分				27	10	1	超差不得分		
	6	148 ± 0.15	1	超差不得分				28	倒角未注公差	1	不符合不得分		
	7	$10^{0}_{-0.05}$	1	超差不得分			零件4	29	$\Phi58^{0}_{-0.03}$，Ra1.6	2/1	超差不得分，降级不得分		
	8	$9^{0}_{-0.05}$	1	超差不得分				30	$\Phi42^{0}_{-0.03}$，Ra3.2	2/1	超差不得分，降级不得分		
	9	倒角及未注公差	1	不符合不得分				31	倒角未注公差	2	不符合不得分		
零件2	10	$\Phi5^{0}_{-0.03}$ $8^{0}_{-0.03}$，Ra1.6	2/1	超差不得分，降级不得分				32	30 ± 0.2，Ra3.2	2/1	超差不得分		
	11	$\Phi52^{0}_{-0.025}$，Ra1.6	2/1	超差不得分，降级不得分				33	9，Ra3.2	2/1	超差不得分		
	12	$\Phi48^{0}_{-0.03}$，Ra3.2	2/1	超差不得分，降级不得分				34	R1	1	超差不得分，降级不得分		
	13	$\Phi40$，Ra3.2	2/1	超差不得分，降级不得分				35	9.8	1	超差不得分		
	14	$\Phi50^{+0.021}_{0}$，Ra1.6	2/1	超差不得分，降级不得分				36	端面槽 4 × 5	2	超差不得分		
	15	$\Phi48^{+0.021}_{0}$，糙度 Ra1.6	2/1	超差不得分，降级不得分				37	倒角未注公差	1	不符合不得分		
	16	$\Phi33$，粗糙度 Ra1.6	2/1	超差不得分，降级不得分			配合	38	总装成型	4	完全装配则得分		
	17	R12	1	超差不得分				39	锥度，接触面积≥70%	3	超差不得分		
	18	59 ± 0.15	1	超差不得分				40	端面槽配合	2	超差不得分		
	19	$14^{+0.1}_{0}$	1	超差不得分				41	配合间隙 1mm（2 处）	3	超差不得分		
	20	$9^{+0.05}_{0}$	1	超差不得分				42	A 处跳动≤0.04mm	2	超差不得分		
	21	倒角未注公差	1	不符合不得分				43	工件必须完整，工件局部无缺陷（如夹伤、划痕等）				
零件3	22	$\Phi50^{0}_{-0.03}$，粗糙度 Ra1.6	2/1	超差不得分，降级不得分			总计						

件1

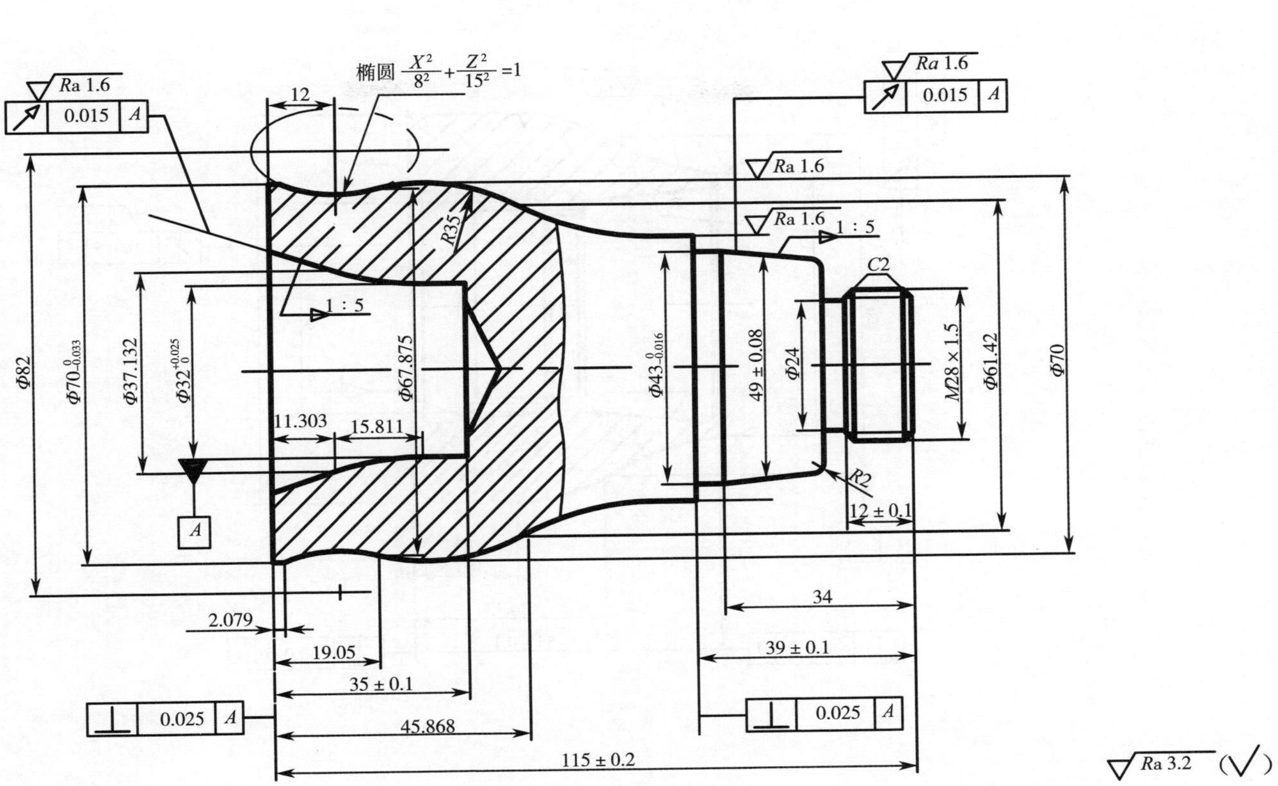

技术要求

1.未注倒角C1，锐角倒钝C0.5；

2.未注公差尺寸按GB 1804–M；

3.不允许使用纱布、挫刀等修饰加工面。

大赛–17	材料	45	比例	1:1
	数量	1	共5张 第1张	
制图		技能大赛试题		
审核				

件2

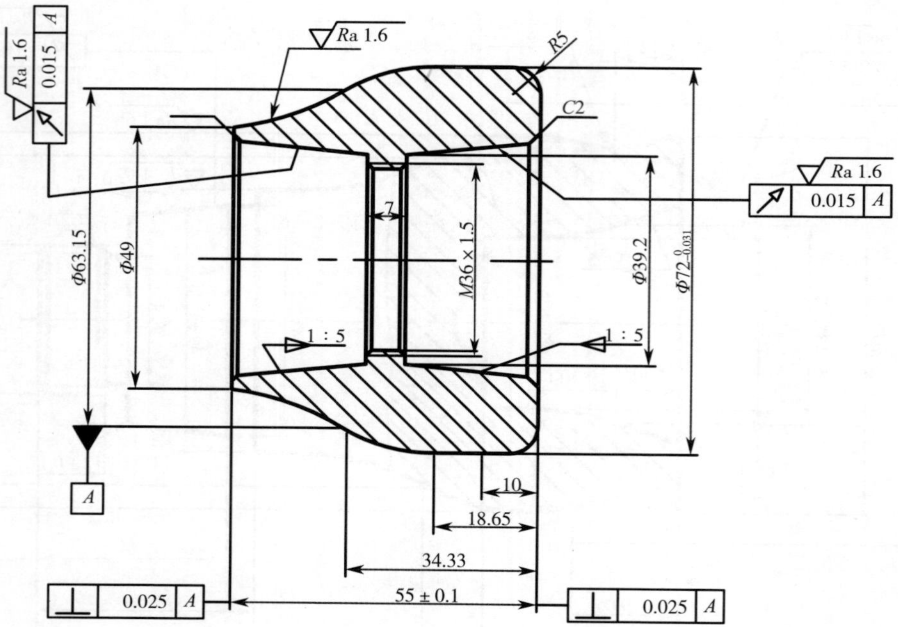

$\sqrt{Ra\ 3.2}$ ($\sqrt{}$)

技术要求

1.未注倒角$C1$，锐角倒钝$C0.5$；

2.未注公差尺寸按GB 1804–M;

3.不允许使用纱布、挫刀等修饰加工面。

大赛–17			材料	45	比例	1:1
			数量	1	共5张	第2张
制图			技能大赛试题			
审核						

件3

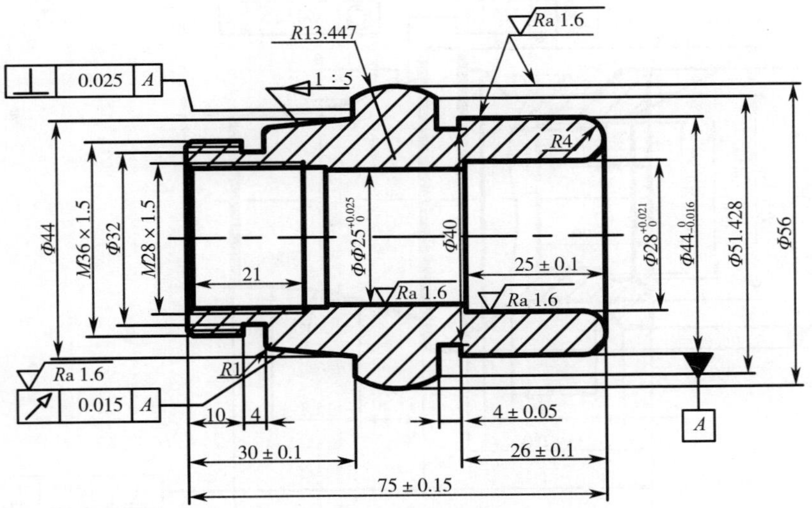

技术要求

1.未注倒角*C*1，锐角倒钝*C*0.5；

2.未注公差尺寸按GB 1804–*M*;

3.不允许使用砂布、挫刀等修饰加工面。

大赛–17		材料	45	比例	1:1
		数量	1	共5张	第3张
制图		技能大赛试题			
审核					

件4

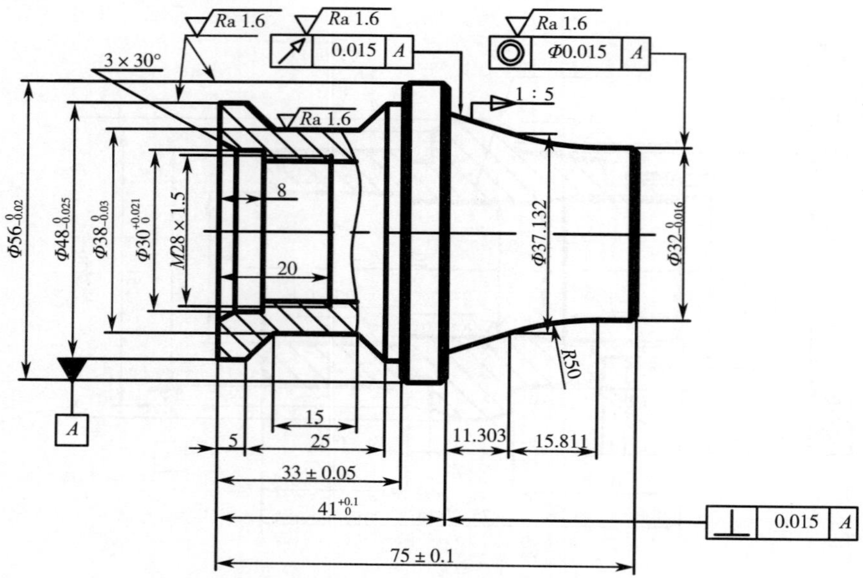

技术要求

1.未注倒角C1，锐角倒钝C0.5；
2.未注公差尺寸按GB 1804–M；
3.不允许使用砂布、挫刀等修饰加工面。

大赛–17		材料	45	比例	1:1
		数量	1	共5张　第4张	
制图		技能大赛试题			
审核					

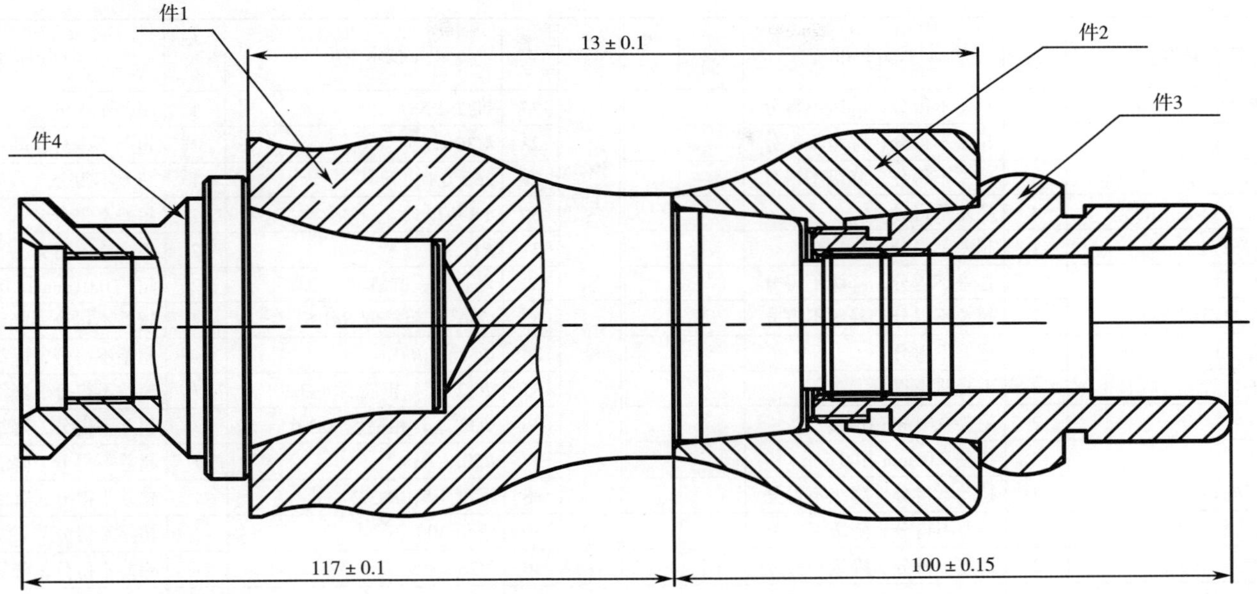

技术要求

1.螺纹配合要求松紧适中；

2.锥面涂色检查接触面积大于60%。

大赛–17			材料	45	比例	1:1
			数量	1	共5张　第5张	
制图			技能大赛试题			
审核						

2.17 大赛试题 -17 评分标准

项目	序号	技术要求	占分	评分标准	实测	得分
零件1	1	$\Phi70_{-0.033}^{0}Ra3.2$	2	超差不得分，降级不得分		
	2	$\Phi43_{-0.016}^{0}Ra1.6$	2	超差不得分，降级不得分		
	3	$\Phi49\pm0.08$，粗糙度 $Ra1.6$	2	超差不得分，降级不得分		
	4	$R35$，50（2处），$R35$	3	超差不得分		
	5	锥度 1:5（2处）	1	超差不得分		
	6	$M28\times1.5$	3/1	超差不得分，降级不得分		
	7	$\Phi32_{0}^{+0.025}$，粗糙度 $Ra3.2$	2	超差不得分，降级不得分		
	8	115 ± 0.2，35 ± 0.1，39 ± 0.1	3	超差不得分		
	9	$C1$（两处），2	2	不合格不得分		
	10	垂直度	2	超差 0.01mm 扣 0.5 分		
	11	圆跳动	2	超差 0.01mm 扣 0.5 分		
零件2	12	$\Phi72_{-0.031}^{0}$，$Ra1.6$	2	超差不得分，降级不得分		
	13	$\Phi49$，粗糙度 $Ra3.2$	2	超差不得分，降级不得分		
	14	$R50$，粗糙度 $Ra3.2$	2	超差不得分，降级不得分		
	15	$R30$，粗糙度 $Ra3.2$	2	超差不得分，降级不得分		
	16	内圆锥 1:5（两处）	1	超差不得分		
	17	$M36\times1.5$	3/1	超差不得分，降级不得分		
	18	55 ± 0.1	3	超差不得分		
	19	$C1$，$C2$，$R5$	2	不合格不得分		
	20	垂直度	1	超差 0.01mm 扣 0.5 分		
	21	圆跳动	1	超差 0.01mm 扣 0.5 分		
零件3	22	$\Phi44$，粗糙度 $Ra3.2$	2	超差不得分，降级不得分		
	23	$\Phi40$，粗糙度 $Ra3.2$	2	超差不得分，降级不得分		
	24	$\Phi56$	1	超差不得分		
	25	$R13.477$，$Ra1.6$	2	超差不得分，降级不得分		
	26	$R4$，$Ra3.2$	2	超差不得分，降级不得分		
零件3	27	锥度 1:5	1	超差不得分		
	28	$M36\times1.5$	3/1	超差不得分，降级不得分		
	29	26 ± 0.1	1	超差不得分		
	30	$4\times\Phi32$	1	超差不得分		
	31	$R1$，$C1$	2	不合格不得分		
	32	垂直度，圆跳动	2	超差 0.01mm 扣 0.5 分		
零件4	33	$\Phi56_{-0.02}^{0}$ 粗糙度 $Ra1.6$	1/1	超差不得分，降级不得分		
	34	$\Phi32_{-0.025}^{0}Ra1.6$	1/1	超差不得分，降级不得分		
	35	$\Phi30_{0}^{+0.021}$，粗糙度 $Ra3.2$	1/1	超差不得分，降级不得分		
	36	$\Phi38_{-0.03}^{0}$，粗糙度 $Ra1.6$	1/1	超差不得分，降级不得分		
	37	$R50$，$Ra3.2$	1/1	超差不得分，降级不得分		
	38	锥度 1:5，$Ra3.2$	1	超差不得分，降级不得分		
	39	锥角 30°	1	超差不得分		
	40	$M28\times1.5$	3/1	超差不得分，降级不得分		
	41	75 ± 0.1	1	超差不得分		
	42	$41_{0}^{+0.1}$	1	超差不得分		
	43	33 ± 0.05	1	超差不得分		
	44	$C1$（3处）	1	不合格不得分		
	45	垂直度	1	超差 0.01mm 扣 0.5 分		
	46	圆跳动，同轴度	2	超差 0.01mm 扣 0.5 分		
配合	47	配合总长度 117 ± 0.1	2	超差不得分		
	48	配合总长度 100 ± 0.15	2	超差不得分		
	49	螺纹配合	3	配合松紧适中		
	50	圆处平滑连接	2	光滑则得分		
	51	总装成型	3	超差不得分		
合计						

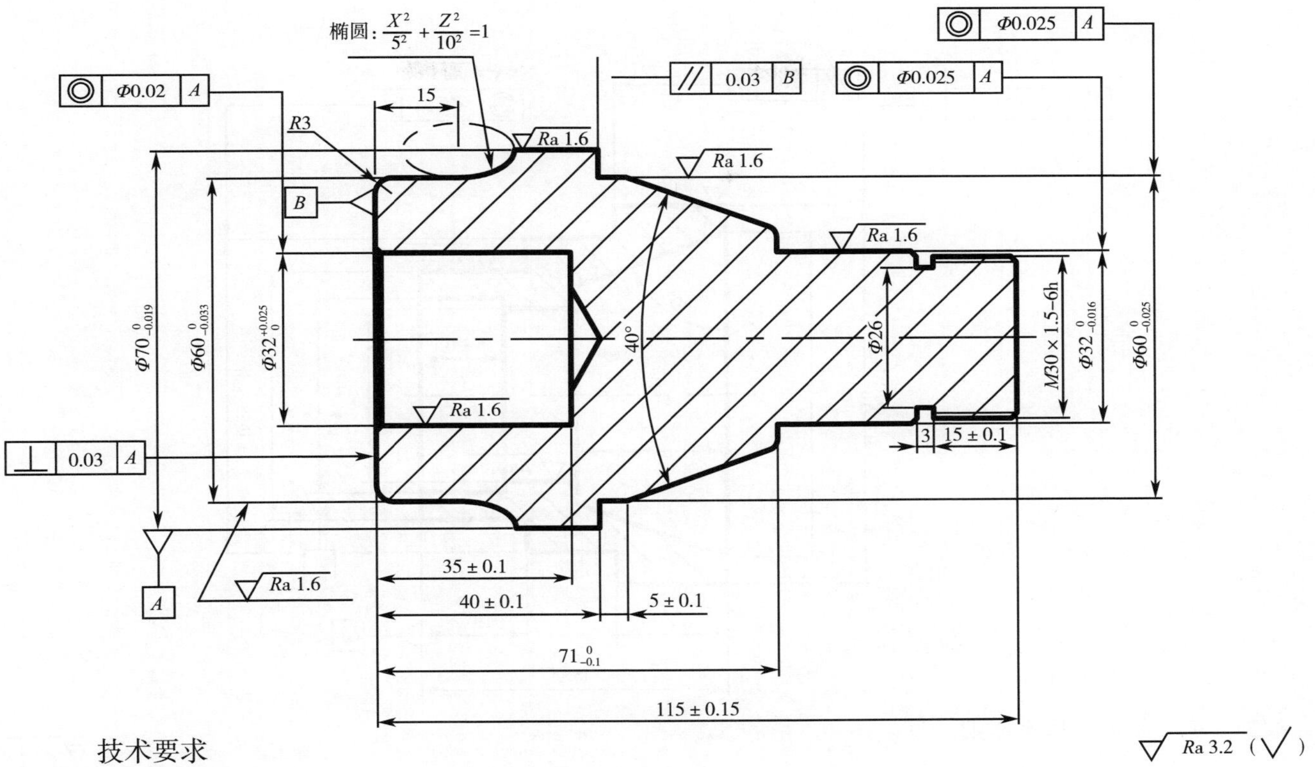

技术要求

1.未注倒角C1.5，锐边倒钝；
2.未注公差尺寸按GB 1804–M；
3.不允许使用砂布、锉刀等修饰加工面；
4.右端允许中心孔A3.15；
5.配合面配做。

大赛–18		材料	45	比例	1:1
		数量	1	共5张	第1张
制图		技师大赛试题			
审核					

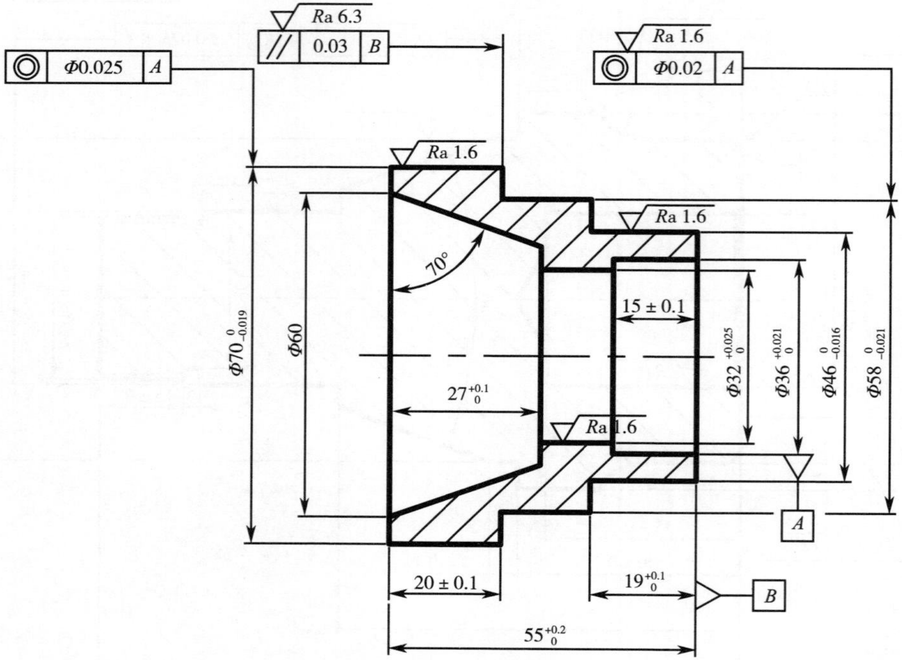

Ra 3.2 (√)

技术要求

1.锐边倒角C0.5；

2.未注公差尺寸按GB 1804–M；

3.不允许使用砂布、锉刀等修饰加工面。

大赛–18			材料	45	比例	1:1
			数量	1	共5张	第2张
制图			技师大赛试题			
审核						

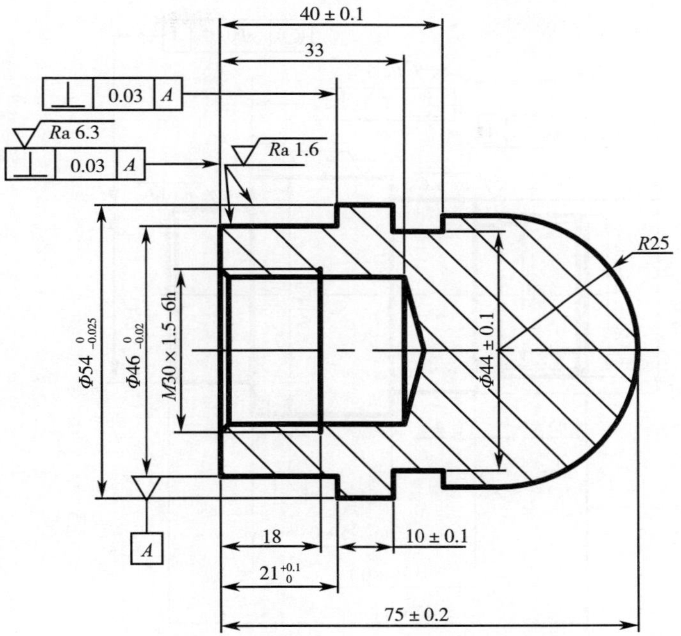

Ra 3.2 （√）

技术要求

1.未注倒角*C*1.5，锐边倒钝；

2.未注公差尺寸按GB 1804–*M*；

3.不允许使用砂布、锉刀等修饰加工面；

4.配合面配做。

大赛–18		材料	45	比例	1:1
		数量	1	共5张	第3张
制图		技师大赛试题			
审核					

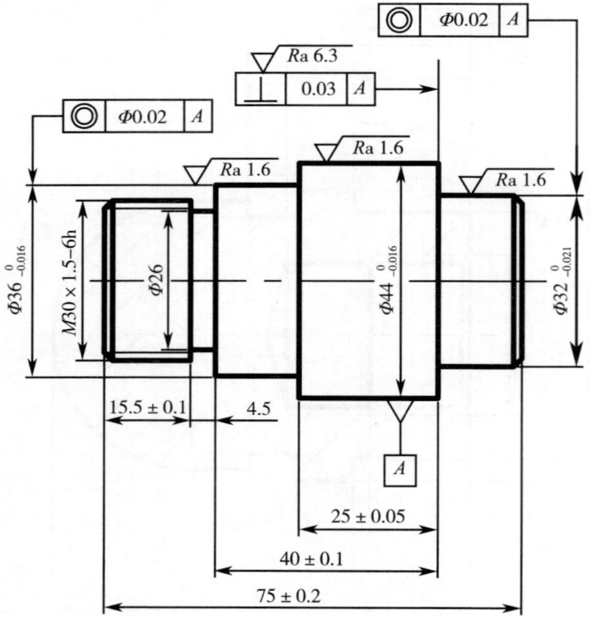

Ra 3.2 (√)

技术要求

1.未注倒角$C1.5$，锐边倒钝；
2.未注公差尺寸按GB 1804–M；
3.不允许使用砂布、锉刀等修饰加工面；
4.配合面配做。

大赛–18		材料	45	比例	1:1
		数量	1	共5张	第4张
制图		技师大赛试题			
审核					

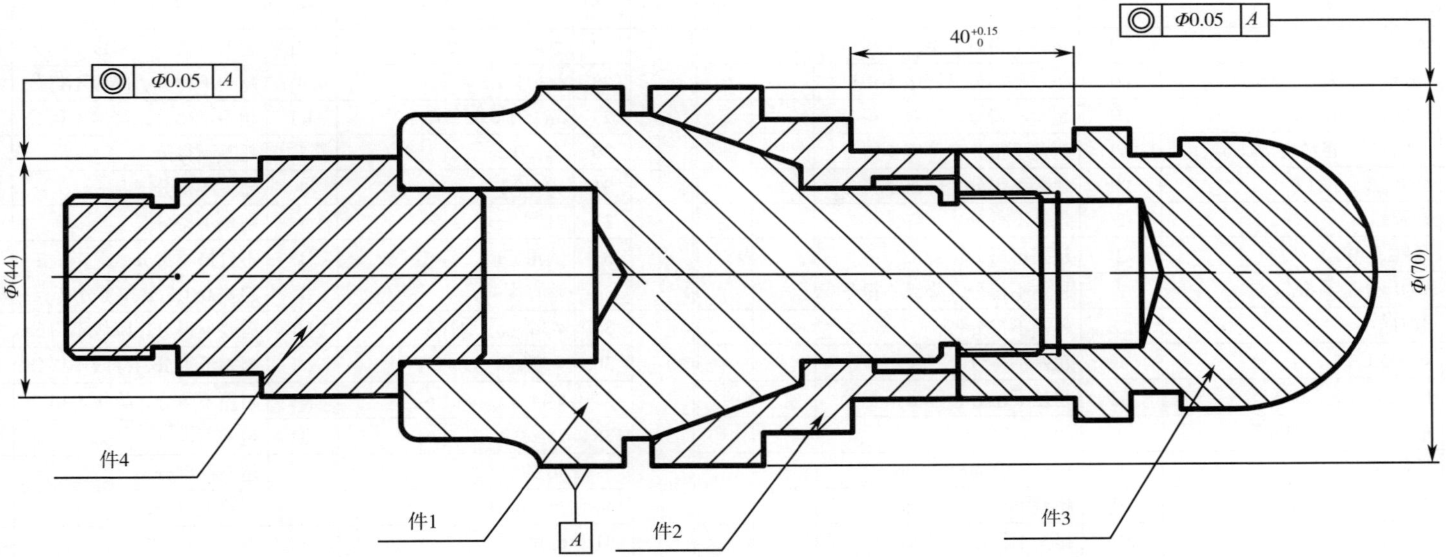

技术要求

1.件1与件3螺纹配合松紧适宜；
2.锥面配合涂色检查接触面≥70%；
3.件1、件2、件3与件4配合成型。

大赛-18		材料	45	比例	1:1
		数量	1	共5张	第5张
制图			技师大赛试题		
审核					

2.18 大赛试题 –18 评分标准

项目	序号	技术要求	占分	评分标准	实测	得分
零件1	1	$\Phi70^{0}_{-0.019}$，$Ra1.6$	2/1	超差不得分，降级不得分		
	2	$\Phi60^{0}_{-0.033}$，$Ra3.2$	1/1	超差不得分，降级不得分		
	3	$\Phi32^{0}_{-0.016}$ $Ra1.6$	1/1	超差不得分，降级不得分		
	4	$\Phi32^{+0.025}_{0}$，粗糙度 $Ra1.6$	2/1	超差不得分，降级不得分		
	5	$\Phi60^{0}_{-0.025}$，$Ra1.6$	1/1	超差不得分，降级不得分		
	6	椭圆弧	2	超差不得分		
	7	圆锥（40°）	2	超差不得分		
	8	$M30\times1.5-6H$	2	超差不得分，降级不得分		
	9	退刀槽	2	超差不得分		
	10	40 ± 0.1	1	超差不得分		
	11	115 ± 0.15，$Ra3.2$	1/1	超差不得分，降级不得分		
	12	垂直度，两处同轴度	3	超差 0.01mm 扣 1 分		
	13	平行度	1	超差 0.01mm 扣 1 分		
	14	$\Phi70^{0}_{-0.019}$，$Ra1.6$	1/1	超差不得分，降级不得分		
零件2	15	$\Phi58^{0}_{-0.021}$，粗糙度 $Ra1.6$	2/1	超差不得分，降级不得分		
	16	$\Phi46^{0}_{-0.016}$，粗糙度 $Ra1.6$	1/1	超差不得分，降级不得分		
	17	$\Phi32^{+0.025}_{0}$，粗糙度 $Ra1.6$	2/1	超差不得分，降级不得分		
	18	圆锥	2	超差不得分		
	19	$55^{+0.02}_{0}$，粗糙度 $Ra3.2$	1/1	超差不得分，降级不得分		
	20	$19^{+0.021}_{0}$	1	超差不得分		
	21	20 ± 0.1	1	超差不得分		
	22	15 ± 0.1	1	超差不得分		
	23	两处同轴度	2	超差 0.01mm 扣 1 分		
	24	平行度	1	超差 0.01mm 扣 1 分		
零件3	25	$\Phi46^{0}_{-0.02}$，$Ra1.6$	1/1	超差不得分，降级不得分		
	26	$\Phi54^{0}_{-0.025}$，$Ra1.6$	2/1	超差不得分，降级不得分		
	27	$\Phi44\pm0.1$，$Ra1.6$	1/1	超差不得分，降级不得分		
	28	$M30\times1.5-6H$	4	超差不得分，降级不得分		
	29	$SR25\pm0.02$，$Ra3.2$	1/1	超差不得分，降级不得分		
	30	75 ± 0.2	1	超差不得分		
	31	10 ± 0.1	1	超差不得分		
	32	$21^{+0.1}_{0}$	1	超差不得分		
	33	倒角 $C1.5$	1	不合格不得分		
	34	垂直度	1	超差 0.01mm 扣 1 分		
零件4	35	$\Phi36^{0}_{-0.016}$，$Ra1.6$	1/1	超差不得分，降级不得分		
	36	$\Phi32^{0}_{-0.021}$，$Ra1.6$	2/1	超差不得分，降级不得分		
	37	$\Phi44^{0}_{-0.016}$，$Ra1.6$	1/1	超差不得分，降级不得分		
	38	75 ± 0.2	1	超差不得分		
	39	40 ± 0.1	1	超差不得分		
	40	25 ± 0.05	1	超差不得分		
	41	倒角 $C1.5$	1	不合格不得分		
	42	垂直度，同轴度	2	超差 0.01mm 扣 1 分		
	43	$M30\times1.5-6H$	4	超差不得分，降级不得分		
	44	退刀槽	2	超差不得分		
配合	45	配合总长度 $44^{+0.015}_{0}$	3	超差不得分		
	46	螺纹配合	5	松紧适宜得分		
	47	同轴度	3	超差 0.01mm 扣 1 分		
	48	总装成型	5	完全装配得分		
注意事项		按照有关规定每违反一项从总分中扣除 5 分				
		工件必须完整，工件局部无缺陷（如夹伤、划痕等）				
		程序中严重违反工艺规程的取消考试资格；其他问题酌情扣分				
合计						

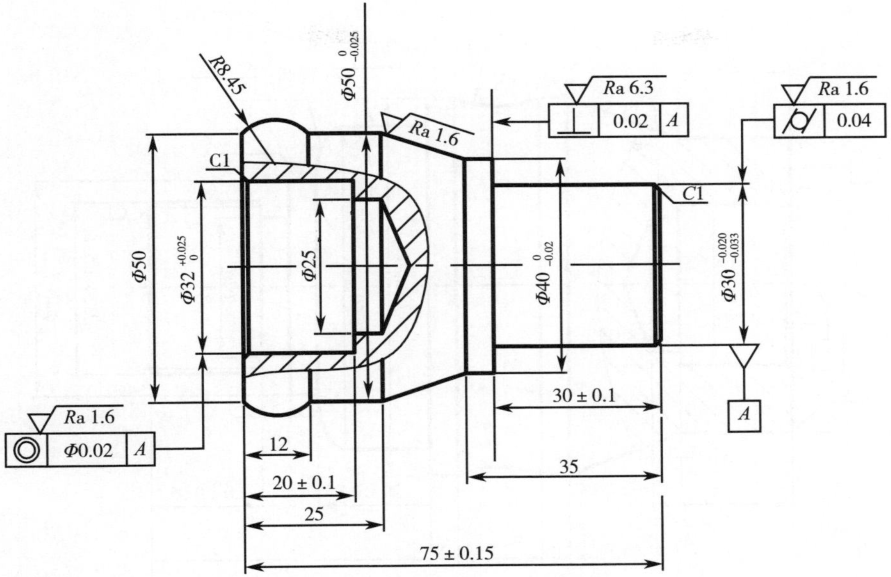

Ra 3.2 (√)

技术要求

1.锐边倒角$C0.5$；

2.未注公差尺寸按GB 1804–M；

3.不允许使用砂布、锉刀等修饰加工面；

4.配合面配做。

大赛–19	材料	45	比例	1:1
	数量	1	共5张	第1张
制图			技师大赛试题	
审核				

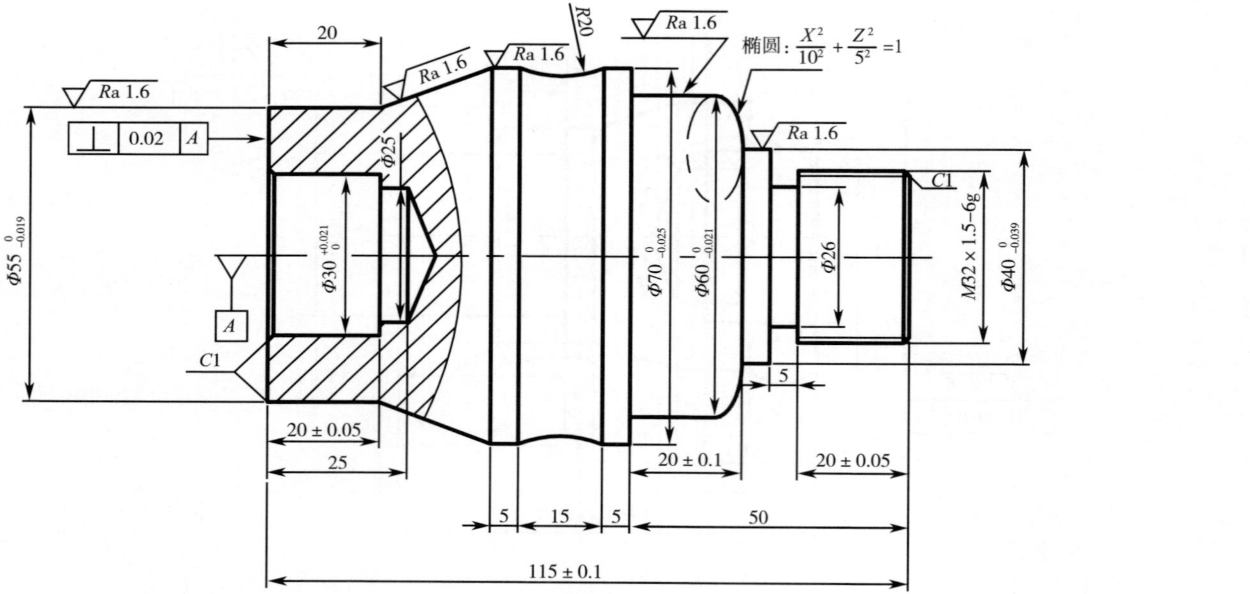

技术要求

1.锐边倒角C0.5；

2.未注公差尺寸按GB 1804−M；

3.不允许使用砂布、锉刀等修饰加工面；

4.配合面配做。

大赛−19		材料	45	比例	1:1	
		数量	1	共5张	第2张	
制图			技师大赛试题			
审核						

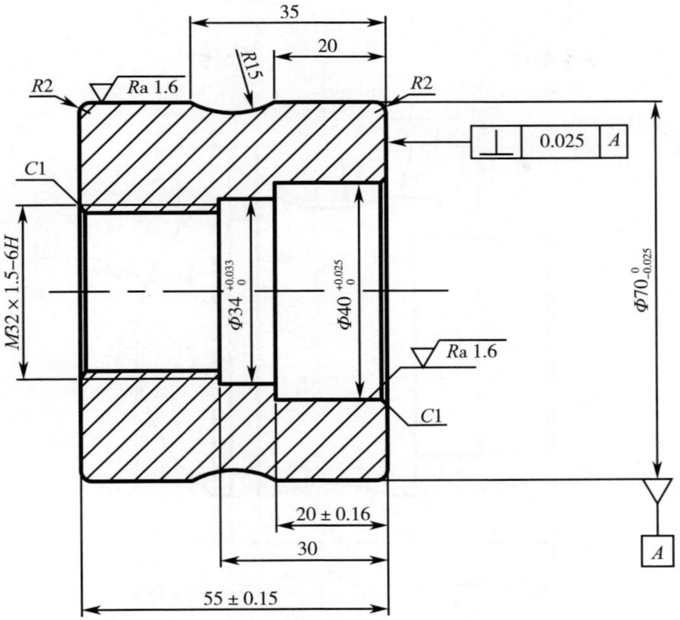

Ra 3.2 (√)

技术要求

1.锐边倒角C0.5；

2.未注公差尺寸按GB 1804-M；

3.不允许使用砂布、锉刀等修饰加工面；

4.配合面配做。

大赛-19		材料	45	比例	1:1
		数量	1	共5张	第3张
制图		技师大赛试题			
审核					

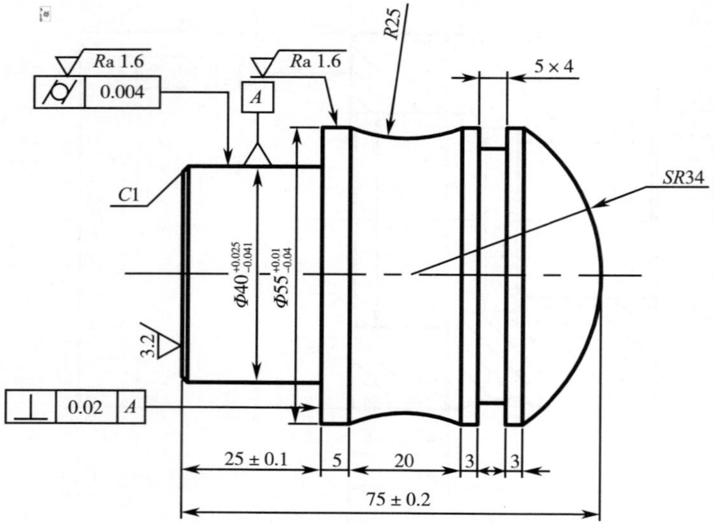

技术要求

1.锐边倒角*C*0.5；

2.未注公差尺寸按GB 1804–*M*；

3.不允许使用砂布、锉刀等修饰加工面；

4.配合面配做。

Ra 3.2 (√)

大赛–19	材料	45	比例	1:1
	数量	1	共5张	第4张
制图			技师大赛试题	
审核				

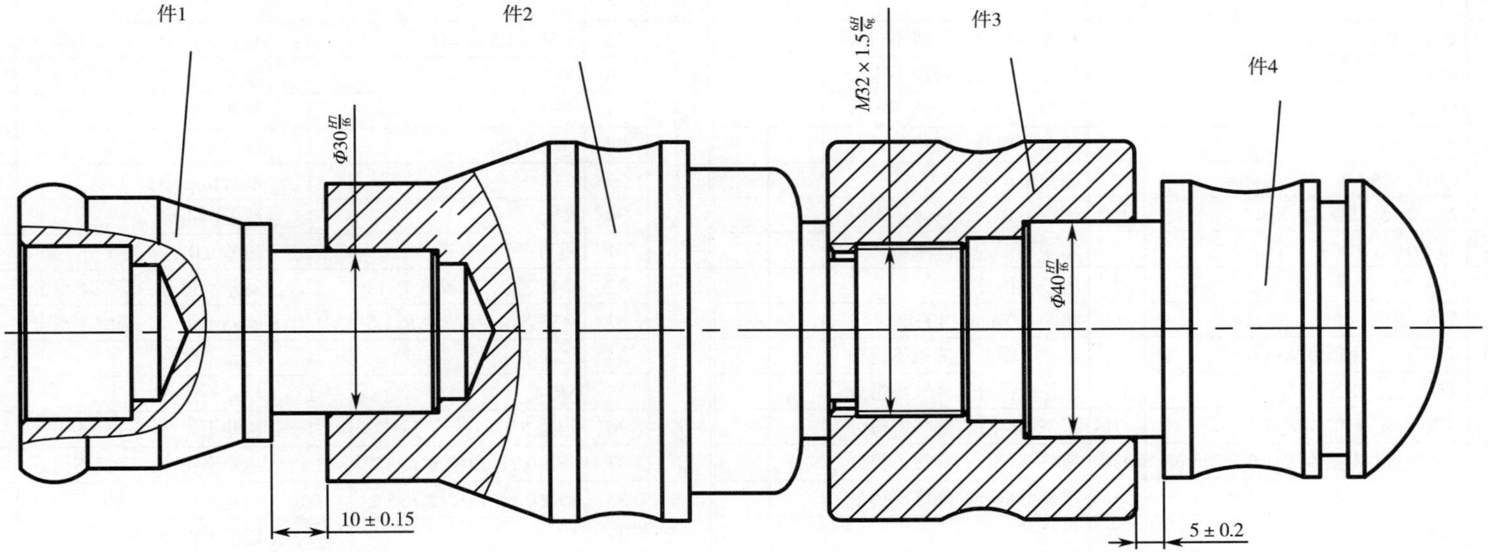

技术要求

1.件2与件3螺纹配合松紧适宜；
2.件1、件2、件3与件4配合成型。

大赛-19			材料	45	比例	1:1
			数量	1	共5张	第5张
制图			技师大赛试题			
审核						

2.19 大赛试题 –19 评分标准

项目	序号	技术要求	占分	评分标准	实测	得分	项目	序号	技术要求	占分	评分标准	实测	得分
零件1	1	$\Phi50$，粗糙度 $Ra3.2$	1/1	超差不得分，降级不得分			零件3	25	$M32\times1.5-6H$	3	超差不得分，降级不得分		
	2	$\Phi40^{0}_{-0.02}$，粗糙度 $Ra3.2$	1/1	超差不得分，降级不得分				26	$R15$	1	超差不得分		
	3	$\Phi30^{+0.020}_{-0.033}$，粗糙度 $Ra1.6$	1/1	超差不得分，降级不得分				27	55 ± 0.15	1	超差不得分		
	4	$\Phi25$，粗糙度 $Ra3.2$	1/1	超差不得分，降级不得分				28	20 ± 0.05	1	超差不得分		
	5	圆锥，$R8.45$	2	超差不得分				29	$C1$	1	不合格不得分		
	6	75 ± 0.15，粗糙度 $Ra6.3$	1/1	超差不得分，降级不得分				30	$R2$	1	超差不得分		
	7	30 ± 0.1，粗糙度 $Ra3.2$	1/1	超差不得分，降级不得分				31	垂直度	2	超差 0.01mm 扣 1 分		
	8	20 ± 0.1	1	超差不得分			零件4	32	$\Phi40^{+0.025}_{-0.041}$，粗糙度 $Ra1.6$	1/1	超差不得分，降级不得分		
	9	形位公差 3 处	6	超差 0.01mm 扣 1 分				33	$\Phi55^{+0.01}_{-0.04}$，粗糙度 $Ra1.6$	1/1	超差不得分，降级不得分		
零件2	10	$\Phi55^{0}_{-0.019}$，粗糙度 $Ra1.6$	1/1	超差不得分，降级不得分				34	$R25$	1	超差不得分		
	11	$\Phi60^{0}_{-0.021}$，粗糙度 $Ra1.6$	1/1	超差不得分，降级不得分				35	$SR34$	1	超差不得分		
	12	$\Phi70^{0}_{-0.025}$，粗糙度 $Ra3.2$	1/1	超差不得分，降级不得分				36	沟槽 5×4	1	超差不得分		
	13	$\Phi40^{0}_{-0.039}$，粗糙度 $Ra1.6$	1/1	超差不得分，降级不得分				37	75 ± 0.2，粗糙度 $Ra3.2$	1/1	超差不得分，降级不得分		
	14	$\Phi30^{+0.021}_{0}$，粗糙度 $Ra3.2$	1/1	超差不得分，降级不得分				38	25 ± 0.1，粗糙度 $Ra3.2$	1/1	超差不得分，降级不得分		
	15	圆锥，$R20$	2	超差不得分				39	5	1	超差不得分		
	16	$M32\times1.5-6g$	3	超差不得分，降级不得分				40	形位公差 2 处	4	超差 0.01mm 扣 1 分		
	17	椭圆弧	2	超差不得分				41	$C1$	1	不合格不得分		
	18	退刀槽 $5\times\Phi26$	1	超差不得分			配合	42	配合 10 ± 0.15，5 ± 0.2	6	超差不得分		
	19	115 ± 0.1，粗糙度 $Ra3.2$	2	超差不得分，降级不得分				43	螺纹配合	8	松紧适宜得分		
	20	50，粗糙度 $Ra3.2$	2	超差不得分，降级不得分				44	配合公差	3	超差不得分		
	21	垂直度	2	超差 0.01mm 扣 1 分				45	未注尺寸公差按照 IT14	5	符合要求得分		
零件3	22	$\Phi70^{0}_{-0.025}$，粗糙度 $Ra1.6$	1/1	超差不得分，降级不得分			注意事项		按照有关安全操作规程每违反一项，从总分中扣除 5 分				
	23	$\Phi40^{+0.025}_{0}$，粗糙度 $Ra1.6$	1/1	超差不得分					工件必须完整，工件局部无缺陷（如夹伤、划痕等）				
	24	$\Phi34^{+0.033}_{0}$，粗糙度 $Ra3.2$	1/1	超差不得分，降级不得分			合计						

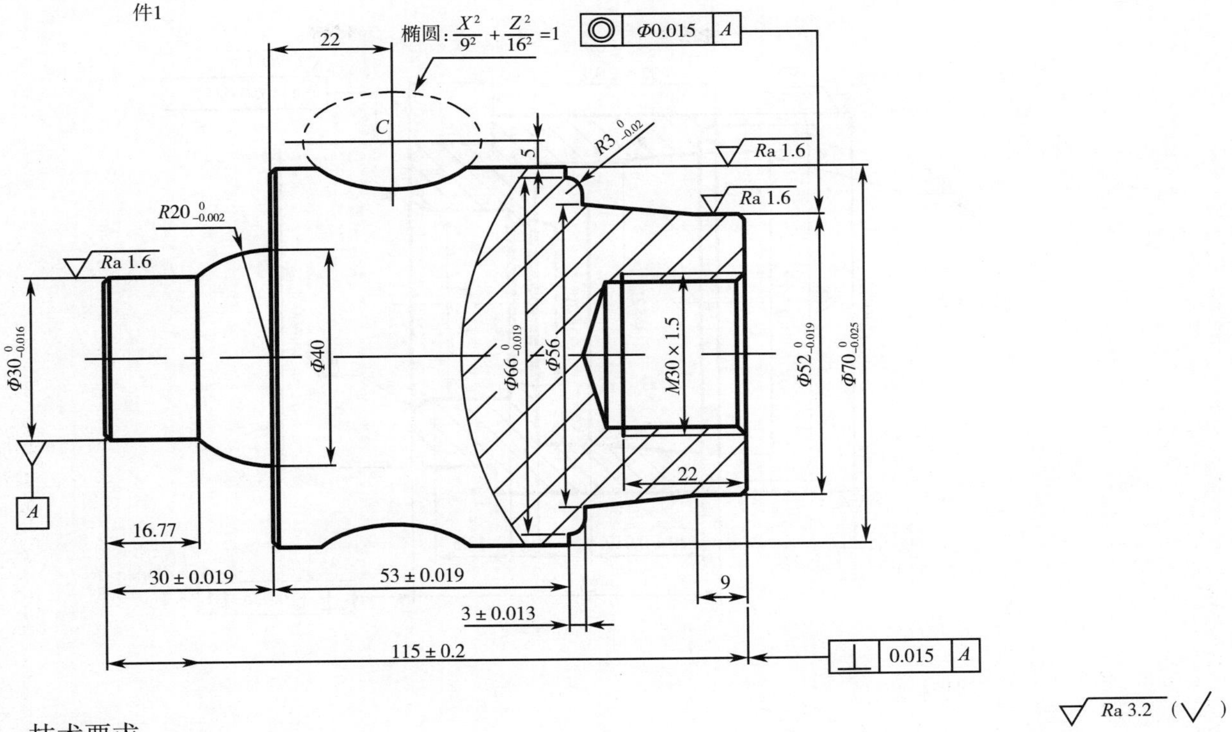

技术要求

1.未注倒角$C1$，锐边倒钝$C0.5$；

2.未注公差尺寸按GB 1804–M；

3.不允许使用砂布、锉刀等修饰加工面。

大赛–20		材料	45	比例	1:1
		数量	1	共5张	第1张
制图			技师大赛试题		
审核					

件2

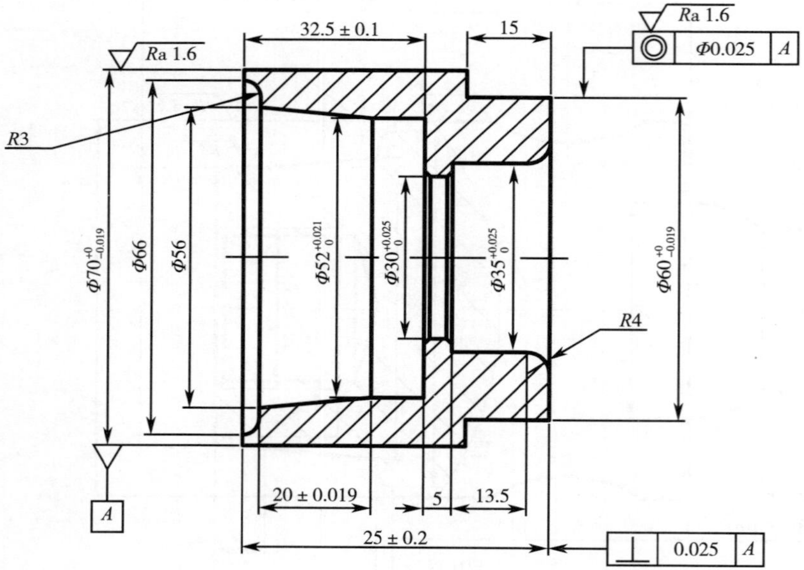

Ra 3.2 (√)

技术要求

1.未注倒角C1，锐边倒钝；

2.未注公差尺寸按GB 1804–M；

3.不允许使用砂布、锉刀等修饰加工面。

大赛–20		材料	45	比例	1:1
		数量	1	共5张	第2张
制图		技师大赛试题			
审核					

件3

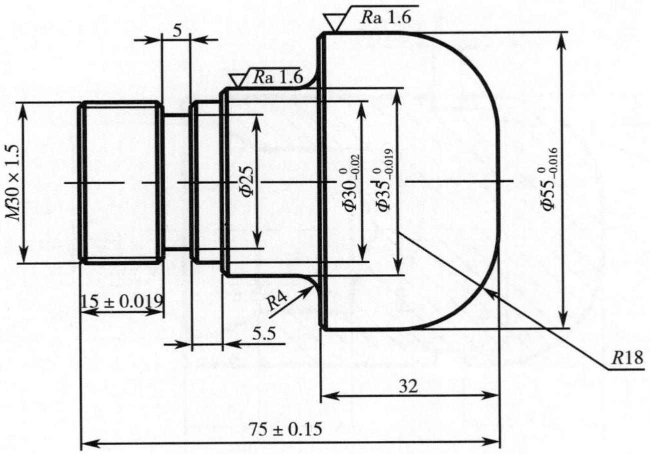

技术要求

1.未注倒角C1，锐边倒钝；

2.未注公差尺寸按GB 1804-M；

3.不允许使用砂布、锉刀等修饰加工面。

Ra 3.2（√）

大赛-20	材料	45	比例	1:1
	数量	1	共5张	第3张
制图			技师大赛试题	
审核				

件4

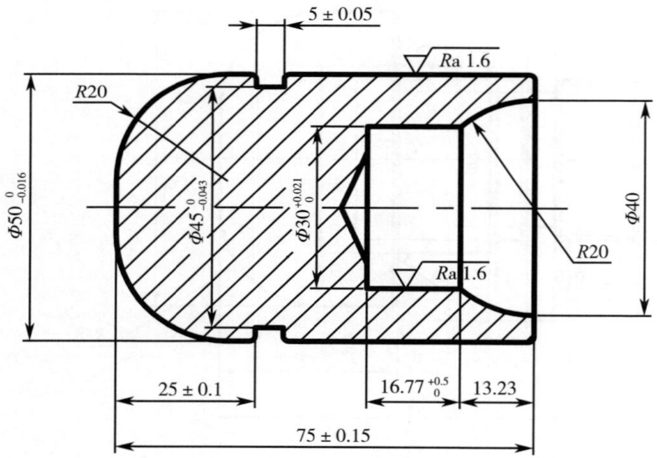

Ra 3.2 (√)

技术要求

1.未注倒圆$R1$，锐边倒钝；

2.未注公差尺寸按GB 1804–M;

3.不允许使用砂布、锉刀等修饰加工面。

大赛–20		材料	45	比例	1:1
		数量	1	共5张	第4张
制图			技师大赛试题		
审核					

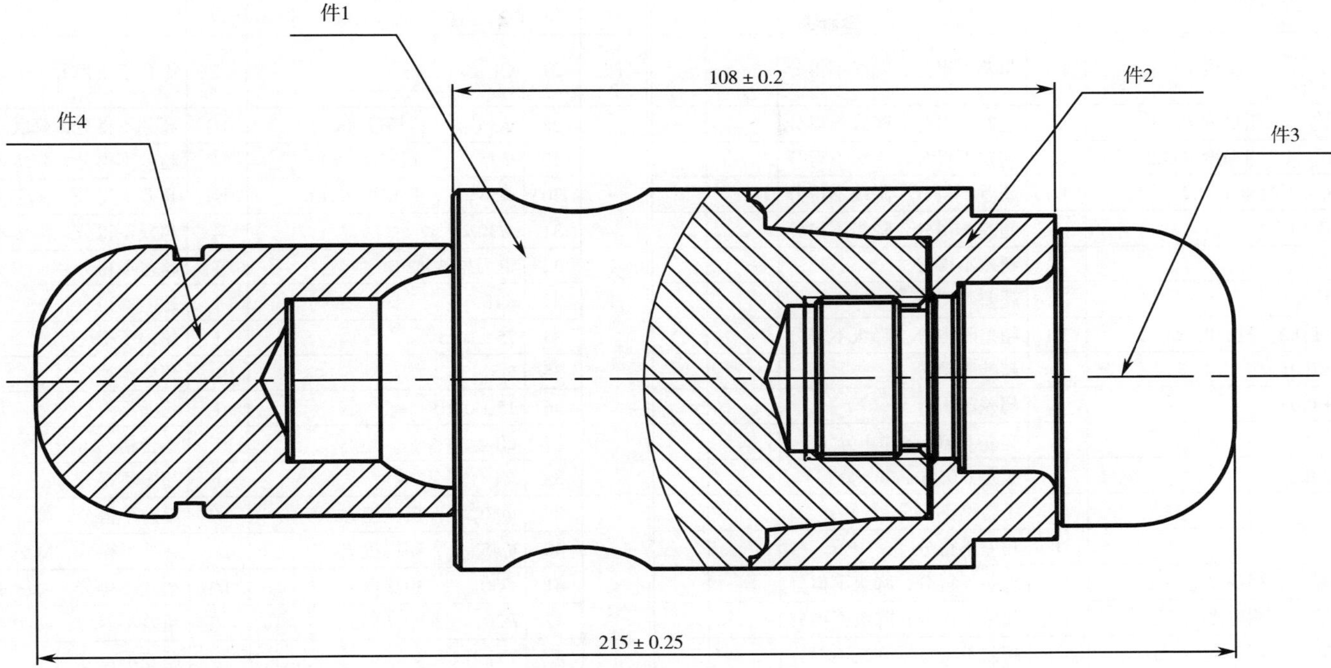

技术要求

1.螺纹配合松紧适宜；

2.锥面配合涂色检查接触面≥60%。

大赛-20			材料	45	比例	1:1
			数量	1	共5张	第1张
制图			技师大赛试题			
审核						

2.20 大赛试题 –20 评分标准

项目	序号	技术要求	占分	评分标准	实测	得分
零件1	1	$\Phi30^{0}_{-0.016}$，粗糙度 $Ra1.6$	1/1	超差不得分，降级不得分		
	2	$\Phi52^{0}_{-0.019}$，粗糙度 $Ra1.6$	1/1	超差不得分，降级不得分		
	3	$\Phi70^{0}_{-0.025}$，粗糙度 $Ra3.2$	1/1	超差不得分，降级不得分		
	4	$\Phi40$，粗糙度 $Ra3.2$	1/1	超差不得分，降级不得分		
	5	$M30\times1.5$	4	超差不得分，降级不得分		
	6	椭圆	3	超差不得分		
	7	$R20^{0}_{-0.02}$	1	超差不得分		
	8	115 ± 0.2，粗糙度 $Ra3.2$	1/1	超差不得分，降级不得分		
	9	53 ± 0.05	1	超差不得分		
	10	30 ± 0.05	1	超差不得分		
	11	垂直度	4	超差 0.01mm 扣 1 分		
	12	同轴度	4	超差 0.01mm 扣 1 分		
	13	$C1$	1	不合格不得分		
零件2	14	$R3$	1	超差不得分		
	15	$\Phi30^{+0.025}_{0}$，粗糙度 $Ra3.2$	1/1	超差不得分，降级不得分		
	16	$\Phi35^{+0.021}_{0}$，粗糙度 $Ra3.2$	1/1	超差不得分，降级不得分		
	17	$\Phi60^{0}_{-0.019}$，粗粗糙度 $Ra1.6$	1/1	超差不得分，降级不得分		
	18	$\Phi70^{0}_{-0.019}$，粗糙度 $Ra1.6$	1/1	超差不得分，降级不得分		
	19	$\Phi52^{+0.021}_{0}$，粗糙度 $Ra3.2$	1/1	超差不得分，降级不得分		
	20	$R3$	1	超差不得分		
	21	内圆锥	3	超差不得分		
	22	55 ± 0.2	1	超差不得分		
	23	20 ± 0.019	1	超差不得分		
	24	5	1	超差不得分		
	25	垂直度	4	超差 0.01mm 扣 1 分		
	26	同轴度	4	超差 0.01mm 扣 1 分		
	27	$C1$	1	不合格不得分		
零件3	28	$\Phi30^{0}_{-0.02}$，粗糙度 $Ra3.2$	1/1	超差不得分，降级不得分		
	29	$\Phi35^{0}_{-0.019}$，粗糙度 $Ra1.6$	1/1	超差不得分，降级不得分		
	30	$\Phi55^{0}_{-0.016}$，粗糙度 $Ra1.6$	1/1	超差不得分，降级不得分		
	31	$M30\times1.5$	4	超差不得分，降级不得分		
	32	退刀槽 5×2.5	1	超差不得分		
	33	$R18$	1	超差不得分		
	34	75 ± 0.15	1	超差不得分		
	35	5.5	1	超差不得分		
	36	15 ± 0.019	1	超差不得分		
	37	$C1$	1	不合格不得分		
	38	$R4$	1	超差不得分		
零件4	39	$\Phi30^{+0.021}_{0}$，粗糙度 $Ra1.6$	1/1	超差不得分，降级不得分		
	40	$\Phi45^{0}_{-0.043}$，粗糙度 $Ra3.2$	1/1	超差不得分，降级不得分		
	41	$\Phi50^{0}_{-0.016}$，粗糙度 $Ra1.6$	1/1	超差不得分，降级不得分		
	42	$R20$，粗糙度 $Ra3.2$	1/1	超差不得分，降级不得分		
	43	75 ± 0.15	1	超差不得分		
	44	5 ± 0.05	1	超差不得分		
	45	25 ± 0.1	1	超差不得分		
	46	$R1$	1	超差不得分		
配合	47	配合总长度 108 ± 0.2	2	超差不得分		
	48	配合总长度 215 ± 0.25	2	超差不得分		
	49	螺纹配合	4	松紧适宜得分		
	50	圆处平滑连接	3	光滑过度则得分		
	51	总装成型	4	配合完整则得分		
总计						

件1

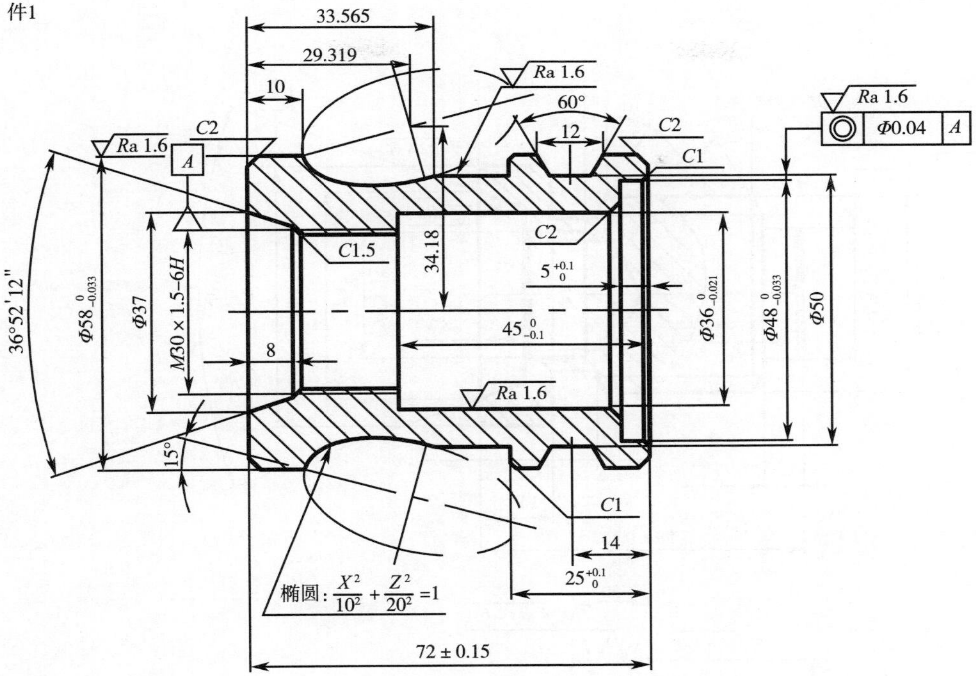

Ra 3.2（√）

技术要求

1.锐边倒角C0.5；

2.未注公差尺寸按GB 1804-*M*；

3.不允许使用砂布、锉刀等修饰加工面。

大赛-21			材料	45	比例	1:1
			数量	1	共4张	第1张
制图			技师大赛试题			
审核						

件2

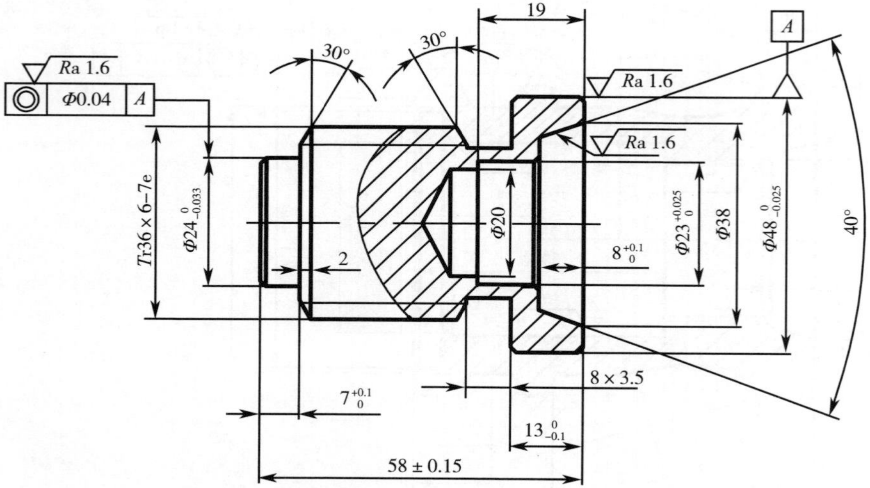

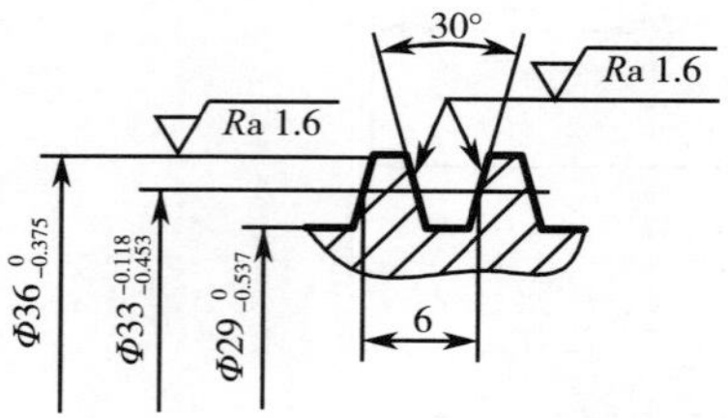

技术要求

1.未注倒角*C*1；

2.未注公差尺寸按GB 1804–*M*；

3.不允许使用砂布、锉刀等修饰加工面。

Ra 3.2（√）

大赛–21			材料	45	比例	1:1
			数量	1	共4张	第2张
制图			技师大赛试题			
审核						

件3

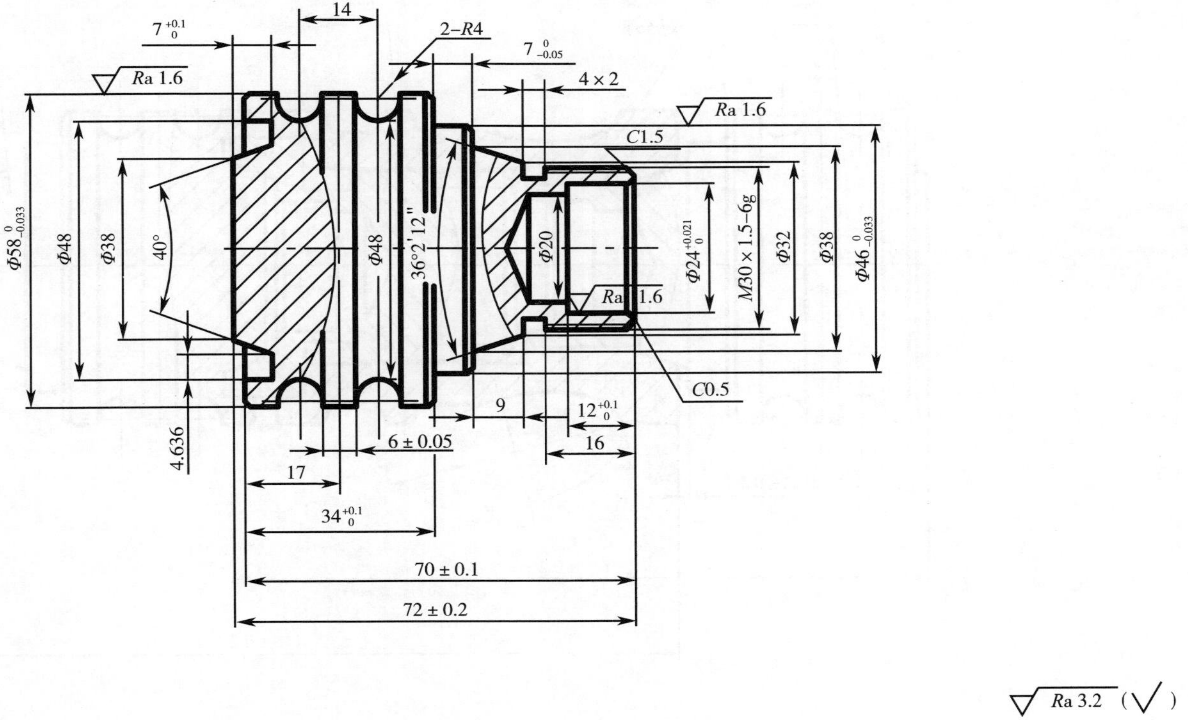

技术要求

1.未注倒角$C1$，锐边倒钝；
2.未注公差尺寸按GB 1804-M；
3.不允许使用砂布、锉刀等修饰加工面。

大赛-21		材料	45	比例	1:1
		数量	1	共4张	第3张
制图		技师大赛试题			
审核					

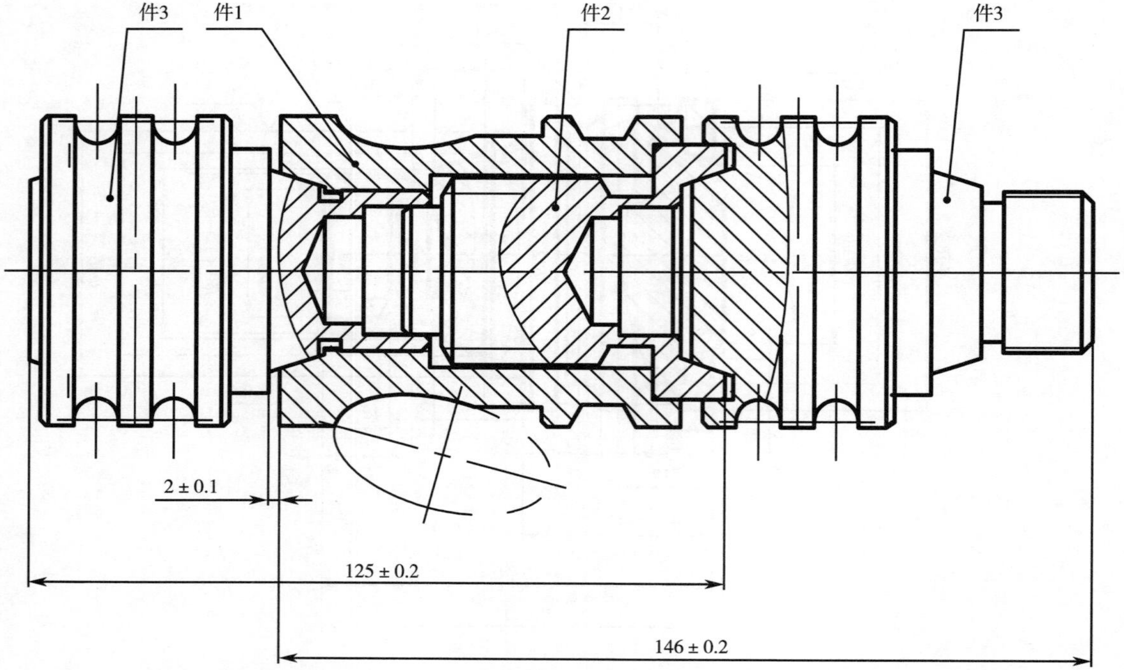

技术要求

1.件1与件3螺纹配合松紧适宜；

2.件2与件3锥面配合涂色检查接触面≥70%；

3.件1、件2与件3配合成型。

大赛–21	材料	45	比例	1:1
	数量	1	共4张	第4张
制图			技师大赛试题	
审核				

2.21 大赛试题 -21 评分标准

项目	序号	技术要求	占分	评分标准	实测	得分
零件1	1	$\Phi36_{0}^{+0.021}$，粗糙度 $Ra1.6$	2/1	超差不得分，降级不得分		
	2	$\Phi48_{0}^{+0.02}$，粗糙度 $Ra3.2$	2/1	超差不得分，降级不得分		
	3	$\Phi50_{-0.025}^{0}$，粗糙度 $Ra3.2$	2/1	超差不得分，降级不得分		
	4	$\Phi58_{-0.033}^{0}$，粗糙度 $Ra1.6$	2/1	超差不得分，降级不得分		
	5	$M30\times1.5-6H$	3/1	超差不得分，降级不得分		
	6	内圆锥，V 形槽	3	超差不得分，降级不得分		
	7	椭圆弧	3	超差不得分，降级不得分		
	8	72 ± 0.15	1	超差不得分		
	9	25+0.1 0	1	超差不得分		
	10	$C1$	1	不合格不得分		
	11	2—$C1.5$	2	不合格不得分		
	12	3—$C2$	3	不合格不得分		
	13	◎ 0.04 A	2	超差 0.01mm 扣 1 分		
零件2	14	$\Phi48_{-0.025}^{0}$，粗糙度 $Ra1.6$	2/1	超差不得分，降级不得分		
	15	$\Phi24_{-0.033}^{0}$，粗糙度 $Ra1.6$	2/1	超差不得分，降级不得分		
	16	Tr36 × 6—7e，粗糙度 $Ra3.2$	6/1	超差不得分，降级不得分		
	17	58 ± 0.15	1	超差不得分		
	18	$13_{-0.1}^{0}$	1	超差不得分		
	19	$8_{0}^{+0.1}$	2	超差不得分		
	20	$7_{0}^{+0.1}$	2	超差不得分		

项目	序号	技术要求	占分	评分标准	实测	得分
零件2	21	◎ 0.04 A	2	超差 0.01mm 扣 1 分		
零件3	22	$\Phi58_{-0.033}^{0}$，粗糙度 $Ra1.6$	3/1	超差不得分，降级不得分		
	23	$\Phi48$，粗糙度 $Ra3.2$	3/1	超差不得分，降级不得分		
	24	$\Phi46_{-0.033}^{0}$，粗糙度 $Ra1.6$	3/1	超差不得分，降级不得分		
	25	$\Phi24_{0}^{+0.02}$，粗糙度 $Ra1.6$	3/1	超差不得分，降级不得分		
	26	$\Phi58_{-0.033}^{0}$	2	超差不得分		
	27	2—$R4$	3	超差不得分		
	28	$4\times2_{-0.05}$	2	超差不得分		
	29	$\Phi48^{+0.1}$	1	超差不得分		
	30	72 ± 0.2	1	超差不得分		
	31	70 ± 0.1	1	超差不得分		
	32	$C0.5$	1	不合格不得分		
	33	3—$C1$	3	不合格不得分		
	34	$C1.5$	1	不合格不得分		
配合	35	配合总长度 125 ± 0.2	2	超差不得分		
	36	配合总长度 2 ± 0.1	2	超差不得分		
	37	螺纹配合	4	配合松紧适中		
	38	圆处平滑连接	4	光滑则得分		
	39	总装成型	4	符合要求则得分		
总计						

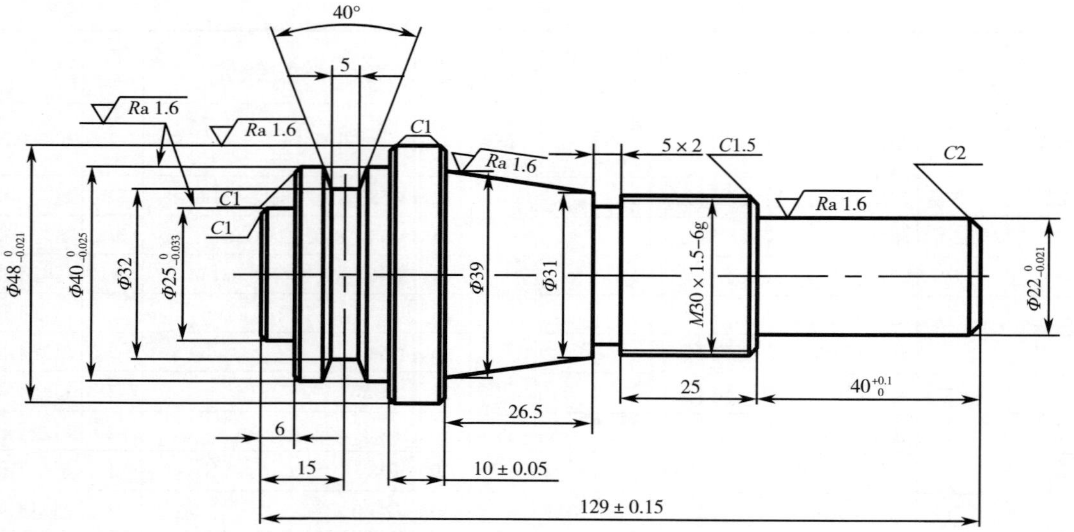

Ra 3.2 (√)

技术要求

1.锐边倒角*C*0.5；

2.未注公差尺寸按GB 1804−*M*；

3.不允许使用砂布、锉刀等修饰加工面。

大赛−22		材料	45	比例	1:1
		数量	1	共4张	第1张
制图		技师大赛试题			
审核					

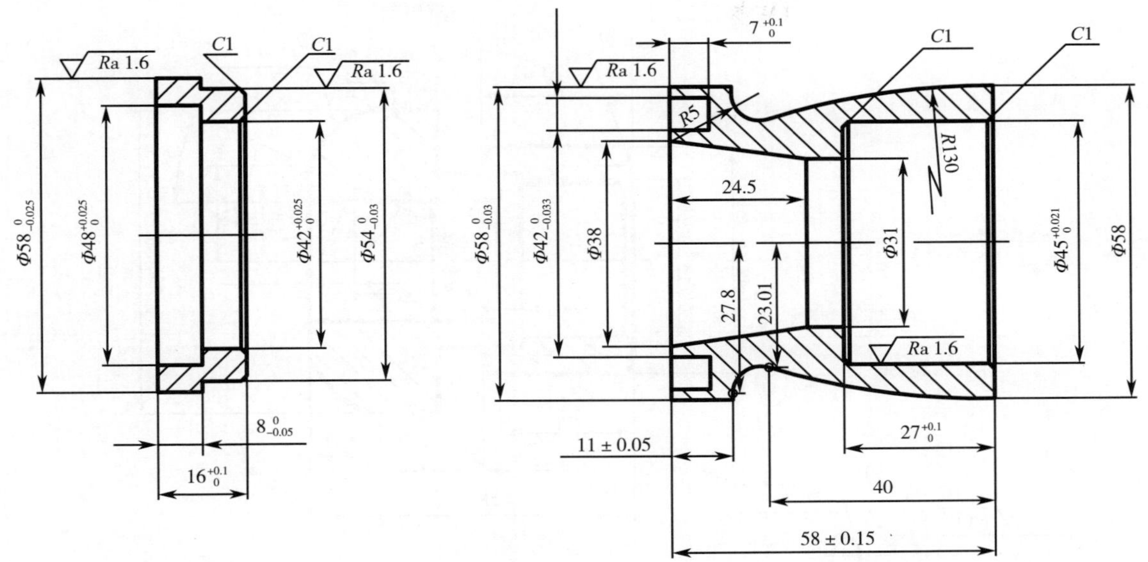

$\sqrt{Ra\ 3.2}$ ($\sqrt{}$)

技术要求

1.锐边倒角*C*0.5；

2.未注公差尺寸按GB 1804–*M*；

3.不允许使用砂布、锉刀等修饰加工面。

大赛–22		材料	45	比例	1:1
		数量	1	共4张	第2张
制图			技师大赛试题		
审核					

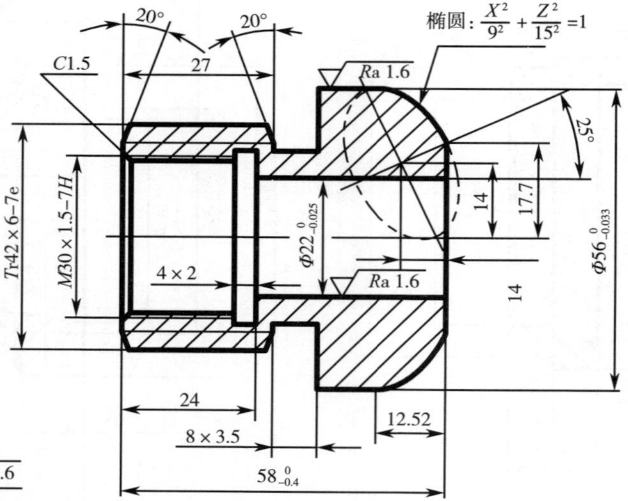

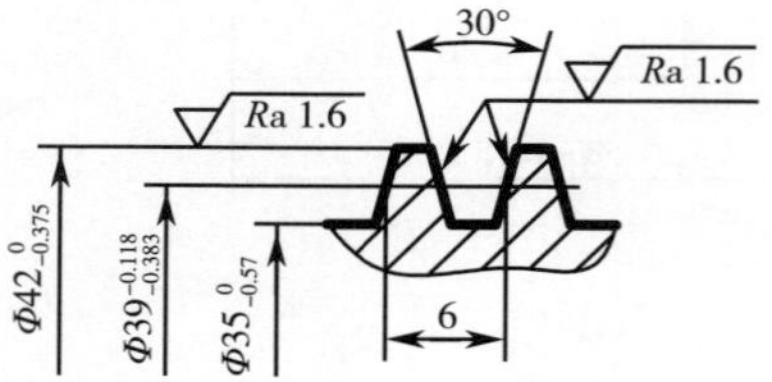

Ra 3.2（√）

技术要求

1.锐边倒角C0.5；
2.未注公差尺寸按GB 1804–M；
3.不允许使用砂布、锉刀等修饰加工面。

大赛–22		材料	45	比例	1:1
		数量	1	共4张	第3张
制图		技师大赛试题			
审核					

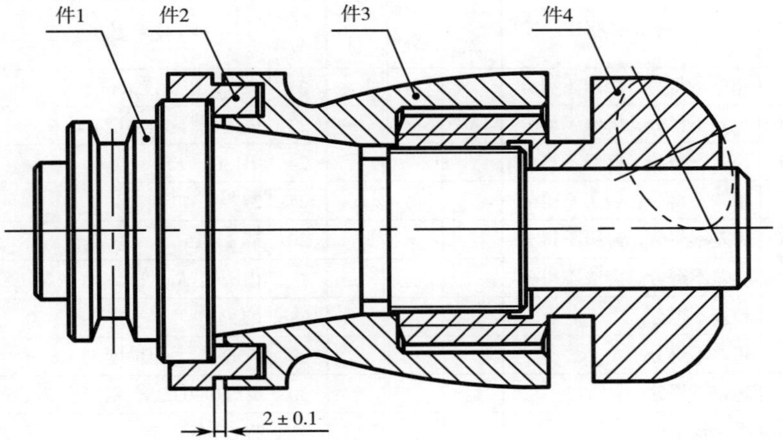

技术要求

1.件1与件4螺纹配合松紧适宜；
2.件1与件3锥度配合涂色检查接触面≥70%;
3.件1、件2、件3与件4装配成型。
4.椭圆公式：$X^2/A^2+Z^2/B^2=1$
　或：$X=A\times\sin$　$Z=B\times\cos$
5.坐标旋转公式：
　$Z'=Z\times\cos+X\times\sin$
　$X'=Z\times\sin+X\times\cos$

大赛–22		材料	45	比例	1:1
		数量	1	共4张	第4张
制图			技师大赛试题		
审核					

2.22 大赛试题 –22 评分标准

项目	序号	技术要求	占分	评分标准	实测	得分	项目	序号	技术要求	占分	评分标准	实测	得分
	1	$\Phi22_{-0.021}^{0}$，粗糙度 $Ra1.6$	1/1	超差不得分，降级不得分				22	$\Phi31$，粗糙度 $Ra3.2$	1/1	超差不得分，降级不得分		
	2	$\Phi48_{-0.021}^{0}$，粗糙度 $Ra1.6$	1/1	超差不得分，降级不得分				23	$\Phi45_{0}^{+0.021}$，粗糙度 $Ra1.6$	1/1	超差不得分，降级不得分		
	3	$\Phi40_{-0.025}^{0}$，粗糙度 $Ra1.6$	1/1	超差不得分，降级不得分				24	$R130$，$R5$	3	超差不得分		
	4	$\Phi32$，粗糙度 $Ra3.2$	1/1	超差不得分，降级不得分				25	$27_{0}^{+0.1}$	1	超差不得分		
	5	$\Phi25_{-0.033}^{0}$，粗糙度 $Ra1.6$	1/1	超差不得分，降级不得分				26	58 ± 0.15	1	超差不得分，降级不得分		
	6	$M30 \times 1.5 - 6g$	4	超差不得分，降级不得分				27	内圆锥 $Ra3.2$	3	超差不得分，降级不得分		
	7	$40_{0}^{+0.1}$	1	超差不得分				28	$C1$	1	不合格不得分		
	8	129 ± 0.15	1	超差不得分				29	$\Phi56_{-0.033}^{0}$，粗糙度 $Ra1.6$	1/1	超差不得分，降级不得分		
	9	锥面，梯形槽	4	超差不得分				30	$\Phi22$ 0 −0.025，粗糙度 $Ra1.6$	1/1	超差不得分，降级不得分		
	10	$C2$	1	不合格不得分				31	$Tr42 \times 6 - 7e$	5/2	超差不得分，降级不得分		
	11	$C1.5$	3	不合格不得分				32	$M30 \times 1.5\text{–}7H$	4/2	超差不得分，降级不得分		
	12	$C1$	1	不合格不得分				33	椭圆	2	超差不得分		
	13	退刀槽 5×2	2	超差不得分				34	$58_{-0.4}^{0}$	1	超差不得分		
	14	$\Phi58_{-0.025}^{0}$，粗糙度 $Ra1.6$	2/1	超差不得分，降级不得分				35	24	1	超差不得分		
	15	$\Phi48_{0}^{+0.025}$，粗糙度 $Ra3.2$	2/1	超差不得分，降级不得分				36	$20°$	1	超差不得分		
	16	$\Phi42_{0}^{+0.025}$，粗糙度 $Ra3.2$	2/1	超差不得分，降级不得分				37	8×3.5	1	超差不得分		
	17	$\Phi54_{-0.03}^{0}$，粗糙度 $Ra1.6$	2/1	超差不得分，降级不得分				38	配合 2 ± 0.1	5	符合则得分		
	18	$8_{0}^{+0.05}$，粗糙度 $Ra3.2$	1	超差不得分，降级不得分				39	螺纹配合	5	配合松紧适中		
	19	$16_{0}^{+0.1}$	1	超差不得分				40	椭圆处平滑连接	5	光滑则得分		
	20	$C1$	1					41	总装成型	5	完全装配则得分		
	21	$\Phi58_{-0.03}^{0}$，粗糙度 $Ra1.6$	1/1	超差不得分，降级不得分			总计						

件1

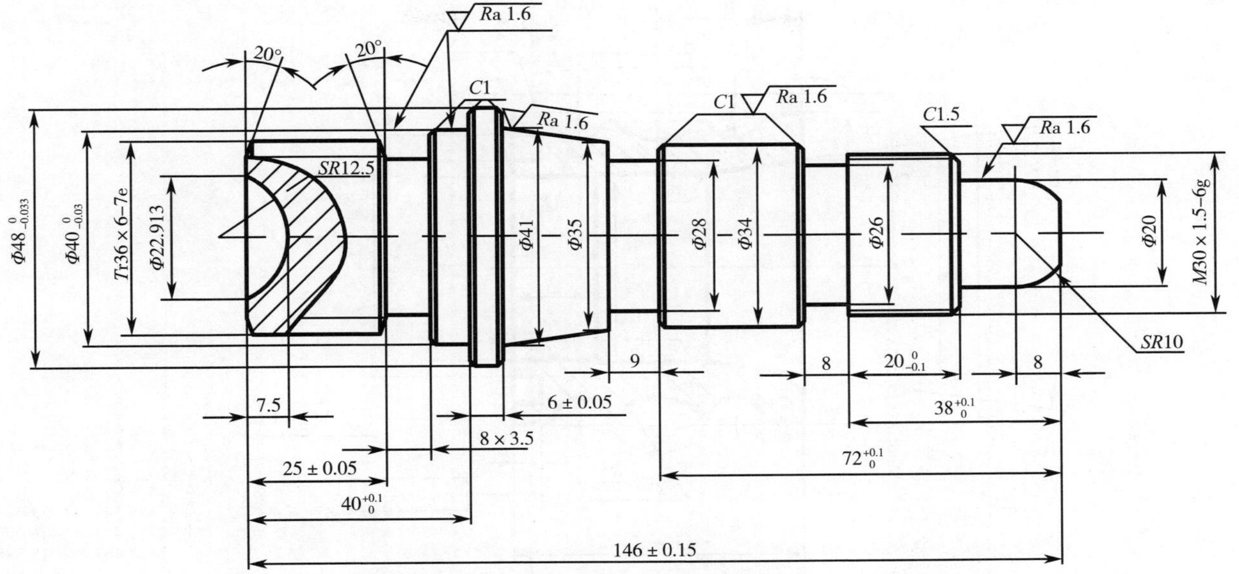

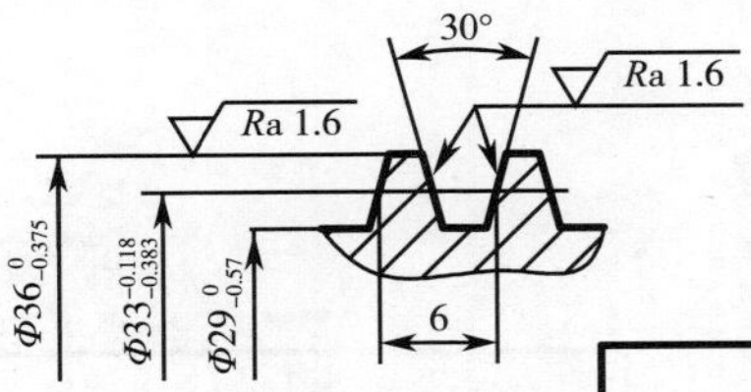

Ra 3.2 (√)

技术要求

1.锐边倒角C0.5；

2.未注公差尺寸按GB 1804−M；

3.不允许使用砂布、锉刀等修饰加工面。

大赛−23		材料	45	比例	1:1
		数量	1	共4张	第1张
制图		技师大赛试题			
审核					

件2

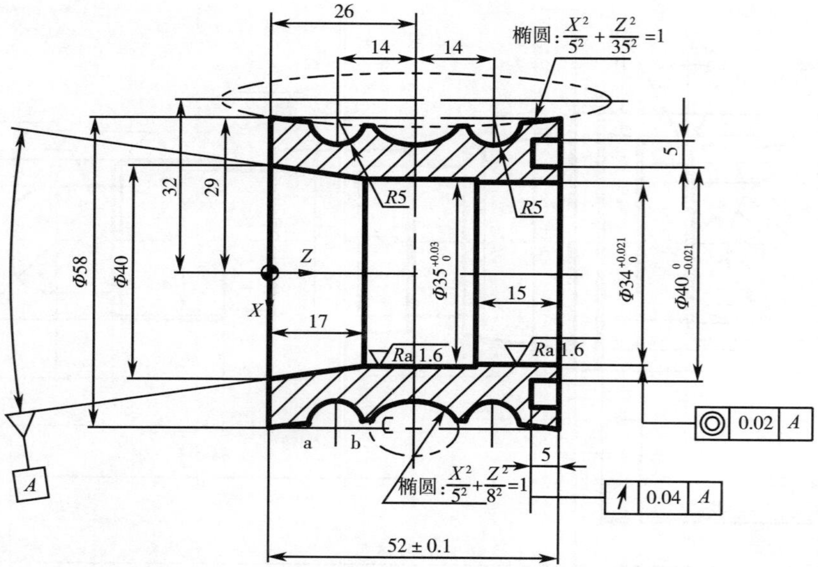

	X	Z
a	28.141	7.074
b	27.524	16.777
c	27.467	18.385

技术要求

1.锐边倒角*C*0.5；
2.未注公差尺寸按GB 1804–*M*；
3.不允许使用砂布、锉刀等修饰加工面。

Ra 3.2 (√)

大赛–23	材料	45	比例	1:1
	数量	1	共4张	第2张
制图			技师大赛试题	
审核				

件3

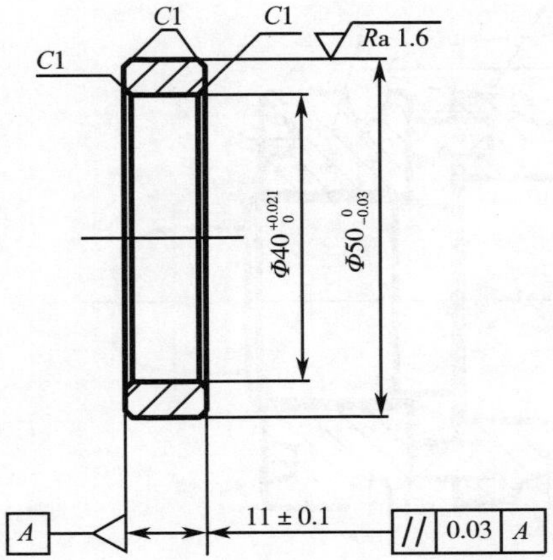

件4

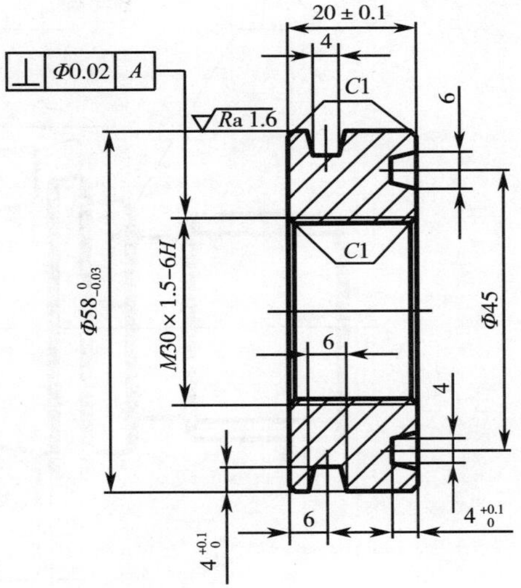

Ra 3.2 (√)

技术要求

1.锐边倒角$C0.5$；

2.未注公差尺寸按GB 1804-M；

3.不允许使用砂布、锉刀等修饰加工面。

大赛-23			材料	45	比例	1:1
			数量	1	共4张	第3张
制图			技师大赛试题			
审核						

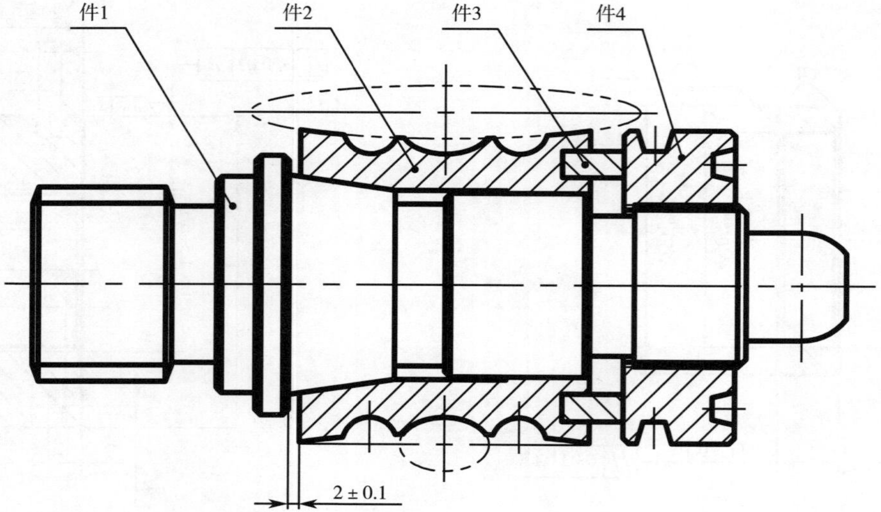

技术要求

1.件1与件4螺纹配合松紧适宜；
2.锥面配合涂色检查接触面≥70%；
3.件1、件2、件3与件4装配成型。

大赛-23	材料	45	比例	1:1
	数量	1	共4张	第4张
制图			技师大赛试题	
审核				

2.23　大赛试题 –23 评分标准

项目	序号	技术要求	占分	评分标准	实测	得分	项目	序号	技术要求	占分	评分标准	实测	得分
零件1	1	$\Phi48^{0}_{-0.033}$，粗糙度 $Ra3.2$	1/1	超差不得分，降级不得分			零件2	21	椭圆	4	超差不得分		
	2	$\Phi40^{0}_{-0.03}$，粗糙度 $Ra1.6$	1/1	超差不得分，降级不得分				22	52 ± 0.1，粗糙度 $Ra3.2$	1/1	超差不得分，降级不得分		
	3	$\Phi34$，粗糙度 $Ra1.6$	2/1	超差不得分，降级不得分				23	◎ | ∅0.02 | *A*	3	超差 0.01mm 扣 1 分		
	4	$\Phi20$，粗糙度 $Ra1.6$	1/1	超差不得分，降级不得分			零件3	24	$\Phi50^{0}_{-0.03}$，粗糙度 $Ra1.6$	2/1	超差不得分，降级不得分		
	5	$Tr36\times36{-}7e$，$Ra1.6$	4/2	超差不得分，降级不得分				25	$\Phi40^{+0.021}_{0}$，粗糙度 $Ra3.2$	2/1	超差不得分，降级不得分		
	6	$M30\times1.5-6g$	4	超差不得分，降级不得分				26	$C1$	1	不合格不得分		
	7	圆锥，$SR12.5$	2	超差不得分，降级不得分				27	11 ± 0.1，粗糙度 $Ra3.2$	1/1	超差不得分，降级不得分		
	8	$SR10$，粗糙度 $Ra3.2$	2/1	超差不得分，降级不得分				28	// | 0.03 | *A*	3	超差 0.01mm 扣 1 分		
	9	146 ± 0.15	1	超差不得分			零件4	29	$\Phi58^{0}_{-0.03}$，粗糙度 $Ra1.6$	1/1	超差不得分，降级不得分		
	10	$40^{+0.1}_{0}$	1	超差不得分				30	20 ± 0.1，粗糙度 $Ra3.2$	1/1	超差不得分，降级不得分		
	11	25 ± 0.05	1	超差不得分				31	$M30\times1.5-6H$	3	超差不得分，降级不得分		
	12	8×3.5	1	超差不得分				32	V 形槽	2	超差不得分		
	13	$C1$	3	不合格不得分				33	倒角 $C1$	3	不合格不得分		
	14	$C1.5$	1	不合格不得分				34	⊥ | 0.02 | *A*	3	超差 0.01mm 扣 1 分		
	15	20°	1	超差不得分			配合	35	配合 2 ± 0.01	4	超差不得分		
零件2	16	$\Phi34^{+0.021}_{0}$，粗糙度 $Ra1.6$	1/1	超差不得分，降级不得分				36	螺纹配合	4	配合松紧适中		
	17	$\Phi40^{0}_{-0.02}$，粗糙度 $Ra3.2$	2/1	超差不得分，降级不得分				37	椭圆处平滑连接	4	平滑则得分		
	18	$\Phi35^{+0.03}_{0}$，粗糙度 $Ra1.6$	1/1	超差不得分，降级不得分				38	总装成型	4	完全装配则得分		
	19	内圆锥	2	超差不得分				39	工件必须完整，工件局部无缺陷（如夹伤、划痕等）				
	20	$R5$	3	超差不得分			总计						

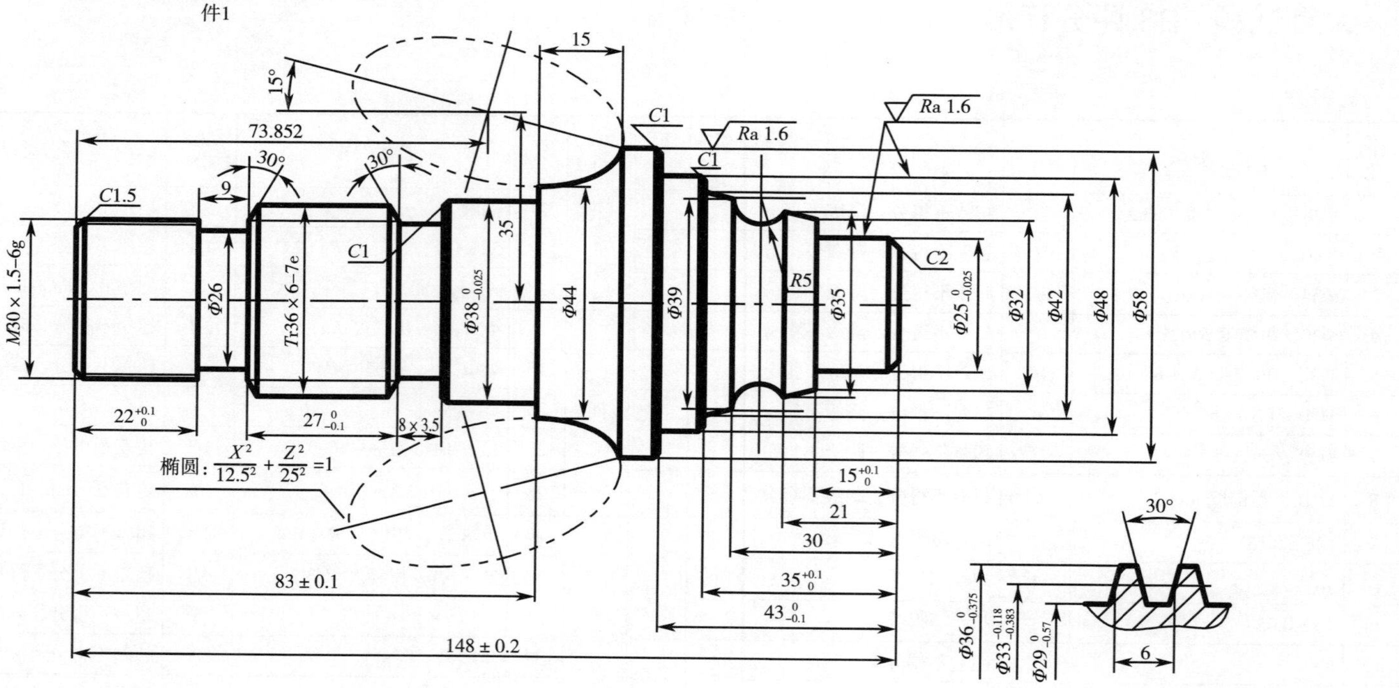

技术要求

1.锐边倒角*C*0.5；

2.未注公差尺寸按GB 1804-*M*；

3.不允许使用砂布、锉刀等修饰加工面。

Ra 3.2 （√）

大赛-24			材料	45	比例	1:1
			数量	1	共4张	第1张
制图			技师大赛试题			
审核						

件2

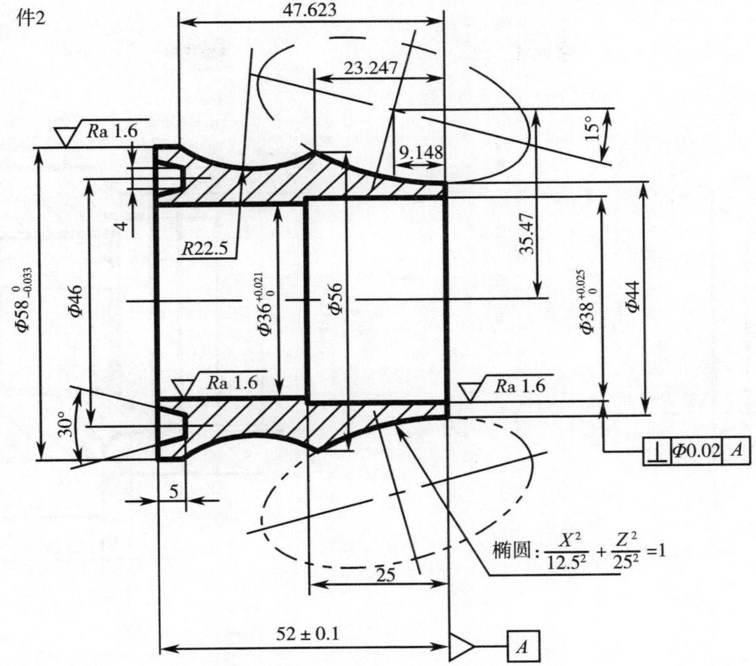

Ra 3.2 (√)

技术要求

1.锐边倒角*C*0.5；

2.未注公差尺寸按GB 1804–*M*；

3.不允许使用砂布、锉刀等修饰加工面。

大赛–24		材料	45	比例	1:1
		数量	1	共4张	第2张
制图		技师大赛试题			
审核					

件3

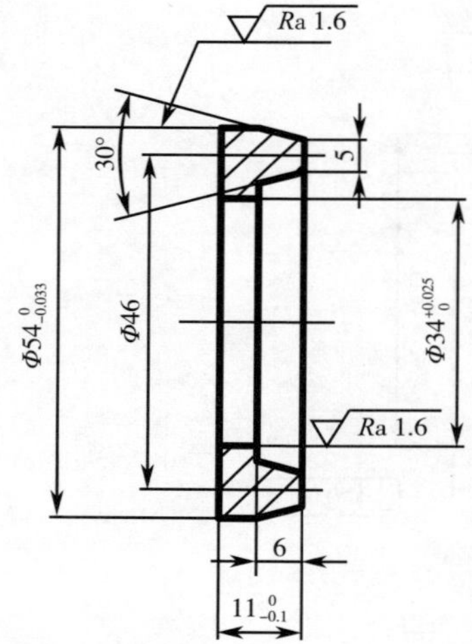

件4

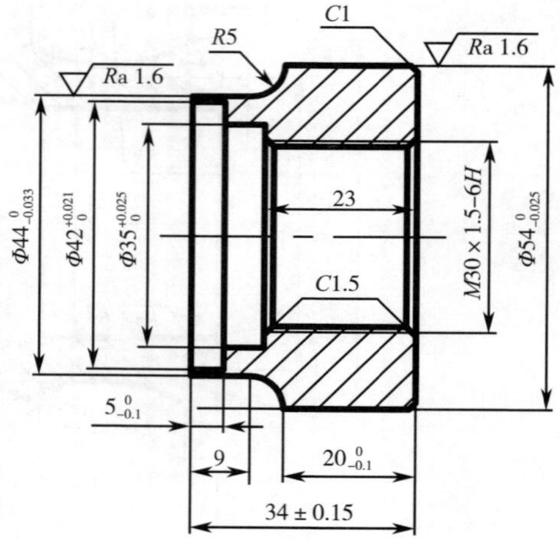

技术要求

1.锐边倒角*C*0.5；

2.未注公差尺寸按GB 1804−*M*;

3.不允许使用砂布、锉刀等修饰加工面。

Ra 3.2（√）

大赛−24		材料	45	比例	1:1
		数量	1	共4张	第3张
制图			技师大赛试题		
审核					

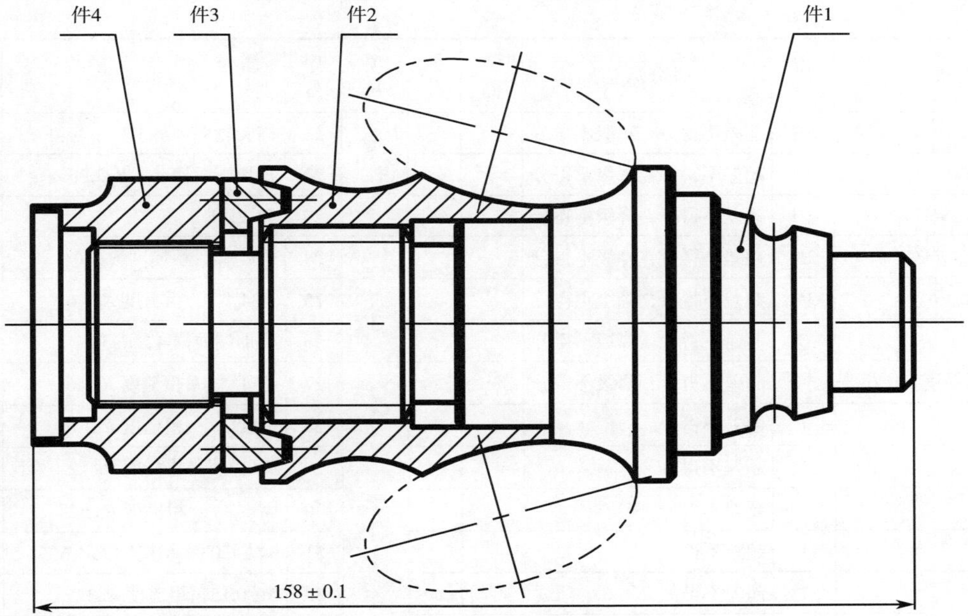

技术要求

1.件1与件2椭圆处平滑连接;
2.件3与件4螺纹配合松紧适宜;
3.件1、件2、件3与件4配合成型。

大赛-24		材料	45	比例	1:1
		数量	1	共4张	第4张
制图		技师大赛试题			
审核					

2.24 大赛试题 –24 评分标准

项目	序号	技术要求	占分	评分标准	实测	得分	项目	序号	技术要求	占分	评分标准	实测	得分
零件1	1	$\Phi 58$，粗糙度 $Ra1.6$	2/1	超差不得分，降级不得分			零件2	21	椭圆轮廓，$Ra3.2$	2/1	超差不得分，降级不得分		
	2	$\Phi 48$，粗糙度 $Ra1.6$	2/1	超差不得分，降级不得分				22	梯形端面槽 4，$Ra3.2$	2/1	超差不得分，降级不得分		
	3	$\Phi 25^{0}_{-0.025}$，粗糙度 $Ra1.6$	2/1	超差不得分，降级不得分				23	52 ± 0.1	1	超差不得分		
	4	$\Phi 38^{0}_{-0.025}$，粗糙度 $Ra3.2$	2/1	超差不得分，降级不得分			零件3	24	$\Phi 54^{0}_{-0.03}$，粗糙度 $Ra1.6$	1/1	超差不得分，降级不得分		
	5	椭圆，粗糙度 $Ra1.6$	3/1	超差不得分，降级不得分				25	$\Phi 34^{+0.025}_{0}$，粗糙度 $Ra1.6$	3/1	超差不得分，降级不得分		
	6	$M30 \times 1.5$–6g	3	超差不得分，降级不得分				26	梯形端面槽 4，$Ra3.2$	1/2	超差不得分，降级不得分		
	7	Tr36 × 6–7e，粗糙度 $Ra1.6$	6/2	超差不得分，降级不得分			零件4	27	$\Phi 54^{0}_{-0.025}$，粗糙度 $Ra1.6$	2/1	超差不得分，降级不得分		
	8	148 ± 0.2	1	超差不得分				28	$\Phi 44^{0}_{-0.033}$，粗糙度 $Ra1.6$	2/1	超差不得分，降级不得分		
	9	83 ± 0.1	1	超差不得分				29	$\Phi 42^{+0.021}_{0}$，粗糙度 $Ra3.2$	2/1	超差不得分，降级不得分		
	10	$43^{0}_{-0.1}$	1	超差不得分				30	$\Phi 35^{+0.025}_{0}$，粗糙度 $Ra3.2$	2/1	超差不得分，降级不得分		
	11	$35^{+0.1}_{0}$	1	超差不得分				31	34 ± 0.03，粗糙度 $Ra1.6$	1/1	超差不得分，降级不得分		
	12	$15^{+0.1}_{0}$	1	超差不得分				32	5 ± 0.15，粗糙度 $Ra3.2$	1	超差不得分，降级不得分		
	13	$R5$、锥面轮廓，$Ra3.2$	3/1	超差不得分，降级不得分				33	$M30 \times 1.5\text{–}6H$	3	超差不得分，降级不得分		
	14	$C1$	1	不合格不得分				34	倒角 $C1$	2	不合格不得分		
	15	3—$C1.5$	3	不合格不得分			配合	35	配合总长 158 ± 0.3	3	超差不得分		
	16	$C2$	1	不合格不得分				36	螺纹配合	3	配合松紧适中		
零件2	17	$\Phi 58^{0}_{-0.03}$，粗糙度 $Ra1.6$	2/1	超差不得分，降级不得分				37	椭圆处平滑连接	3	平滑连接则得分		
	18	$\Phi 36^{+0.021}_{0}$，粗糙度 $Ra1.6$	2/1	超差不得分，降级不得分				38	总装成型	3	完全装配则得分		
	19	$\Phi 38^{+0.025}_{0}$，粗糙度 $Ra1.6$	2/1	超差不得分，降级不得分				39	工件必须完整，工件局部无缺陷（如夹伤、划痕等）				
	20	$R22.5$ 轮廓，$Ra3.2$	2	超差不得分，降级不得分			总计						

件1

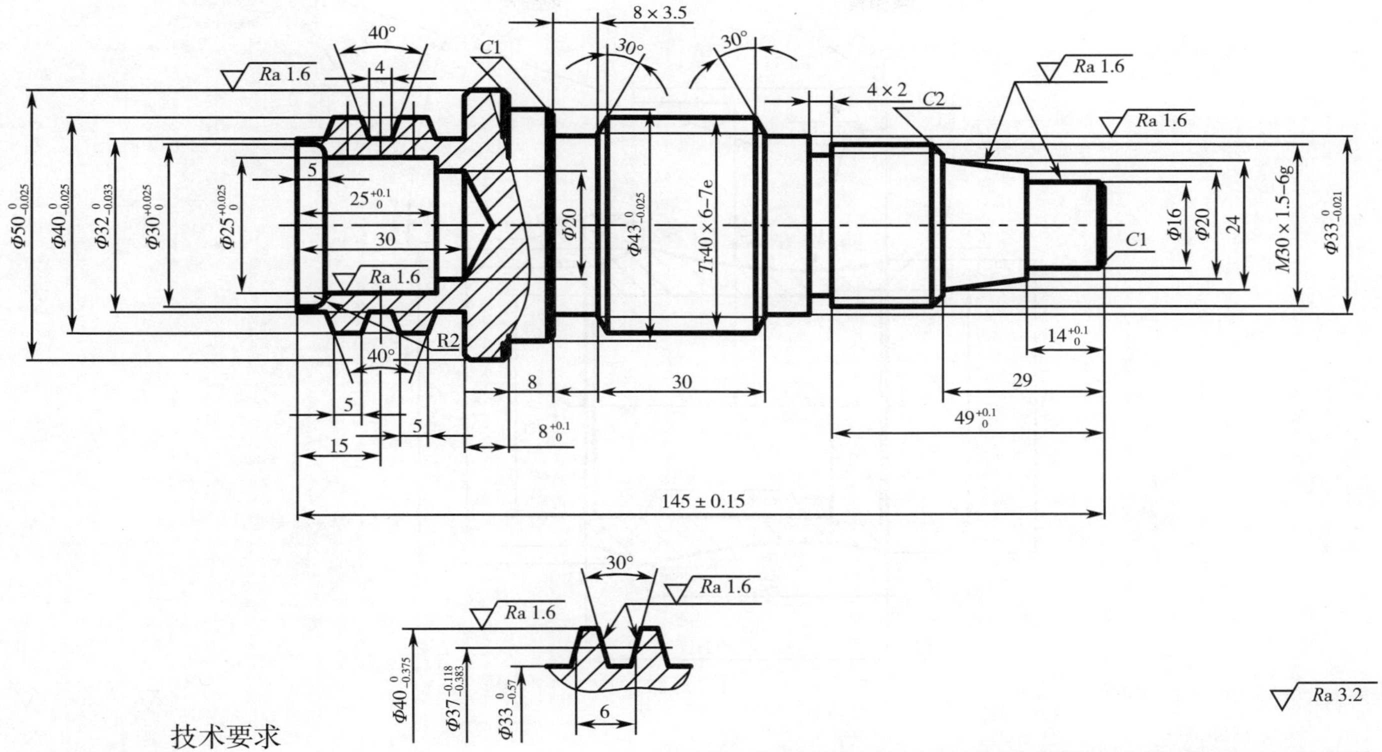

Ra 3.2 (√)

技术要求

1.锐边倒角C0.5；
2.未注公差尺寸按GB 1804-M；
3.不允许使用砂布、锉刀等修饰加工面。

大赛-25		材料	45	比例	1:1
		数量	1	共4张	第1张
制图		技师大赛试题			
审核					

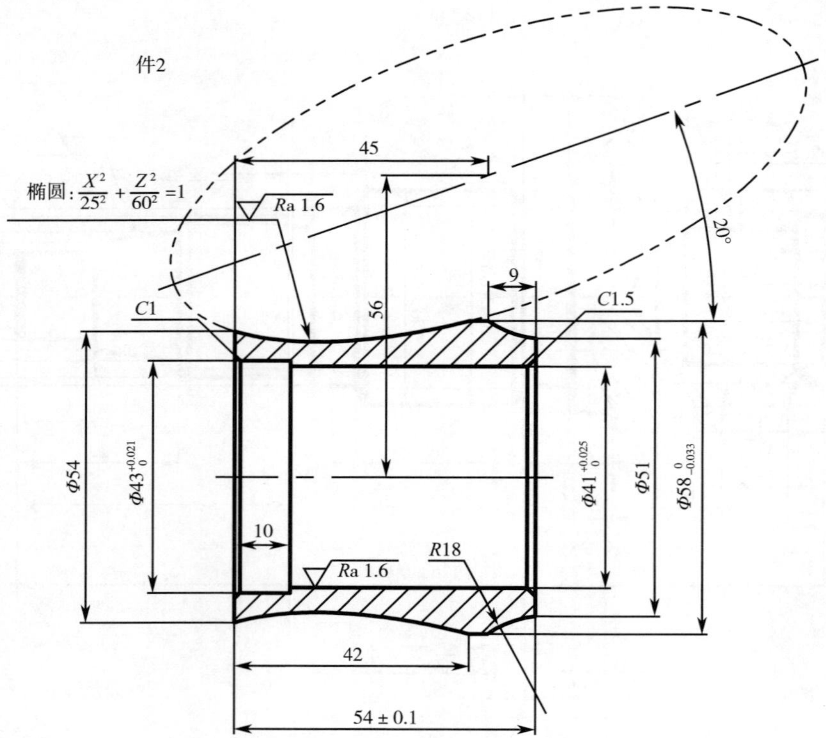

Ra 3.2（√）

技术要求

1.锐边倒角$C0.5$；

2.未注公差尺寸按GB 1804−M；

3.不允许使用砂布、锉刀等修饰加工面。

大赛−25		材料	45	比例	1:1
		数量	1	共4张	第2张
制图		技师大赛试题			
审核					

件3

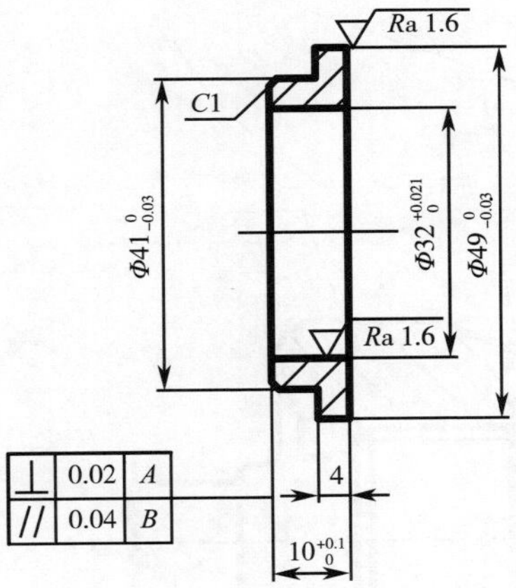

件4

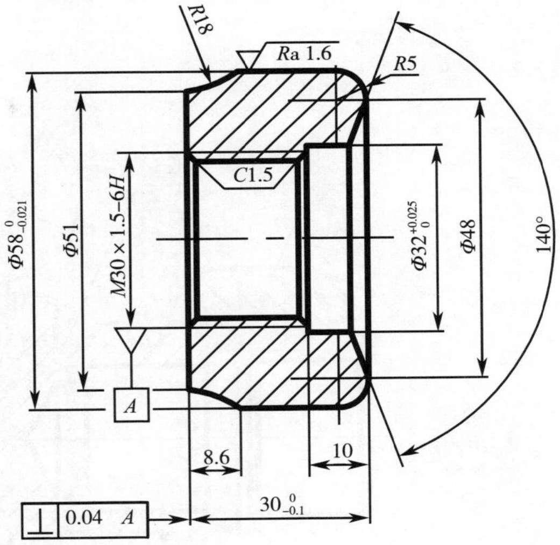

Ra 3.2 (√)

技术要求

1.锐边倒角C0.5；

2.未注公差尺寸按GB 1804-M；

3.不允许使用砂布、锉刀等修饰加工面。

大赛-25		材料	45	比例	1:1
		数量	1	共4张	第3张
制图		技师大赛试题			
审核					

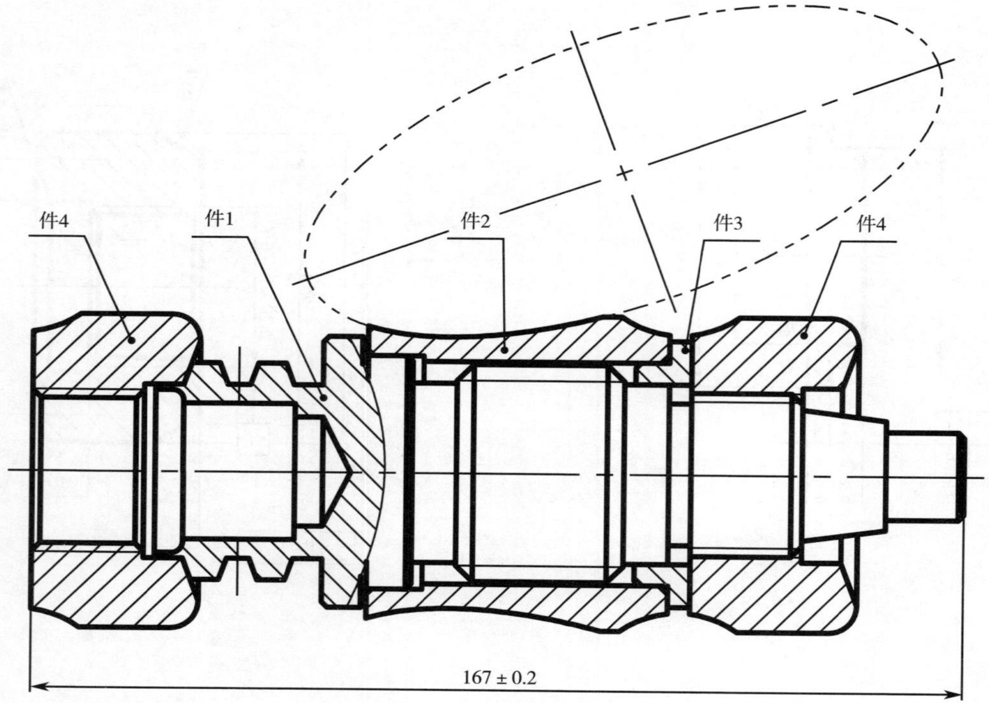

技术要求

1.件2与件4圆弧*R*18处平滑连接；
2.件1与件4螺纹配合松紧适宜；
3.件1与件4锥面配合保证尺寸；
4.件1、件2、件3与件4配合成型。

大赛–25		材料	45	比例	1:1
		数量	1	共4张	第4张
制图			技师大赛试题		
审核					

2.25 大赛试题 -25 评分标准

项目	序号	技术要求	占分	评分标准	实测	得分	项目	序号	技术要求	占分	评分标准	实测	得分
零件1	1	$\Phi50^{0}_{-0.025}$，粗糙度 $Ra1.6$	2/1	超差不得分，降级不得分			零件2	22	椭圆轮廓	1	超差不得分		
	2	$\Phi40^{0}_{-0.03}$，粗糙度 $Ra3.2$	2/1	超差不得分，降级不得分				23	倒角 2 处	2	不合格不得分		
	3	$\Phi25^{+0.025}_{0}$，粗糙度 $Ra1.6$	2/1	超差不得分，降级不得分				24	54 ± 0.1	1	超差不得分		
	4	$\Phi32^{0}_{-0.033}$，粗糙度 $Ra3.2$	2/1	超差不得分，降级不得分			零件3	25	$\Phi33^{+0.021}_{0}$，粗糙度 $Ra1.6$	2/1	超差不得分，降级不得分		
	5	$\Phi30^{+0.025}_{0}$，粗糙度 $Ra3.2$	2/1	超差不得分，降级不得分				26	$\Phi49^{0}_{-0.03}$，粗糙度 $Ra1.6$	2/1	超差不得分，降级不得分		
	6	$M30\times1.5-6g$	4	超差不得分，降级不得分				27	$10^{+0.1}_{0}$，粗糙度 $Ra3.2$	2/1	超差不得分，降级不得分		
	7	$Tr40\times6-7e$	6/2	超差不得分，降级不得分				28	4，粗糙度 $Ra3.2$	2/1	超差不得分，降级不得分		
	8	145 ± 0.15	1	超差不得分				29	$\Phi58^{0}_{-0.021}$，粗糙度 $Ra1.6$	2/1	超差不得分，降级不得分		
	9	$30^{+0.1}_{0}$	1	超差不得分				30	$\Phi51$，粗糙度 $Ra3.2$	2/1	超差不得分，降级不得分		
	10	$8^{+0.1}_{0}$	1	超差不得分				31	$\Phi48$，粗糙度 $Ra3.2$	2/1	超差不得分，降级不得分		
	11	$14^{+0.1}_{0}$	1	超差不得分				32	$\Phi32^{+0.025}_{0}$，粗糙度 $Ra3.2$	2/1	超差不得分，降级不得分		
	12	$49^{+0.1}_{0}$	1	超差不得分				33	$30^{0}_{-0.1}$，粗糙度 $Ra3.2$	2/1	超差不得分，降级不得分		
	13	$R2$、锥面轮廓，$Ra3.2$	3	超差不得分，降级不得分				34	10	1	超差不得分		
	14	$C1$	1	不合格不得分				35	$M30\times1.5\text{–}6H$	4	超差不得分，降级不得分		
	15	$C1.5$	1	不合格不得分				36	倒角 $C1$	1	不合格不得分		
	16	$C2$	1	不合格不得分			零件4	37	配合总长 167 ± 0.2	3	超差不得分		
	17	V 形槽	3	超差不得分				38	螺纹配合	3	配合松紧适中		
零件2	18	$\Phi58^{0}_{-0.033}$，粗糙度 $Ra3.2$	2/1	超差不得分，降级不得分				39	圆处平滑连接	3	光滑连接则得分		
	19	$\Phi43^{+0.021}_{0}$，粗糙度 $Ra3.2$	2/1	超差不得分，降级不得分				40	总装成型	3	完全装配则得分		
	20	$\Phi41^{+0.025}_{0}$，粗糙度 $Ra1.6$	2/1	超差不得分，降级不得分									
	21	$R18$ 轮廓	1	超差不得分			总计						

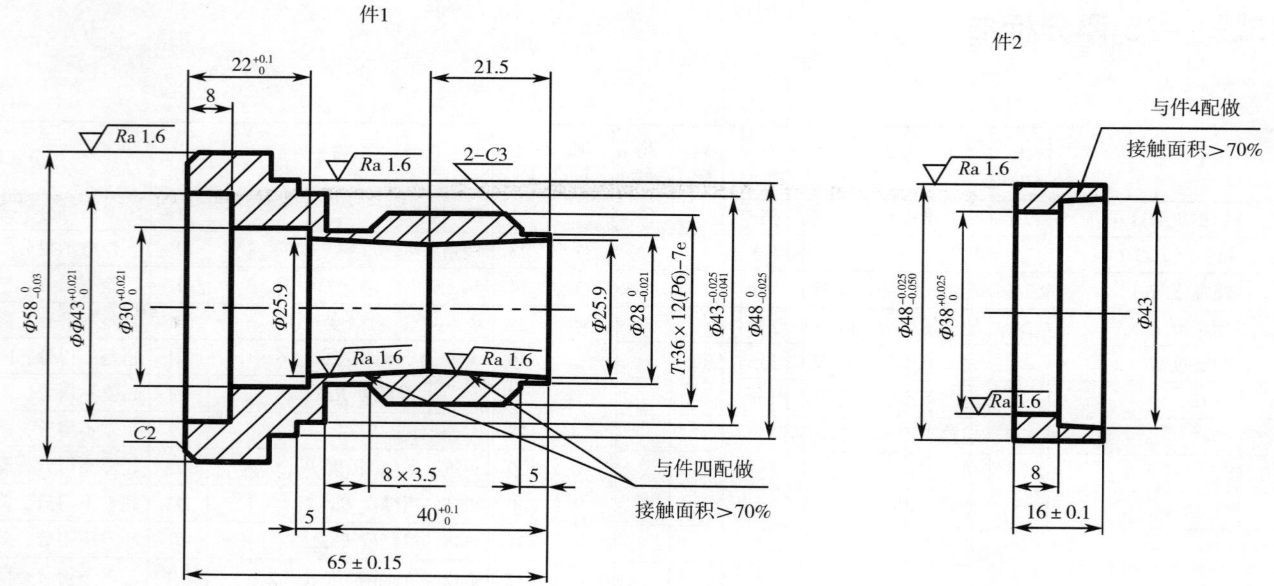

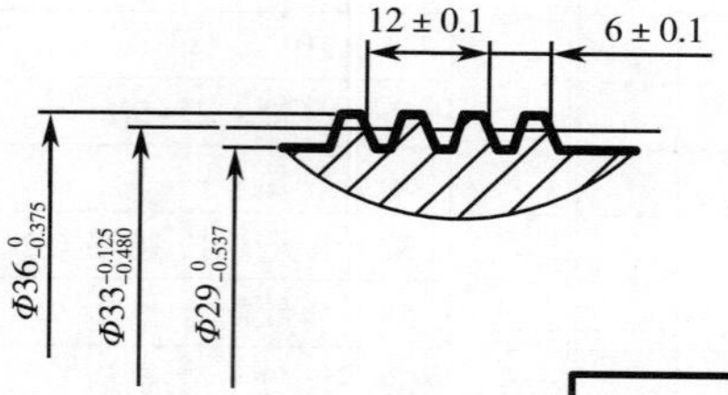

Ra 3.2 (√)

技术要求

1.锐边倒角*C*0.5;

2.未注公差尺寸按GB 1804–*M*;

3.不允许使用砂布、锉刀等修饰加工面。

大赛–26			材料	45	比例	1:1
			数量	1	共3张	第1张
制图			技师大赛试题			
审核						

件3　　　　件4

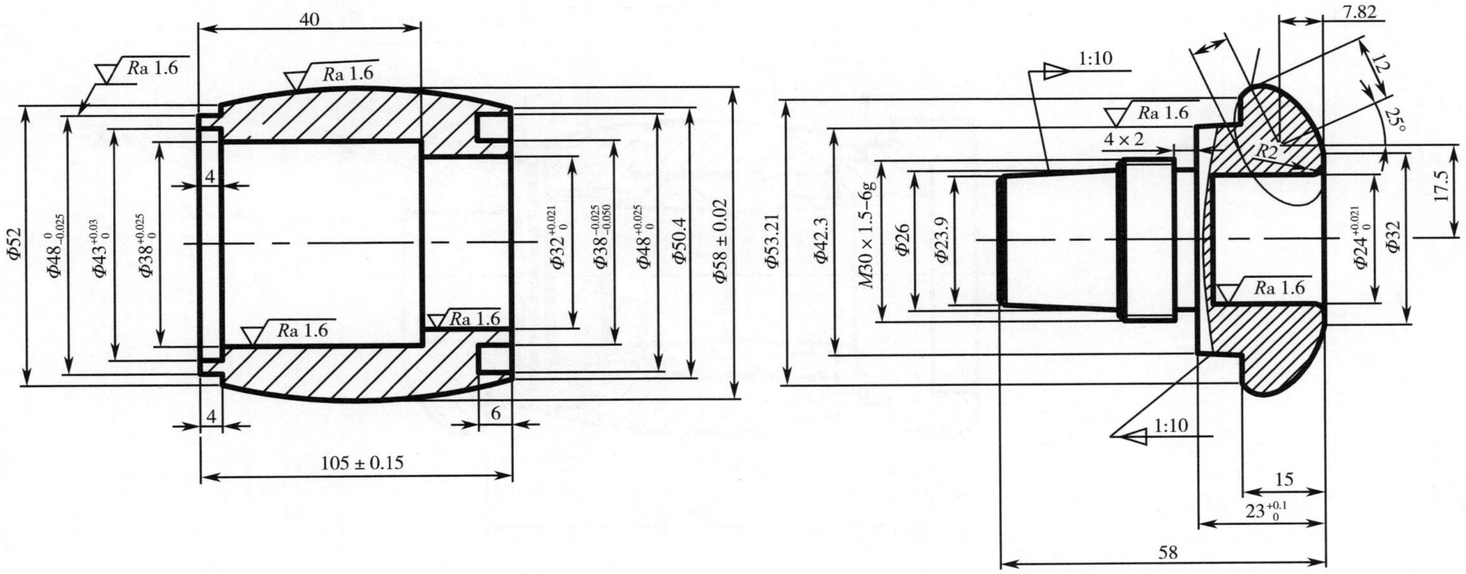

技术要求

1.未注倒角$C1$，锐边倒钝$C0.5$；

2.未注公差尺寸按GB 1804−M；

3.不允许使用砂布、锉刀等修饰加工面。

Ra 3.2 （√）

大赛−26		材料	45	比例	1:1
		数量	1	共3张	第2张
制图			技师大赛试题		
审核					

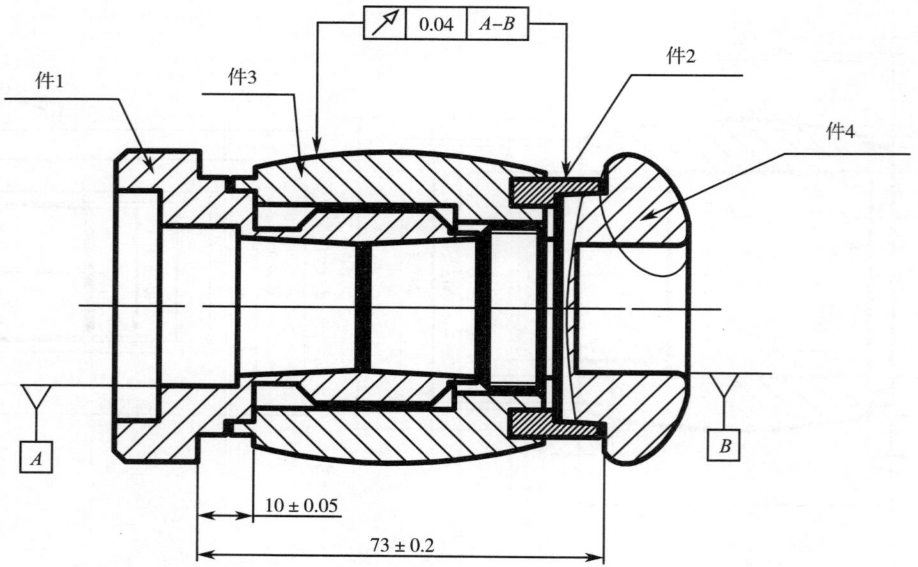

技术要求

1.螺纹配合松紧适宜；

2.锥面配合涂色检查接触面≥70%。

大赛–26		材料	45	比例	1:1
		数量	1	共3张	第3张
制图			技师大赛试题		
审核					

2.26 大赛试题 -26 评分标准

项目	序号	技术要求	占分	评分标准	实测	得分
零件1	1	$\Phi58^{0}_{-0.03}$，粗糙度 $Ra1.6$	2/1	超差不得分，降级不得分		
	2	$\Phi48^{0}_{-0.025}$，粗糙度 $Ra1.6$	2/1	超差不得分，降级不得分		
	3	$\Phi43^{-0.025}_{-0.050}$，粗糙度 $Ra3.2$	2/1	超差不得分，降级不得分		
	4	$\Phi30^{+0.021}_{0}$，粗糙度 $Ra3.2$	2/1	超差不得分，降级不得分		
	5	$\Phi28^{0}_{-0.021}$，粗糙度 $Ra3.2$	2/1	超差不得分，降级不得分		
	6	1:10 接触面≥70%，$Ra1.6$	6	超差不得分，降级不得分		
	7	1:10 接触面≥70%，$Ra1.6$	3	超差不得分，降级不得分		
	8	65 ± 0.15	4	超差不得分		
	9	$40^{+0.1}_{0}$	4	超差不得分		
	10	5	2	超差不得分		
	11	$C2$，$C3$	2	不合格不得分		
	12	去锐	1	不合格不得分		
零件2	13	$\Phi48$，粗糙度 $Ra1.6$	2/1	超差不得分，降级不得分		
	14	$\Phi38^{+0.025}_{0}$，粗糙度 $Ra1.6$	2/1	超差不得分，降级不得分		
	15	1:10 接触面≥70%，$Ra1.6$	2/1	超差不得分，降级不得分		
	16	16 ± 0.1	1	超差不得分		
	17	去锐	2	不去不得分		
零件3	18	$\Phi58\pm0.02$，粗糙度 $Ra1.6$	1/1	超差不得分，降级不得分		
	19	$\Phi48^{0}_{-0.025}$，粗糙度 $Ra1.6$	1/1	超差不得分，降级不得分		
	20	$\Phi43^{+0.03}_{0}$，$Ra3.2$	2/1	超差不得分，降级不得分		
	21	$\Phi38^{+0.025}_{0}$，$Ra1.6$	2/1	超差不得分，降级不得分		
	22	$\Phi48^{+0.025}_{0}$，$Ra1.6$	2/1	超差不得分，降级不得分		
	23	$\Phi32^{+0.021}_{0}$，$Ra1.6$	2/1	超差不得分，降级不得分		
	24	$\Phi38^{-0.025}_{-0.050}$，$Ra3.2$	2/1	超差不得分，降级不得分		
	25	56 ± 0.2	1	超差不得分		
	26	去锐	2	不去不得分		
零件4	27	椭圆，$Ra3.2$	5/1	超差不得分，降级不得分		
	28	$M30\times1.5$–6g	2	超差不得分，降级不得分		
	29	$\Phi24^{+0.021}_{0}$，$Ra1.6$	2/1	超差不得分，降级不得分		
	30	1:10，$Ra3.2$	1/1	超差不得分，降级不得分		
	31	1:10（$\Phi42.3$）	2	超差不得分		
	32	58	1	超差不得分		
	33	$23^{+0.1}_{0}$	1	超差不得分		
配合	34	73 ± 0.2	3	超差不得分		
	35	10 ± 0.05	3	超差不得分		
	36	↗ 0.04 A–B	3	超差 0.01mm 扣 1 分		
	37	工件完整度	3	加工完得分		
总计						

件1

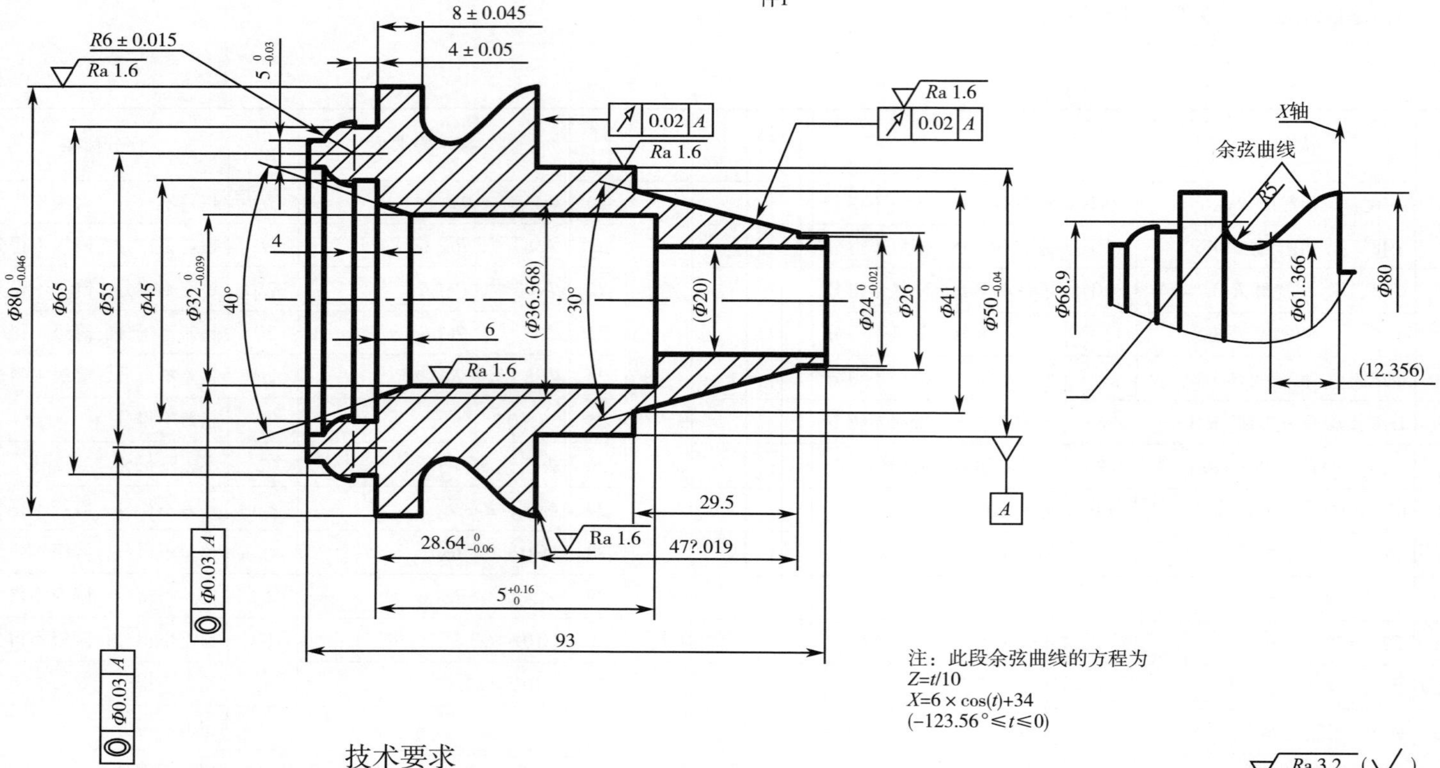

Ra 3.2 (√)

技术要求

1.锐边倒角C0.5；

2.未注公差尺寸按GB 1804–M；

3.不允许使用砂布、锉刀等修饰加工面。

大赛–27		材料	45	比例	1:1	
		数量	1	共4张	第1张	
制图			技师大赛试题			
审核						

件3

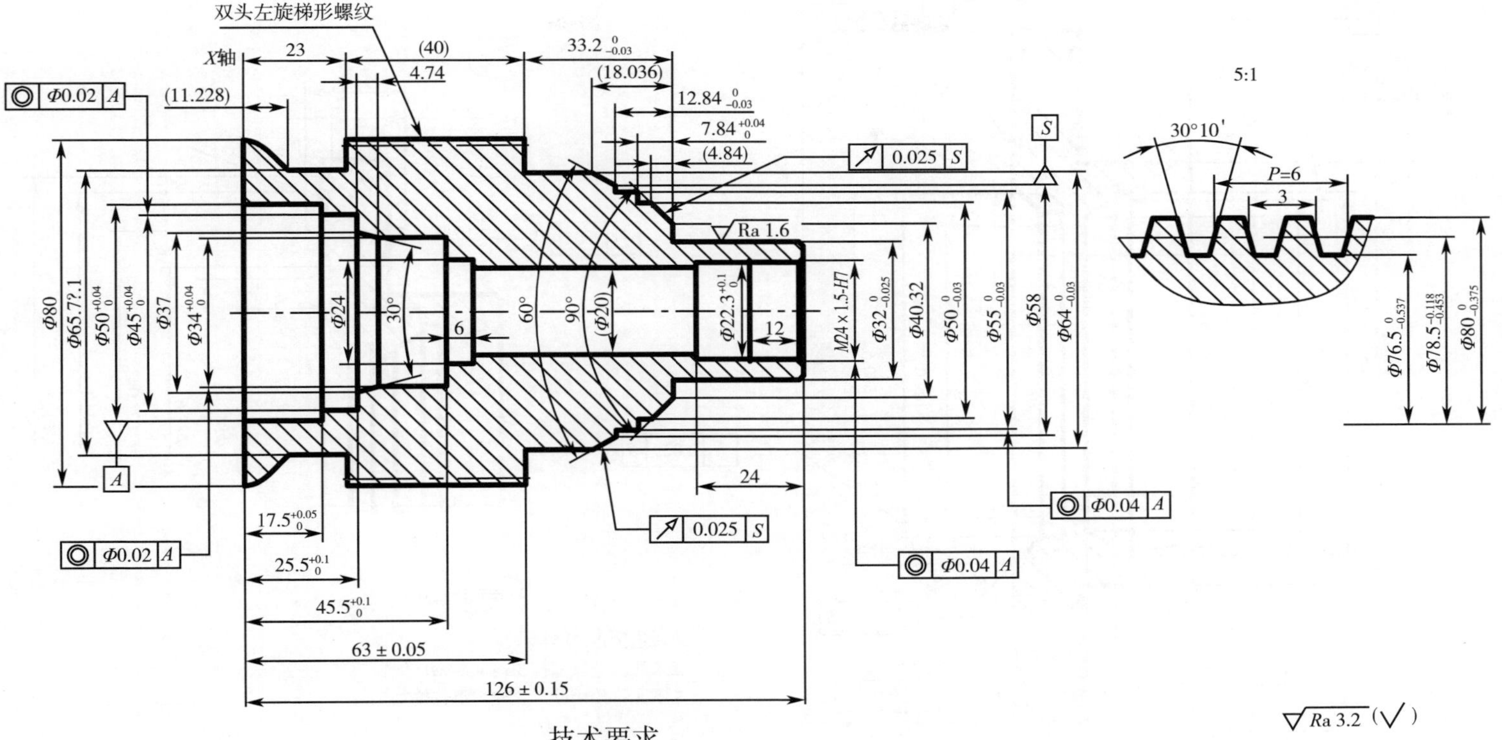

技术要求

1.未注倒角C0.5;

2.渐开线方程:

$Z=0.4\times[\sin(t)+t\times\cos(t)]$

$X=0.\times[\cos(t)-t\times\sin(t)]+39.6$

$(0\leqslant t\leqslant 32.722)$

大赛-27		材料	45	比例	1:1
		数量	1	共4张	第2张
制图		技师大赛试题			
审核					

件4

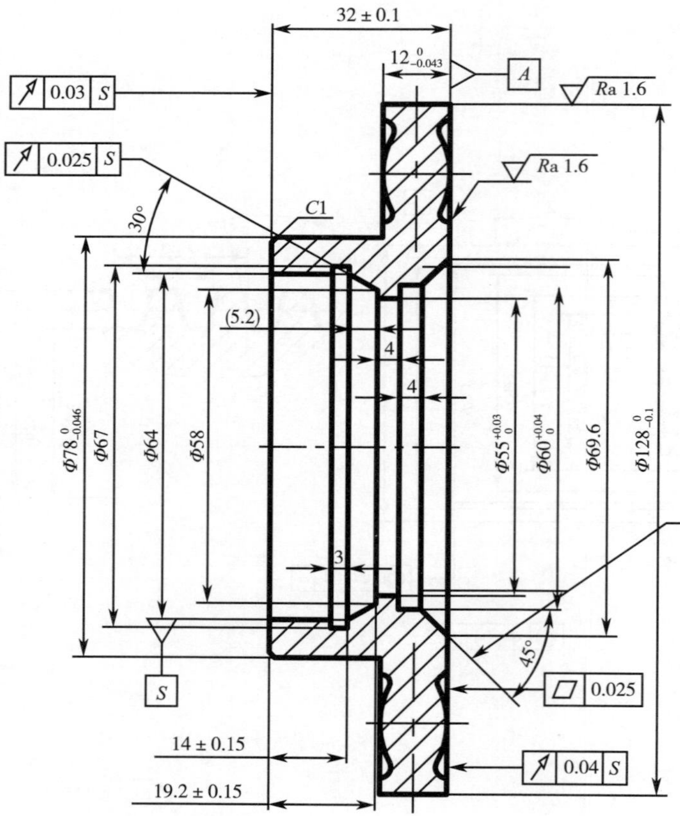

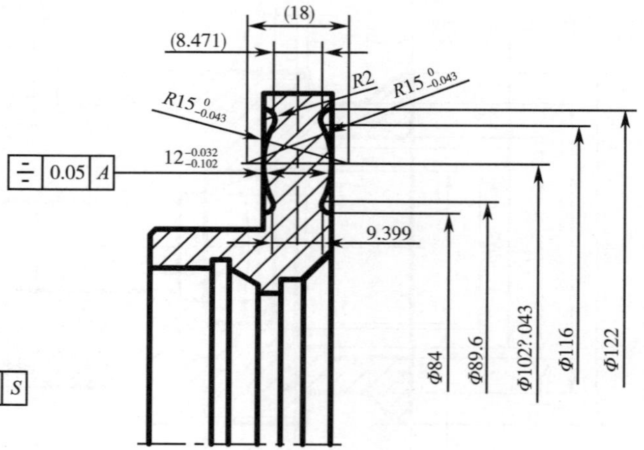

技术要求

1.锐边倒角C0.5;
2.未注公差尺寸按GB 1804–M;
3.不允许使用砂布、锉刀等修饰加工面。

Ra 3.2 (√)

大赛–27		材料	45	比例	1:1
		数量	1	共4张	第3张
制图		技师大赛试题			
审核					

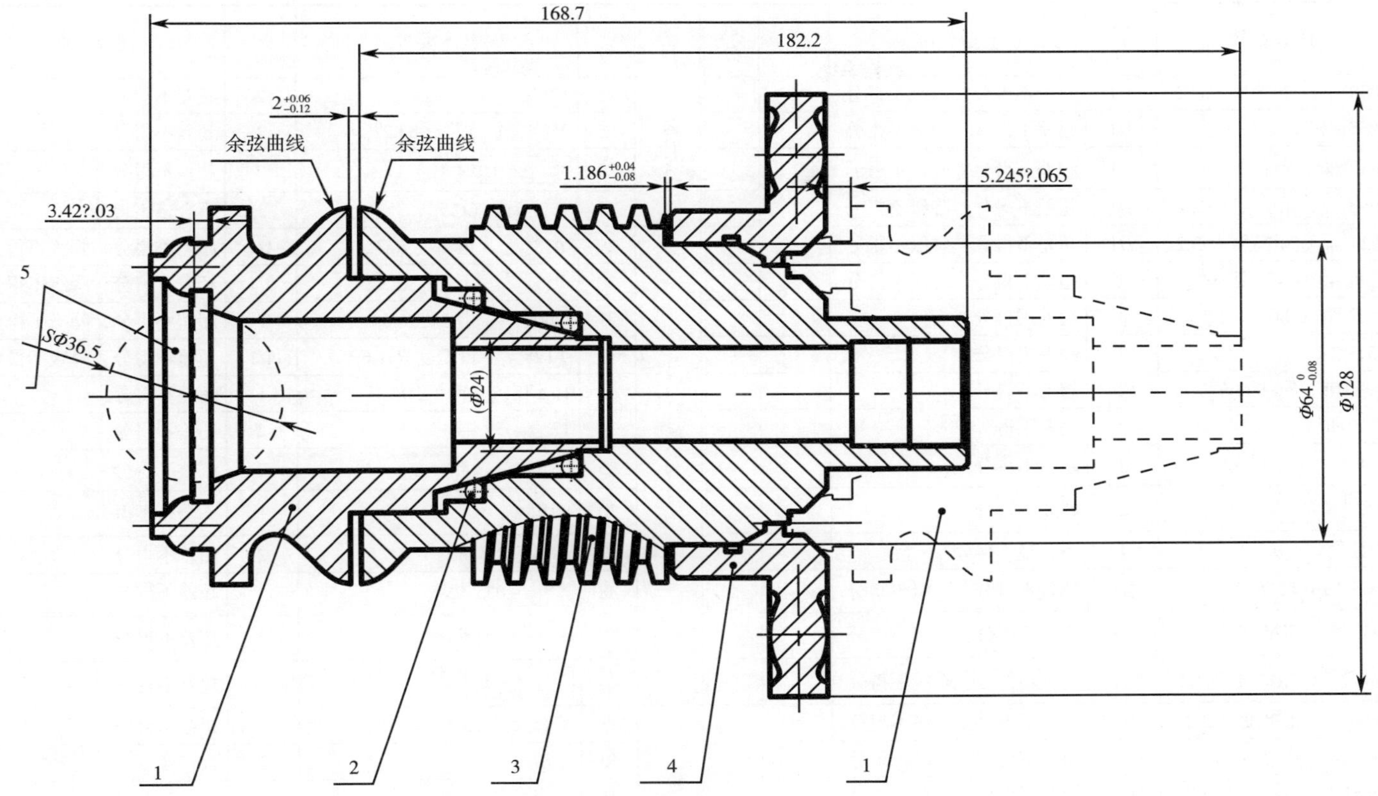

大赛-27		材料	45	比例	1:1
		数量	1	共4张	第4张
制图		技师大赛试题			
审核					

2.27 大赛试题 –27 评分标准

项目	序号	技术要求	占分	评分标准	实测	得分	项目	序号	技术要求	占分	评分标准	实测	得分
零件1	1	$\Phi80^{0}_{-0.046}$，粗糙度 $Ra3.2$	1/1	超差不得分，降级不得分			零件2	25	126 ± 0.15，63 ± 0.1	2	超差不得分		
	2	$\Phi65$，粗糙度 $Ra3.2$	1/1	超差不得分，降级不得分				26	$25^{+0.1}_{0}$，$17.5^{+0.05}_{0}$，$33.2^{0}_{-0.03}$	3	超差不得分		
	3	$\Phi32^{0}_{-0.039}$，粗糙度 $Ra1.6$	2/1	超差不得分，降级不得分				27	◎ | ∅0.02 | A	2	超差不得分		
	4	$\Phi50^{0}_{-0.04}$，粗糙度 $Ra1.6$	1/1	超差不得分，降级不得分				28	未注倒角 $C0.5$	1	不合格不得分		
	5	$\Phi24^{0}_{-0.021}$，粗糙度 $Ra3.2$	1/1	超差不得分，降级不得分			零件3	29	$\Phi78^{0}_{-0.046}$，粗糙度 $Ra3.2$	1/1	超差不得分，降级不得分		
	6	锥度 40° ，锥度 30°	2	超差不得分，降级不得分				30	$\Phi55^{+0.03}_{0}$，粗糙度 $Ra3.2$	2/1	超差不得分，降级不得分		
	7	圆弧 $R6 \pm 0.015$，$R5$	4	超差不得分				31	$\Phi60^{+0.04}_{0}$，粗糙度 $Ra3.2$	1/1	超差不得分，降级不得分		
	8	93，$50^{+0.16}_{0}$，$28.64^{0}_{-0.06}$	2	超差不得分				32	$\Phi128^{0}_{-0.1}$，粗糙度 $Ra1.6$	1/1	超差不得分，降级不得分		
	9	4 ± 0.05，8 ± 0.045	2	超差不得分				33	14 ± 0.15，19.2 ± 0.15	1	超差不得分		
	10	余弦曲线	2	超差不得分				34	$12^{0}_{-0.043}$，2 — 4	2	超差不得分		
	11	◎ | ∅0.03 | A	2	超差不得分				35	倒角 30°，45°	2	超差不得分		
	12	↗ | 0.02 | A	2	超差不得分				36	倒角 $C1$	1	不合格不得分		
	13	未注倒角 $C0.5$	1	不合格不得分				37	圆弧 $R15$，$R2$	2	超差不得分		
零件2	14	$\Phi65.7 \pm 0.1$，$Ra3.2$	1/1	超差不得分，降级不得分				38	↗ | 0.025 | S	2	超差不得分		
	15	$\Phi50^{+0.04}_{0}$，粗糙度 $Ra3.2$	1/1	超差不得分，降级不得分				39	⌯ | 0.05 | A	2	超差不得分		
	16	$\Phi45^{+0.04}_{0}$ ，粗糙度 $Ra3.2$	2/1	超差不得分，降级不得分				40	▱ | 0.025	2	超差不得分		
	17	$\Phi34^{+0.04}_{0}$，粗糙度 $Ra3.2$	1/1	超差不得分，降级不得分			配合	41	配合尺寸 3.42 ± 0.03	3	超差不得分		
	18	$\Phi64^{0}_{-0.03}$，粗糙度 $Ra3.2$	2/1	超差不得分，降级不得分				42	光滑过渡	3	合格得分		
	19	$\Phi55^{0}_{-0.03}$，粗糙度 $Ra3.2$	1/1	超差不得分，降级不得分				43	配合松紧适宜	3	符合要求得分		
	20	$\Phi32^{0}_{-0.025}$，粗糙度 $Ra3.2$	1/1	超差不得分，降级不得分				44	锐边去除毛刺	2	去除得分		
	21	2 —锥度 90°	2	超差不得分				45	能正反配得分	6	能配则得分		
	22	锥度 30°	2	超差不得分			注意事项		工件必须完整，工件局部无缺陷（如夹伤，划痕等）				
	23	$M24 \times 1.5 - H7$	3/1	超差不得分，降级不得分					程序中严重违反工艺规程取消考试资格；其他问题酌情扣分				
	24	双头梯形螺纹	4/1	超差不得分，降级不得分			总分						

件1

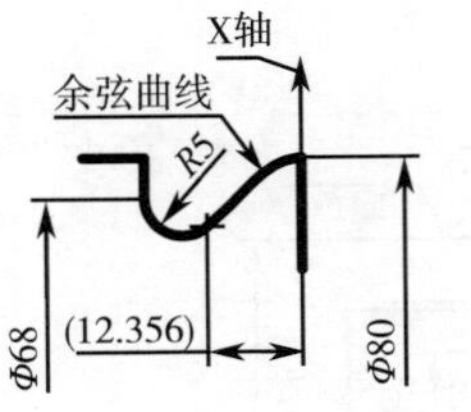

注：此段余弦曲线的方程为
$Z=t/10$
$X=6\times\cos(t)+34$
$(-123.56°\leqslant t\leqslant 0)$

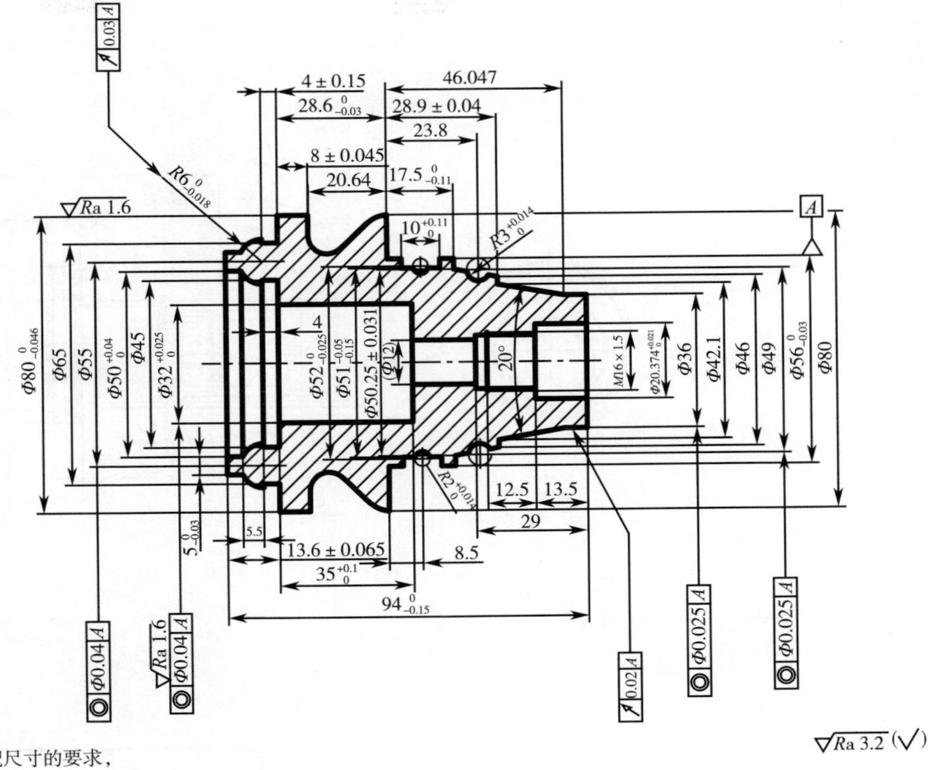

技术要求

1.图中带*号的尺寸，需根据装配尺寸的要求，自行制定公差精度；

2.未注倒角C0.5。

大赛-28		材料	45	比例	1:1
		数量	1	共5张	第1张
制图			技师大赛试题		
审核					

件4

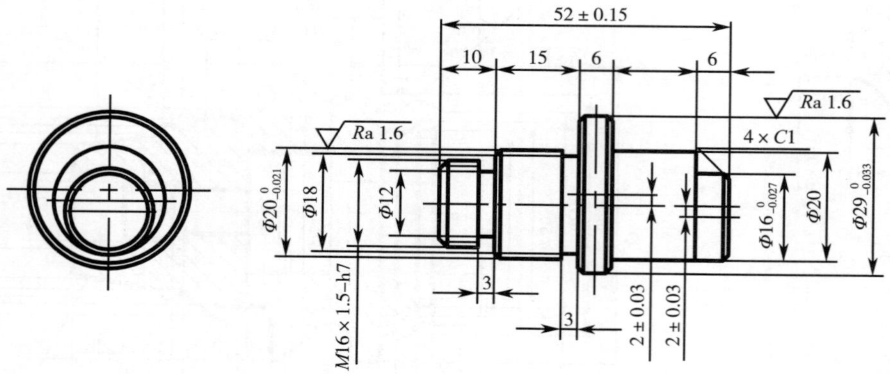

技术要求

1.两个偏心在180°方向位置允许偏差 ± 1° ；
2.未注倒角$C0.5$。

Ra 3.2（√）

大赛–28		材料	45	比例	1:1
		数量	1	共5张	第2张
制图		技师大赛试题			
审核					

件5

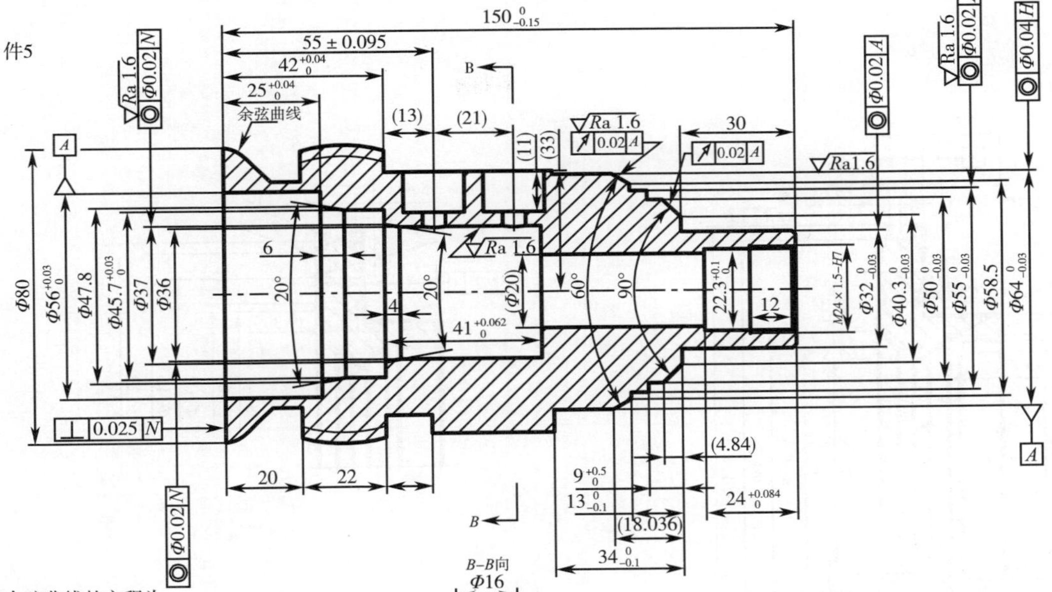

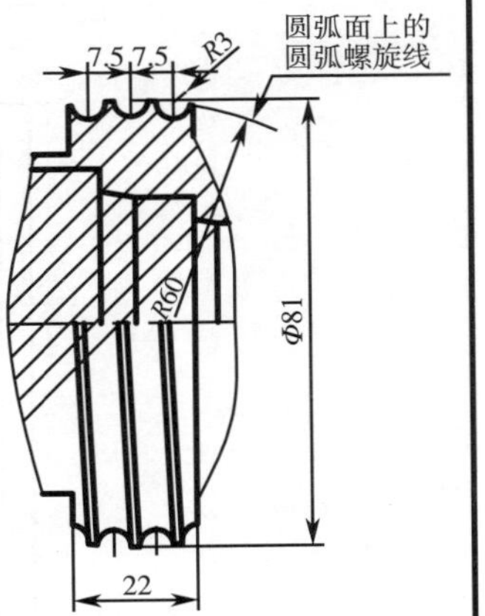

注：此段余弦曲线的方程为

$Z=t/10$

$X=6\times\cos(t)+34$

$(-123.56°\leqslant t\leqslant 0)$

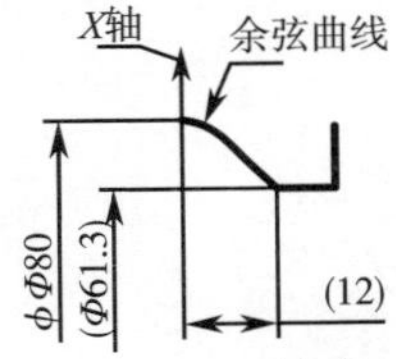

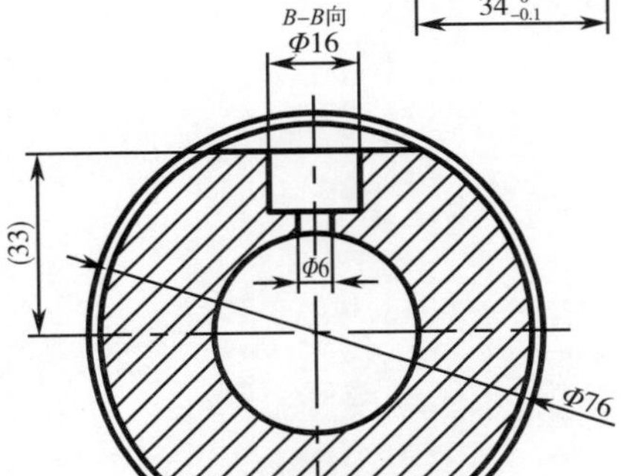

Ra 3.2 (√)

技术要求

1.图中带*号的尺寸，需根据装配尺寸的要求，自行制定公差精度；

2.未注倒角C0.5。

大赛-28		材料	45	比例	1:1
		数量	1	共5张	第3张
制图		技师大赛试题			
审核					

件6

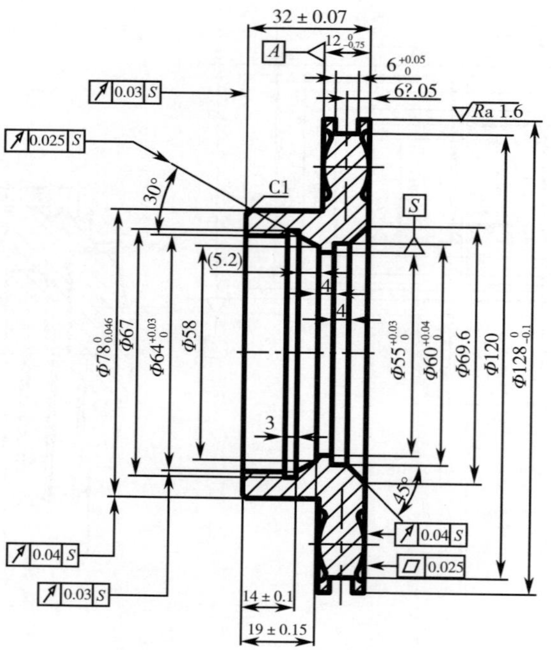

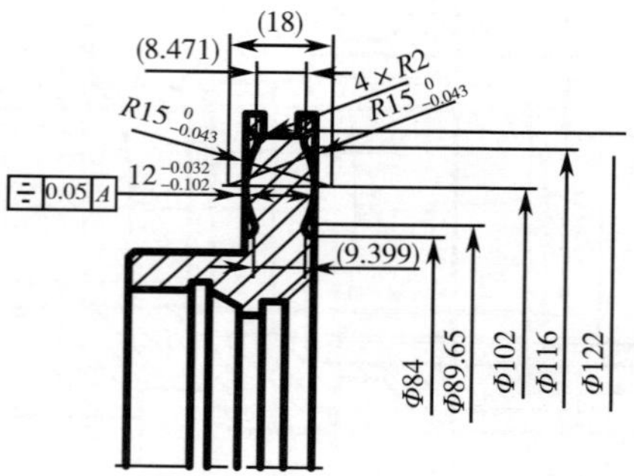

Ra 3.2 (√)

技术要求

1.图中带*号的尺寸，需根据装配尺寸的要求，自行制定公差精度；

2.未注倒角C0.5。

大赛-28		材料	45	比例	1:1
		数量	1	共5张	第4张
制图			技师大赛试题		
审核					

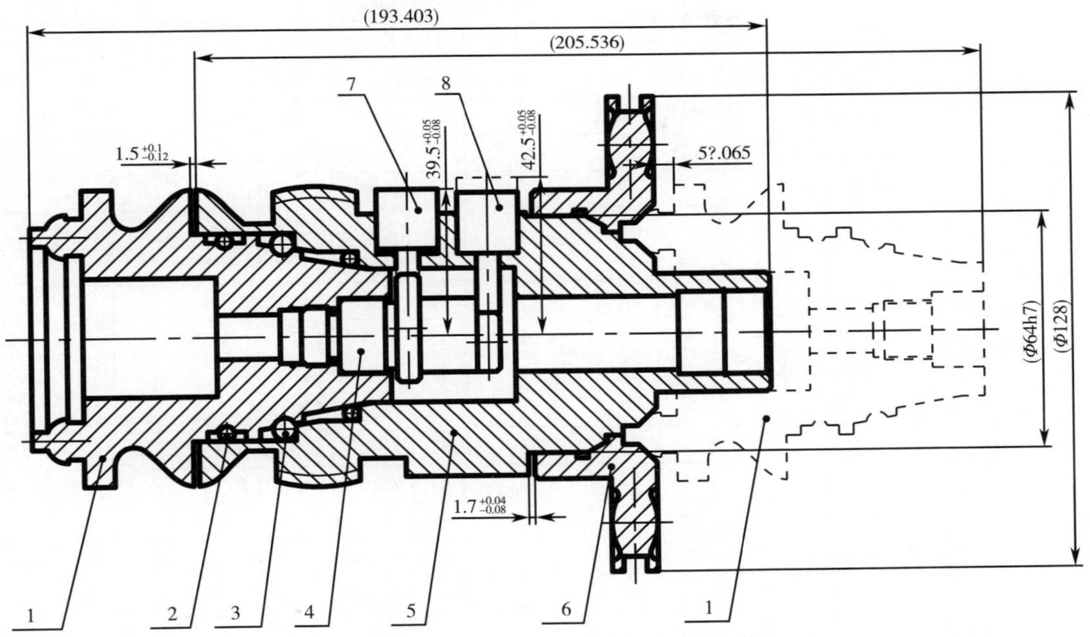

序号	代号	名称	数量	材料	单件重量	总计重量	备注
8		顶杆	1				提供
7		顶杆一	1				提供
6	CB0104	法兰盘	1	45钢			
5	CB0103	本体	1	45钢			
4	CB0102	偏心轴	1	45钢			
3		6钢球	一圈				提供
2		4钢球	两圈				提供
1	CB0101	轴套	1	45钢			

2.28 大赛试题 -28 评分标准

项目	序号	技术要求	占分	评分标准	实测	得分
	1	$\Phi 80^{0}_{-0.046}$，粗糙度 $Ra1.6$	1/1	超差不得分，降级不得分		
	2	$\Phi 58^{0}_{-0.03}$，粗糙度 $Ra3.2$	1/1	超差不得分，降级不得分		
	3	$\Phi 50^{+0.04}_{0}$，粗糙度 $Ra3.2$	1/1	超差不得分，降级不得分		
	4	$\Phi 32^{+0.025}_{0}$，粗糙度 $Ra1.6$	1/1	超差不得分，降级不得分		
	5	$\Phi 56^{0}_{-0.03}$，粗糙度 $Ra3.2$	1/1	超差不得分，降级不得分		
	6	$\Phi 51^{+0.05}_{-0.15}$，粗糙度 $Ra3.2$	1/1	超差不得分，降级不得分		
	7	$M16\times1.5$	3	超差不得分，降级不得分		
	8	锥度 20°	1	超差不得分		
	9	圆弧 $R6$，$R3$，$R2$	2	超差不得分		
	10	$94^{0}_{-0.015}$，$35^{+0.1}_{0}$，$5^{0}_{-0.03}$，$17.5^{0}_{-0.11}$	2	超差不得分		
	11	13.6 ± 0.065，8 ± 0.045	1	超差不得分		
	12	4 ± 0.15，28.9 ± 0.04	1	超差不得分		
	13	余弦曲线	2	不合格不得分		
	14	未注倒角 $C0.5$	1	超差不得分		
	15	◎ | ∅0.04 | A	2	超差不得分		
	16	◎ | ∅0.025 | A	2	超差不得分		
	17	↗ | 0.02 | A	2	超差不得分		
	18	$\Phi 56^{+0.03}_{0}$，粗糙度 $Ra3.2$	1/1	超差不得分，降级不得分		
	19	$\Phi 45.7^{+0.03}_{0}$，粗糙度 $Ra3.2$	1/1	超差不得分，降级不得分		
	20	$\Phi 64^{0}_{-0.03}$，粗糙度 $Ra1.6$	1/1	超差不得分，降级不得分		
	21	$\Phi 55^{0}_{-0.03}$，粗糙度 $Ra1.6$	1/1	超差不得分，降级不得分		
	22	$\Phi 50^{0}_{-0.03}$，粗糙度 $Ra3.2$	1/1	超差不得分，降级不得分		
	23	$\Phi 32^{0}_{-0.03}$，粗糙度 $Ra3.2$	1/1	超差不得分，降级不得分		
	24	$M24\times1.5-H7$	3	超差不得分，降级不得分		
	25	锥度 20°，60°，90°	2	超差不得分		
	26	$149^{0}_{-0.15}$，$42^{+0.04}_{0}$，$15^{+0.04}_{0}$	2	超差不得分		
	27	$24^{+0.084}_{0}$，$34^{0}_{-0.1}$，30	2	超差不得分		
	28	余弦曲线	2	不合格不得分		
	29	圆弧 $R60$，$R3$	2	超差不得分		
	30	未注倒角 $C0.5$	1	不合格不得分		
	31	◎ | ∅0.02 | A	1	超差不得分		
	32	◎ | ∅0.04 | H	1	超差不得分		
	33	◎ | ∅0.02 | N	1	超差不得分		
	34	⊥ | 0.025 | N	2	超差不得分		
	35	$\Phi 20^{0}_{-0.021}$，粗糙度 $Ra1.6$	1/1	超差不得分，降级不得分		
	36	$\Phi 18$，粗糙度 $Ra3.2$	1/1	超差不得分，降级不得分		
	37	$\Phi 29^{0}_{-0.033}$，粗糙度 $Ra1.6$	1/1	超差不得分，降级不得分		
	38	$\Phi 16^{0}_{-0.027}$，粗糙度 $Ra3.2$	1/1	超差不得分，降级不得分		
	39	$M16\times1.5-H7$	3	超差不得分，降级不得分		
	40	52 ± 0.15，10，15，6	2	超差不得分		
	41	倒角 $4\times C1$	1	不合格不得分		
	42	未注倒角 $C0.5$	1	不倒角不得分		
	43	$\Phi 128^{0}_{-0.1}$，粗糙度 $Ra3.2$	1/1	超差不得分，降级不得分		
	44	$\Phi 55^{+0.03}_{0}$，粗糙度 $Ra3.2$	1/1	超差不得分，降级不得分		
	45	$\Phi 60^{+0.04}_{0}$，粗糙度 $Ra3.2$	1/1	超差不得分，降级不得分		
	46	32 ± 0.07，$12^{0}_{-0.075}$，$6^{+0.05}_{0}$	2	超差不得分		
	47	19 ± 0.15，14 ± 0.1，4	1	超差不得分		
	48	圆弧 $R15^{0}_{-0.043}$，$R2$	1	超差不得分		
	49	锥度 45°，30°	2	超差不得分		
	50	倒角 $C1$	1	不合格不得分		
	51	⌯ | 0.05 | A	2	超差不得分		
	52	↗ | 0.03 | N	2	超差不得分		
	53	配合尺寸 5 ± 0.065	2	超差不得分		
	54	配合尺寸 $1.7^{+0.07}_{-0.08}$	2	超差不得分		
	55	螺纹配合	2	配合松紧适宜		
注意事项	发生重大事故取消考试资格，每违反一项，从总分中扣除 5 分					
	工件必须完整，工件局部无缺陷（如夹伤，划痕等）					
合计						

参考文献

[1] 袁锋 . 全国数控大赛试题精选 [M]. 北京：机械工业出版社，2005.

[2] 袁锋 . 数控车床培训教程 [M]. 北京：机械工业出版社，2005.

[3] 宗国成 . 数控车工技能鉴定考核培训教程 [M]. 北京：机械工业出版社，2006.

[4] 张伦玠，徐伟，胡涛 . 数控车床职业技能鉴定强化实训教程 [M]. 武汉：华中科技大学出版社，2005.

[5] 倪春杰 . 数控车床技能鉴定培训教程 [M]. 北京：化学工业出版社，2009.

[6] 黄娟 . 车工技师鉴定培训教材 [M]. 北京：机械工业出版社，2009.